高等院校
电子信息应用型
规划教材

通信电子线路
（第3版）

陈启兴 编著

清华大学出版社
北京

内 容 简 介

本书系统全面地介绍了通信电子线路的基础理论、基本知识、关键技术及高频电子应用电路。全书共分 10 章,主要介绍了无线电发送设备和接收设备的工作原理和系统组成、高频小信号放大器、高频功率放大器、正弦波振荡器、振幅调制电路、调幅信号的解调电路、角度调制电路、调角信号的解调电路、变频电路和反馈控制电路。每章都附有思考题与习题,以指导读者加深对本书主要内容的理解。

本书注重选材,内容丰富、层次分明、难易适中,在清楚阐述基本概念、基本原理和基本分析方法的同时,也给出了非常实用的典型高频电子电路。本书可以作为高等院校电子信息和通信类专业的教材,也可以供相关领域的工程技术人员和技术管理人员阅读参考。

图书在版编目(CIP)数据

通信电子线路/陈启兴编著. —3 版. —北京:清华大学出版社,2019(2023.1重印)
(高等院校电子信息应用型规划教材)
ISBN 978-7-302-52072-6

Ⅰ. ①通… Ⅱ. ①陈… Ⅲ. ①通信系统—电子电路—高等学校—教材 Ⅳ. ①TN91

中国版本图书馆 CIP 数据核字(2019)第 009613 号

责任编辑:张　弛
封面设计:傅瑞学
责任校对:刘　静
责任印制:朱雨萌

出版发行:清华大学出版社
　　　　网　　　址:http://www.tup.com.cn,http://www.wqbook.com
　　　　地　　　址:北京清华大学学研大厦 A 座　　　　　邮　　编:100084
　　　　社 总 机:010-83470000　　　　　　　　　　　邮　　购:010-62786544
　　　　投稿与读者服务:010-62776969,c-service@tup.tsinghua.edu.cn
　　　　质量反馈:010-62772015,zhiliang@tup.tsinghua.edu.cn
　　　　课件下载:http://www.tup.com.cn,010-83470410
印 装 者:北京国马印刷厂
经　　销:全国新华书店
开　　本:185mm×260mm　　印　　张:16.25　　字　　数:365 千字
版　　次:2008 年 5 月第 1 版　　2019 年 6 月第 3 版　　印　　次:2023 年 1 月第 4 次印刷
定　　价:59.00 元

产品编号:079469-01

第3版 前言

本教材遵循加强基础概念、优选内容、理论联系实际、培养学生基本技能的原则,结合新器件、新技术,吸取编者多年教学和科研的实践经验,同时参考了国内外相关优秀教材。

在《教育部高等教育司关于开展"新工科"研究与实践的通知》中指出,希望各地高校开展"新工科"的研究实践活动,从而深化工程教育改革,推进"新工科"的建设与发展。与"老工科"相比,"新工科"更强调学科的实用性、交叉性与综合性,尤其注重信息通信、电子控制、软件设计等新技术与传统工业技术的紧密结合。正因为如此,加快建设和发展"新工科",培养新经济急需的紧缺人才,培养引领未来技术和产业发展的人才,已经成为全社会的共识。"新工科"是对传统信息类四大主干学科(电子科学与技术、信息与通信工程、控制科学与工程和计算机科学与技术)的极大发展,包括近十年来新兴产业相关的专业。

在"新工科"建设的背景下,作为传统的电子信息类和通信类专业的改革是刻不容缓的。本教材作为一门电子信息类和通信类专业的专业基础课程,涉及许多电路理论和通信理论知识以及通信设备中常用的基本功能电路,综合性较强。因此,本教材力求言简意赅,表达清晰准确,密切联系实际,为了顺应"新工科"建设的要求,把培养学生的动手能力和创新能力作为一个重要的内容。

本教材主要内容讲述的是无线电发送设备和接收设备的功能电路的基本原理、分析方法及其实现方法。本教材主要介绍了无线电发送设备和接收设备的工作原理和系统组成、高频小信号放大器、高频功率放大器、正弦波振荡器、振幅调制电路、调幅信号的解调电路、角度调制电路、调角信号的解调电路、变频电路和反馈控制电路。与前一版本相比,本教材有许多改进之处,比如在第 3 章简述谐振功率放大器的工作原理时,采用了简洁易懂的数学模型和习惯的波形表达方式,让学生更易理解。

本教材注重选材,内容丰富,层次分明,难易适中。在清楚地阐述基本概念、基本原理和基本分析方法的同时,也给出了非常实用的典型高频电子电路。本教材可以作为高等院校电子信息和通信类专业的教材,也可以供从事相关领域的工程技术人员和技术管理人员阅读参考。

本教材是编者在二十多年"通信电子线路"课程理论教学、实践教学和科研活动经验与技术总结的基础上编写而成,继承了张肃文老师、阳昌汉老师等前辈的许多宝贵成果和经验。同时,感谢成都信息工程大学同事的帮助和鼓励,感谢清华大学出版社的编辑,他们严谨的工作态度和强烈的责任心为本教材的质量提供了有力的保障。

限于编者水平有限,书中难免存在不妥之处,恳请读者批评,并提出宝贵意见。编者的邮箱:chenqx@cuit.edu.cn。

编　者

2019 年 4 月

CHAPTER 1

绪　论

1.1　无线电信号的传输原理

无线电技术的出现和发展是建立在电磁场与电磁波的理论、实践的基础之上的。在当今的信息社会里,无线电技术仍然是人类改造自然和征服自然的有力工具,与人们的工作和生活分不开,比如数字移动通信、高速无线电通信。英国物理学家 J.C.麦克斯韦(J. Clerk Maxwell)于 1864 年发表了著名的论文《电磁场的动力理论》,在总结前人工作的基础上,得出了电磁场方程,并从理论上证明了电磁波的存在。他认为,电磁波在自由空间的传播速度、折射和反射等特性与光波相同。麦克斯韦的这一发现,为人们证实电磁波的存在的实践活动提供了理论依据,也为后来无线电的发明和发展奠定了坚实的基础。

1887 年,德国物理学家 H. 赫兹(H. Hertz)在实验中证实了电磁波的客观存在。他在实验中还证明了电磁波在自由空间的传播速度与光速相同,并有反射、折射、驻波等与光波性质相同的特性。这个著名的赫兹实验证明了麦克斯韦理论的正确性。此后,许多国家的科学家都在努力研究如何利用电磁波传输信息,即无线电通信。比如英国的 O. J.罗吉(O. J. Lodge)、法国的勃兰利(Branly)、俄国的 A. C. 波波夫(А. С. Попов)和意大利的 G. 马可尼(Gugliemo Marconi)等。其中,马可尼的贡献最大。他在 1895 年首次在几百米的距离,用电磁波进行通信获得成功,1901 年又首次完成了横渡大西洋的无线电通信。马可尼首次无线电通信的成功让无线电通信进入实用阶段,无线电技术从此蓬勃发展起来。

从无线电发明开始,直到今天的信息社会,传输信号成了无线电技术的首要任务,而且在有些场合,无线电通信比有线通信更适合或者是唯一的选择。通信电子线路所涉及的功能电路都将从传输与处理信号这一基本点出发。因此,有必要先从无线电信号的传输原理开始阐述。

1.1.1　传输信号的基本方法

信息社会中,信息无处不在,信息的传输已经成为人类生活的重要组成部分。最基本的传输手段当然是语言与文字。随着人类社会生产力的发展,对远距离迅速且准确传输信息的需求越来越高。我国古代利用烽火传送边疆警报,可以说是最古老的通信方法。

在肉眼可见的范围内,利用"旗语"传输信息也是一个从古代流传至今的方法。信鸽、驿马接力、信件等都是人们采用过的方法,有些直到今天仍然没有过时。19 世纪,人们发现电可以以光速沿导线传播,这为远距离快速、大容量通信提供了物质条件。因此,电报和电话被发明出来。1837 年,F. B. 莫尔斯(F. B. Morse)发明了电报,并创造了莫尔斯电码。在莫尔斯电码中,用点、划、空的适当组合来表示字母和数字,这可以说是数字通信的雏形。1876 年,A. G. 贝尔(Alexander G. Bell)发明了电话,直接将语音信号转换为电信号,电信号沿导线传输到远方的目的地,然后电信号又转换成语音信号,从而实现了语音的直接实时传输。电报和电话的发明,为迅速而准确地传递信息提供了新的方法,是通信技术发展的里程碑。下面简要介绍有线电报和电话的基本工作原理。

有线电报的基本原理如图 1-1 所示。当发报方没有按下电键时,通过收报方电磁铁的电流 i 为零,水平杆在弹簧拉力作用下靠在上方;当发报方按下电键时,通过收报方电磁铁的电流 i 不为零,水平杆在电磁铁的磁场力作用下靠在下方(磁场力大于弹簧的拉力)。所以,发报方间断地按下电键时,通过收报方电磁铁的电流 i 的波形图为如图 1-1(b)所示的脉冲状。电流不为零的时间由电键按下的时间来决定。收报方因水平杆下击时间的长短,听到"嘀"(点)、"嗒"(划)的声音。由事先约定的长短组合和次序,就能明白传输信号所代表的信息。如果用一支笔来代替水平杆,则笔在一张匀速移动的白纸上就会写下如图 1-1(c)所示的长短线条,长划是"嗒",短划是"嘀"。

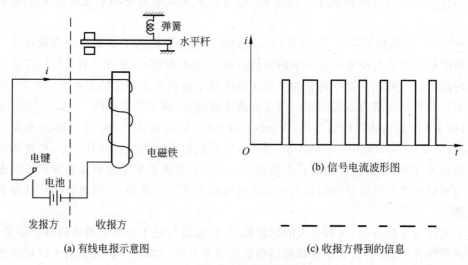

(a) 有线电报示意图   (b) 信号电流波形图   (c) 收报方得到的信息

图 1-1 有线电报的基本原理

人们至今仍然把有线电报作为一种重要的通信方法,并且在很多方面进行了改进。

有线电报不能实时地传输语音信号,而人们强烈需要远距离、实时、准确地传输语音信号,这促进了电话的发明。语音信号的传输首先需要把声音信号转换为电信号,然后通过导线传到目的地,再把电信号恢复成声音信号。将声能转换成电能的换能器叫作"传声器"或"话筒"或"麦克风"。把电能转换成声能的换能器叫作"喇叭"。有线电话的基本工作原理如图 1-2 所示。

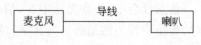

图 1-2 有线电话的基本工作原理

在赫兹实验之前,人们认为电信号只能沿着导线传输。赫兹实验证实了电磁波的客观存在,这自然让人们联想到用电磁波在空间传输信息,于是促进了无线电通信的发明。

无线电通信系统包括发送设备、接收设备和它们之间的无线信道。下面简要介绍无线电发送设备和接收设备。电磁波在无线信道中的传输理论在"电磁场与电磁波"这类课程中介绍。

1.1.2   无线电发送设备的基本组成及其工作原理

调幅无线电广播是无线电技术的典型应用之一,是远距离传递信息的有效而快速的手段,是人们获取信息以及欣赏音乐、电影等文艺节目的重要渠道。根据天线理论,只有当天线的尺寸可以与信号的波长相比拟的时候,信号才可能被有效地发射和接收。由于语音信号的频谱处于低频段(波长很长),如果直接通过无线电信号传输,需要很大的发射天线和接收天线。因此它是不便于直接远距离传输的,必须采用一种名叫"调制"的技术进行处理。一般的处理方法就是用语音信号(已经被转换为电信号)去控制一个频率相对较高的正弦波信号——载波信号的振幅或频率或相位,这个过程就叫调制。调制以后的已调波信号分别叫作调幅信号、调频信号和调相信号。调幅无线电广播发射机是一个具有多种功能模块的系统,如图 1-3 所示。由图 1-3 可见,无线电调幅广播发射机主要由正弦波振荡器、缓冲器、高频电压放大器、振幅调制器、高频功率放大器、声/电变换器、低频电压放大器及发射天线等组成。正弦波振荡器产生高频载波信号;缓冲器能隔离正弦波振荡器与高频电压放大器,提高正弦波振荡器带负载的能力和频率稳定性;高频电压放大器把载波信号的振幅放大到振幅调制器需要的程度;振幅调制器完成调制,得到调幅波;高频电压及功率放大器实现调幅信号的电压及功率放大,以便于调幅信号远距离辐射出去;天线把调幅信号有效地辐射到空间;声/电变换器把语音信号转换为电信号;低频电压放大器把微弱音频信号的幅度放大。我国的调幅广播的载波频率为 $535\mathrm{k}\sim1605\mathrm{kHz}$。

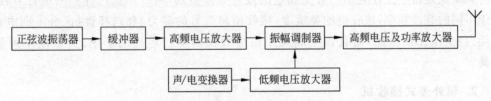

图 1-3   调幅无线电广播发射机的基本组成方框图

1.1.3   无线电接收设备的基本组成及其工作原理

无线电信号的接收过程与其发射过程正好相反。在接收设备中,先用接收天线将接收到的电磁波转变为已调波电流,然后从这个已调波电流中恢复出原始信号。这个过程正好与调制过程相反,称为解调(接收调幅信号叫检波,接收调频信号叫鉴频,接收调相信号叫鉴相)。最后,再用耳机或喇叭(扬声器)将检波出的信号转换为声波,人们就可以听到远处的发射机传送过来的语音、音乐等信号了。无线电接收设备的基本任务是从天线感应的调幅波中恢复出语音信号。相对于发射设备,接收设备的结构要复杂些。

随着通信技术的发展,现代通信系统的无线电接收设备常见的有 3 种:直接放大式接收机、超外差式接收机和超再生接收机。下面逐一介绍它们的基本组成、工作原理及优缺点。

1. 直接放大式接收机

直接放大式接收机出现较早,原理简单,比较容易理解。以调幅广播接收机,即调幅收音机为例,直接放大式接收机的基本组成方框图如图 1-4 所示,主要包括选频电路、高频小信号放大器、检波器、低频电压放大器、低频功率放大器和喇叭。天线感应的信号通过选频电路后,提取有用信号的同时也抑制了无用噪声和干扰;选频电路输出的有用信号的幅度非常微小,一般的调频信号的幅度为 μV 量级,调幅信号的幅度为 mV 量级,它们不能直接检波,所以必须由高频小信号放大器把微弱的调幅信号进行电压放大,以有利于检波器有效地工作;检波器实现调制信号的恢复,不同的调制方式,对调制器的要求有所区别;低频电压放大器把解调出来的音频信号的幅度放大到低频功率放大器需要的程度;低频功率放大器把音频信号的功率放大,以推动喇叭发出声音。由此可见,选频电路和高频小信号放大器的传输函数的中心频率等于某发射台的载波频率时,就是选中了该发射台的节目。

图 1-4　直接放大式接收机的基本组成方框图

直接放大式接收机是将接收到的高频信号直接放大后就检波。直接放大式接收机的优点是结构比较简单,成本较低,特别适合于作固定工作频率的接收机,比如对讲机等。其缺点是由于工作频率一般是固定的或者只能微调,所以不能选择别的电台节目;对于不同的载波频率,接收机的灵敏度(接收微弱信号的能力)和选择性(区分不同电台的能力)变化比较剧烈,而且由于高频小信号放大器不稳定性的影响,灵敏度不可能太高。

2. 超外差式接收机

超外差式接收机的出现相对较晚,原理比较复杂。以调幅广播接收机为例,超外差式接收机的基本组成方框图如图 1-5 所示,主要包括选频电路、混频器、本机振荡器、中频信号放大器、检波器、低频电压放大器、低频功率放大器和喇叭。需要注意的是,有一些超外差式接收机的选频电路与混频器之间还有一级高频小信号放大器。

在图 1-5 中,本机振荡器产生正弦波信号,输入混频器后,与输入的调幅信号互相作用,产生一个固定频率的信号——中频信号,这是超外差式接收机的关键技术所在。其他部分的功能与直接放大式接收机一样,这里不再赘述。虽然天线感应的不同已调波信号有不同的载波频率,但是在超外差式接收机中,从中频信号放大器以后的电路的工

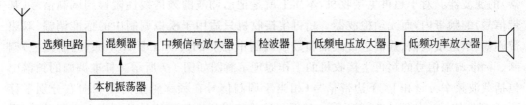

图 1-5　超外差式接收机的基本组成方框图

作频率都是不变的。对于超外差收音机，选择不同的节目，本质上就是选择不同载波频率的已调波信号，这个操作常被称为选台。在超外差收音机中，选台是靠选频电路和本机振荡器共同调整参数完成的。

超外差接收机的应用非常广泛，比如收音机、电视机、卫星差转机。

超外差接收机的主要特点是把接收到的已调波信号的载波角频率或中心角频率 ω_c 先变成频率较高或较低的、固定不变的中间频率 ω_I（通常称为中频），而其振幅、频率和相位的变化规律保持不变。超外差接收机的核心模块是混频器。混频器的功能就是把接收到的载波频率不同的信号变换为载波频率固定不变的中频信号。这种功能就是所谓的外差功能，这也是超外差式接收机名称的由来。由于中频是固定的，接收机的中频放大器及其后面的电路的性能都与接收到信号的载波频率没有关系，这就克服了直接放大式接收机的缺点。在无线电技术里，混频器与本地振荡器往往被合并为一个电路，叫作变频器。

由于从中频信号放大器以后的电路的工作频率都是不变的，作为超外差收音机核心电路的检波器就能非常稳定地保持比较好的工作效能，有利于提高整个接收机的性能。

超外差收音机的优点是灵敏度比较高，既适合于作固定工作频率的接收机，也适合于作工作频率变化范围较大的接收机，而且调谐方便，工作性能比较稳定；其缺点是结构比较复杂。

3. 超再生接收机

超再生接收机又称为直接转换型接收机，或零差接收机，或零中频接收机，可以认为它是一种特殊的超外差式接收机，以调幅广播接收机为例，其基本组成方框图如图 1-6 所示。目前，许多监控系统常常使用超再生接收机。

图 1-6　超再生接收机的基本组成方框图

在这种接收机中，本机振荡器输出信号的频率与选频电路输出信号的载波频率或中心频率相同，也就是说，该接收机的中频频率为零，这样放大和滤波就能在低频处实现，在低频段只需较低的功耗就可以获得与在较高中频处相同的增益，同时还可以用表面贴封装的电阻和电容实现滤波，而无须外加一个既昂贵又庞大的类似 SAW（声表面波滤波器)的滤波器。对于超再生接收机,本质上就是把已调波的频谱线性搬移到调制信号(基带信号)的频带内,而无须检波器。超再生接收机只适用于模拟调制中的标准调幅、双边带调幅、单边带调幅、残留边带调幅和数字调制中的 OOK(On-Off Keying,通断键控)调制。标准调幅信号的超再生接收机的工作原理示意图如图 1-7 所示。标准调幅的频谱中包括载波频率分量和上、下边带信号(相当于调制信号在频率轴上向左和向右分别平移 f_c 得到的信号),如图 1-7(a)所示。超再生接收机把标准调幅信号的频谱向左平移 f_c 得到的信号就是原来的调制信号,从而实现了解调,如图 1-7(b)所示。

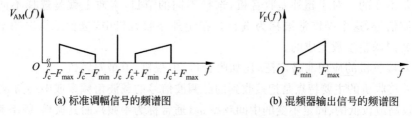

(a) 标准调幅信号的频谱图　　　　　　(b) 混频器输出信号的频谱图

图 1-7　标准调幅信号的超再生接收机的工作原理

　　一般超再生接收机在中波段和短波段工作时,灵敏度很高。超再生接收机的优点是灵敏度比较高,既适合于作固定工作频率的接收机,也适合于作工作频率变化范围较大的接收机,而且调谐方便;其缺点主要是选择性、稳定性和信噪比稍差,当本机振荡器输出信号的频率发生漂移时,接收机的非线性失真比较严重。

1.2　通信电子线路的研究对象

　　信息的传输是人类每时每刻都在进行的活动。信号是信息的载体,人类利用电信号来传输信息已有一百多年的历史,信息正日益成为人们工作和生活的重要组成部分。通信的基本功能就是把信号从一个地方传输到另一个地方。图 1-8 所示的是通信系统的基本组成方框图,主要包括输入变换器、发送设备、传输信道、接收设备和输出变换器。输入变换器把非电物理量转换为电信号;发送设备把电信号处理成适合于信道传输、满足人们特别要求(如加密、频谱搬移)的信号;传输信道是信号接收点与发送点之间的通道;接收设备是完成与发送设备对等、相反的处理的设备;输出变换器把电信号转换为需要的物理信号,如声音、图像、文字和符号。根据传输信道分,通信系统分为有线通信系统和无线通信系统两类。无论是有线通信系统还是无线通信系统,高频电子线路是必不可少的电路,也是生产、设计通信系统的难点之一。

图 1-8　通信系统的基本组成方框图

　　“通信电子线路”是通信类、电子类以及信息类专业的一门重要的专业基础课,是理论性和实践性很强的课程,也是所有课程中的难点之一。这门课程通常由以下内容组成：高频小信号谐振放大器、高频谐振功率放大器、正弦波振荡器、调制器（包括调幅电路、调频电路和调相电路）、混频器、解调器（检波器、鉴频器和鉴相器）及反馈控制电路（包括自动增益控制电路、自动频率控制电路和自动相位控制电路）。

"通信电子线路"课程的研究对象是通信系统发送设备和接收设备中的各种完成高频信号处理的电路的功能、原理和组成。该课程所研究电路的工作频率从几百千赫到几百兆赫。不同频段有不同的特点，适合完成不同的功能。不同频段的典型用途如表 1-1 所示。

表 1-1　不同频段的典型用途

频率范围	波　长	名　　称	典型用途
30~300Hz	10 000~1000km	特低频	水下通信、电报
0.3~3kHz	1000~100km	音频	数据终端设备、固定电话
3~30kHz	100~10km	甚低频	导航、声呐、电报、电话、频率标准
30~300kHz	10~1km	低频（长波）	导航、航标信号、电报
0.3~3MHz	1km~100m	中频（中波）	商用调幅广播、业余通信、海军无线电通信、测向、遇险与呼救
3~30MHz	100~10m	高频（短波）	国际定点通信、军用通信、商用调幅广播、飞机与船通信、岸与船通信
30~300MHz	10~1m	甚高频（超短波）	电视广播、调频广播、车辆通信、航空通信、导航设备
0.3~3GHz	1~0.1m	超高频（分米波）	电视广播、雷达、遥控遥测、导航、卫星通信、无线电测量、移动通信
3~30GHz	0.1~0.01m	极高频（厘米波）	卫星通信、空间通信、微波接力、机载雷达、气象雷达、陆地机动车通信
30~300GHz	0.01~0.001m	特高频（毫米波）	雷达着陆系统、射电天文、铁路设施、科学研究

注：频率 30kHz 以下的称为超长波，30~1000MHz 的称为超短波，1000MHz 以上的称为微波。

本课程研究的大部分电路都是非线性电路。非线性电路的分析方法与线性电路的分析方法是不同的，所以，非线性电路的分析方法也是本课程的重要内容之一。

另外，本课程是理论性和实践性很强的课程，同学们可以一边学习，一边动手做一些紧密结合本课程内容的小电路，或者做一些电子设备的维修，比如收音机、电视机。需要特别注意的是，一定要注意人身安全，尤其是在维修彩色电视机等有高电压、大电流的设备的时候。

本章小结

本章介绍了无线电通信的发展历史、无线电信号的传输特点和传输方法，概述了无线电发射设备和接收设备的基本组成与工作原理，提出了"通信电子线路"课程的主要研究内容和学习方法，为后续章节的展开建立了一个整体的概念。

通过本章的学习，读者可以了解无线电通信的发展历史、无线电发射设备和接收设备的基本组成和工作原理,掌握直接放大式接收机、超外差式接收机和超再生接收机的基本组成、工作原理和它们的优缺点。

思考题与习题

1.1　电磁波具有哪些特点?

1.2　试画出无线电发射设备的一般组成方框图,并简要说明各部分的功能。

1.3　现代通信系统有哪几种接收机? 各有什么优点、缺点?

CHAPTER 2

第 2 章

高频小信号放大器

2.1 概述

高频信号是指频率在数百千赫至数百兆赫的信号。小信号放大器是指放大器输入信号小,可以认为放大器的有源器件工作在线性区,并把它看成线性元件,分析电路时将其等效为二端口网络。高频小信号放大器的功能就是对微弱的高频信号进行不失真放大。

高频小信号放大器是通信设备中常用的功能电路,广泛应用于广播、电视、通信和测量仪器仪表等设备中。按照所使用的器件不同,高频小信号放大器可以被分为晶体管高频小信号放大器、场效应管高频小信号放大器和集成电路高频小信号放大器;按照所放大信号的频带宽度不同,可以将其分为窄带高频小信号放大器和宽带高频小信号放大器;按照所使用负载的性质不同,可将其分为谐振高频小信号放大器和非谐振高频小信号放大器。

本章主要讨论晶体管单级窄带谐振高频小信号放大器,对其他器件的单级谐振放大器、多级级联放大器、集成宽带放大器也略加讨论。

谐振放大器是指采用谐振回路(可以是串联回路、并联回路及耦合回路)作为放大器的负载。由于谐振回路具有选频特性,因此,谐振放大器对于靠近谐振回路的谐振频率的信号,有比较大的电压增益;而对于越远离谐振频率的信号,电压增益越小。因此,谐振放大器不仅具有电压放大的作用,还具有滤波或选频的作用。

由集中滤波器(如 LC 集中选频滤波器、石英晶体滤波器、声表面波滤波器、陶瓷滤波器等)和宽带放大器组成的高频小信号放大器具有结构简单、调试方便、性能良好和易于集成化等优点。

高频小信号放大器的主要性能指标有电压增益、功率增益、通频带、选择性、矩形系数、抑制比、工作稳定性和噪声系数,下面将逐一介绍。

1. 电压增益和功率增益

电压增益或电压放大倍数$\dot{A}_u$等于放大器输出电压$\dot{U}_o$与输入电压$\dot{U}_i$之比,功率增益或功率放大倍数$\dot{A}_p$等于放大器输出功率$\dot{P}_o$与输入功率$\dot{P}_i$之比,即

$$\dot{A}_u = \frac{\dot{U}_o}{\dot{U}_i} \tag{2-1}$$

$$\dot{A}_\mathrm{p} = \frac{\dot{P}_\mathrm{o}}{\dot{P}_\mathrm{i}} \tag{2-2}$$

电压增益和功率增益常常用分贝数（dB）表示。我们希望放大器的增益尽量大些，在满足总增益的要求时，放大器的级数就会少些。但是，放大器的增益过大也是引起放大器不稳定的一个因素。因此在设法提高放大器增益的同时，也要考虑其稳定性。放大器的增益大小，取决于所选用的有源器件性能、要求的通频带宽度、阻抗是否匹配和稳定性等因素。

2. 通频带

放大器的输入信号一般都是已调波信号，它有一定的频谱宽度。如果放大器要实现不失真放大，则必须让输入信号的频谱分量都等增益地通过放大器。因此，放大器必须要有适当的通频带。

对于谐振放大器，放大器的选频特性和谐振回路的选频特性是一致的。与谐振回路的通频带定义相同，放大器的通频带是指放大器的电压增益从最大值下降到其 0.7（即 $\sqrt{2}/2$）倍处所对应的频率范围，常用 $2\Delta f_{0.7}$ 表示。

放大器的通频带取决于谐振回路的形式和谐振回路的有载品质因数 Q_L。此外，放大器的总通频带随着放大器级数的增加而变窄，而且，通频带越宽，放大器的增益越小。

通频带 $2\Delta f_{0.7}$ 也被称为 3dB 带宽，因为电压增益下降至 3dB 处就是下降至 $\sqrt{2}/2$ 倍处。为了测量方便，还将通频带定义为放大器的电压增益从最大值下降到其最大值的 0.5 倍处所对应的频率范围，用 $2\Delta f_{0.5}$ 表示，也称为 6dB 带宽。

不同用途的放大器，其通频带差异比较大。比如，收音机的中频放大器的通频带为 6～8kHz，而电视机的中频放大器的通频带约为 6MHz。

3. 选择性、矩形系数和抑制比

放大器从含有各种不同频率分量的信号（包括有用信号和干扰信号）中选出有用信号，排除或抑制干扰信号的能力，称为放大器的选择性。一方面，由于无线电电台的数量日益增多，汽车、摩托车、机床的电动机以及供配电设备的合闸与分闸等电脉冲干扰越来越严重，必然对放大器的选择性要求越来越高；另一方面，干扰的情况也很复杂，有中心频率位于有用信号中心频率附近的临近电台或频道的干扰，称为临台干扰或临频道干扰，有特定频率的组合干扰，有电子元器件的非线性产生的交调干扰和互调干扰；等等。

对于放大器的选择性的定量分析，常用矩形系数和抑制比来说明。

放大器的选择性是指放大器对有用信号的放大和对无用信号的抑制的能力。理想的频带放大器应该对通频带内的频谱分量有同样的放大能力，而把通频带以外的频谱分量衰减为零，此时放大器的频谱特性曲线是矩形。但是，实际上的频谱特性曲线与矩形有比较大的差异。为了评定实际频谱特性曲线的形状接近矩形的程度，引入矩形系数这个参数，用 K_r 表示。如果用 $2\Delta f_{0.1}$ 或 $2\Delta f_{0.01}$ 表示放大器的电压增益从最大值下降到其 0.1 或 0.01 倍处所对应的频率范围，矩形系数 $K_{\mathrm{r}0.1}$ 就是 $2\Delta f_{0.1}$ 与 $2\Delta f_{0.7}$ 之比，$K_{\mathrm{r}0.01}$ 就是 $2\Delta f_{0.01}$ 与 $2\Delta f_{0.7}$ 之比，即

$$K_{r0.1} = \frac{2\Delta f_{0.1}}{2\Delta f_{0.7}}, \quad K_{r0.01} = \frac{2\Delta f_{0.01}}{2\Delta f_{0.7}} \tag{2-3}$$

矩形系数是表征放大器选择性好坏的一个参数,其值越接近于 1,放大器的实际频谱特性曲线越接近矩形,放大器对临近频道的选择性越好。通常,频带放大器的矩形系数 $K_{r0.1}$ 在 2～5 范围内。

为了测量的方便,有时不用 $2\Delta f_{0.1}$ 或 $2\Delta f_{0.01}$ 与 $2\Delta f_{0.7}$ 之比定义矩形系数,而采用 $2\Delta f_{0.01}$ 与 $2\Delta f_{0.5}$ 之比定义矩形系数。

抑制比也称抗拒比,是用来表征放大器对某些特定频率,如中频、相频分量的选择性的参数,即对干扰信号的抑制能力。对于谐振放大器来说,设谐振频率 f_0 点的放大倍数为 A_{u0},若有一个频率为 f_n 的干扰信号,放大器对这个干扰信号的放大倍数为 A_{un},我们就用 A_{u0} 与 A_{un} 的比值定义抑制比,用 d 表示,即

$$d = \frac{A_{u0}}{A_{un}} \tag{2-4}$$

抑制比 d 也可以用分贝表示为

$$d(\text{dB}) = 20\lg\left(\frac{A_{u0}}{A_{un}}\right) \tag{2-5}$$

4. 工作稳定性

工作稳定性是指放大器的直流偏置、有源器件参数和其他电路元件参数等发生变化时,放大器主要性能的稳定程度。一般的不稳定现象是增益变化、中心频率偏移、通频带变化和谐振曲线变形等。不稳定状态的极端情况是放大器自激,致使放大器完全不能正常工作。为了维持放大器的稳定,必须采取稳定措施,比如限制放大器的增益、选择反向传输导纳模值小的有源器件、使用中和法或失配法、合理安排必要的工艺措施(如元器件的布局与排列、接地和屏蔽),让放大器保持稳定或远离自激。

5. 噪声系数

对于放大器来说,输入端的一部分噪声(外部噪声)会通过放大器在负载两端产生噪声电压。同时,放大器内部也有噪声(内部噪声),在负载两端产生噪声电压。不同的放大器,抑制外部噪声的能力是不一样的,内部噪声的大小也会不一样。噪声系数是指放大器输出信噪比与输入信噪比之比,是表征放大器的噪声性能恶化程度的一个参量,用 N_F 表示。

在放大器中,内部噪声与外部噪声越小越好。如果没有内部噪声,则噪声系数 $N_F = 1$。在多级放大器中,总的噪声系数主要取决于最前面的一、二级,因此,最前面的两级电路的噪声系数至关重要,要尽量小些。减小内部噪声的方法主要有:选用低噪声的电子元器件,尤其是晶体管、场效应管等有源器件;合理选择静态工作点;采用降温措施等。

放大器的技术指标之间既有一致联系,又有矛盾。比如增益与稳定性之间,通频带与选择性之间,增益与通频带之间。在设计一个放大器时,需要通盘考虑技术指标,有时需要折中处理。

2.2 分析高频小信号放大器的预备知识

2.2.1 串、并联谐振回路的特性

由电感线圈和电容器(包括它们的损耗电阻在内)组成的单个谐振电路,称为单振荡回路。当信号源与电感、电容串联连接时,就构成了串联谐振回路;当信号源与电感、电容并联连接时,就构成了并联谐振回路。

电感的感抗值(ωL)随工作频率的升高而增大,而电容的容抗值[$1/(\omega C)$]随工作频率的增大而减小。与单个电感和电容的情况不一样,串联谐振回路的阻抗的幅值在某个特殊频率点上有最小值,并联谐振回路阻抗的幅值在某个特殊频率点上有最大值。单谐振回路的这种特性就叫作谐振特性,那些特殊的频率称为谐振频率。当正弦波信号源的频率等于谐振频率时,串联谐振回路和并联谐振回路的阻抗等于一个纯电阻(通常称为谐振电阻)。此时,回路阻抗的虚部为零。

对于串联谐振回路,当外加正弦波信号源的频率等于谐振频率时,通过回路的电流的幅值最大;正弦波信号源的频率偏离谐振频率越多,通过回路的电流的幅值越小。对于并联谐振回路,当外加正弦波信号源的频率等于谐振频率时,回路两端的电压的幅值最大;正弦波信号源的频率偏离谐振频率越多,回路两端的电压的幅值越小。因此,无论是串联谐振回路还是并联谐振回路,都具有选频和滤波的作用。这种选频和滤波的作用让串联谐振回路和并联谐振回路在高频电子线路中得到了广泛应用。

表2-1罗列和对比了串、并联谐振回路的电路图、阻抗或导纳、品质因数、谐振电阻和阻抗性质与谐振频率的关系。

表 2-1　串、并联谐振回路特性

特　　性		串联谐振回路	并联谐振回路
电路图			
阻抗 Z 或导纳 Y		$Z=r+\mathrm{j}\left(\omega L-\dfrac{1}{\omega C}\right)$	$Y=G_0+\mathrm{j}\left(\omega C-\dfrac{1}{\omega L}\right)$
谐振频率 f_0		$f_0=\dfrac{1}{2\pi\sqrt{LC}}$	$f_0=\dfrac{1}{2\pi\sqrt{LC}}$
品质因数 Q_L		$Q_L=\dfrac{2\pi f_0 L}{r}=\dfrac{1}{2\pi f_0 rC}=\dfrac{1}{r}\sqrt{\dfrac{L}{C}}$	$Q_L=\dfrac{1}{2\pi f_0 G_0 L}=\dfrac{2\pi f_0 C}{G_0}=\dfrac{1}{G_0}\sqrt{\dfrac{C}{L}}$
谐振电阻 R_p		r	$\dfrac{1}{G_0}$
阻抗特性	$f<f_0$	容抗	感抗
	$f>f_0$	感抗	容抗

在高频电子线路中,电路的连接形式往往很复杂,不是简单的单串联谐振回路或并联谐振回路。一般来说,直接分析高频电子线路,特别是定量分析,非常困难。因此,把一个复杂的高频电子线路等效为一个简单的单串联谐振回路或并联谐振回路,是一种有效的办法,这种等效的方法有时候不能一步到位,往往需要几步等效才行。下面介绍几个基本的等效方法,包括串、并联的等效互换,变压器耦合连接的等效,自耦变压器的等效和双电容分压耦合连接的等效。

2.2.2 串、并联阻抗的等效互换

图 2-1 所示的是串、并联阻抗的等效互换电路,其中图 2-1(a)是串联形式,图 2-1(b)是并联形式。所谓的等效,是指外特性等效。对于无源网络来说,等效前、后的阻抗相等,其中,X_1 和 X_2 表示电抗(容抗或感抗)。利用电路分析的知识,不难得到

$$r_1 + \mathrm{j}X_1 = \frac{R_2 \cdot \mathrm{j}X_2}{R_2 + \mathrm{j}X_2} = \frac{R_2 X_2^2}{R_2^2 + X_2^2} + \mathrm{j}\frac{R_2^2 X_2}{R_2^2 + X_2^2}$$

根据等效的概念,可得并联转换为串联的计算式为

$$r_1 = \frac{R_2 X_2^2}{R_2^2 + X_2^2}, \quad X_1 = \frac{R_2^2 X_2}{R_2^2 + X_2^2} \qquad (2\text{-}6)$$

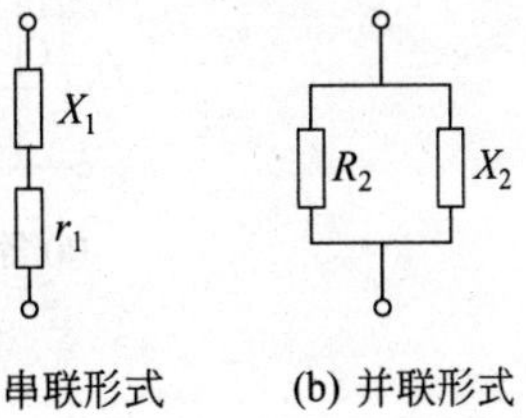

图 2-1 串、并联阻抗的等效互换电路

(a) 串联形式   (b) 并联形式

由于等效前、后的品质因数 Q 不变(在信号源参数不变的情况下,品质因数表征了电路的损耗大小),也就是说,等效前、后,电路的损耗是不变的,所以 $Q = X_1/r_1 = R_2/X_2$。由式(2-6)可得

$$r_1 = \frac{R_2}{\dfrac{R_2^2}{X_2^2} + 1} = \frac{R_2}{1 + Q^2}, \quad X_1 = \frac{X_2}{1 + \dfrac{X_2^2}{R_2^2}} = \frac{X_2}{1 + \dfrac{1}{Q^2}}$$

则串联转换为并联的计算式为

$$R_2 = (1 + Q^2)r_1, \quad X_2 = \left(1 + \frac{1}{Q^2}\right)X_1 \qquad (2\text{-}7)$$

如果 $Q \gg 1$,则式(2-7)可近似为

$$R_2 \approx Q^2 r_1, \quad X_2 \approx X_1 \qquad (2\text{-}8)$$

由式(2-6)和式(2-8)可知,等效前、后,电抗性质不变,电阻可变大(串联转换为并联)或变小(并联转换为串联),而且等效前、后,电抗大小几乎不变。

串联形式电路中的电阻越大,表示损耗越大;并联电路的电阻越小,表示损耗越大。因此,由式(2-6)和式(2-7)实现的串、并联阻抗的互换是完全等效的。

2.2.3 并联谐振回路的耦合连接与接入系数

当并联谐振回路作为放大器的负载时,输入端与信号源之间、负载与放大器之间的耦合连接方式将直接影响放大器的性能。放大器输入端与信号源之间、放大器与负载之

间的阻抗匹配往往也借助合适的耦合连接形式来实现。因此,在高频电子线路中,输入端与信号源之间、负载与放大器之间的耦合连接方式是一个非常重要的问题。常用的耦合连接方式有变压器耦合连接、自耦变压器耦合连接和双电容分压耦合连接3种。

1. 变压器耦合连接

变压器耦合连接的原理电路如图 2-2 所示,其中 N_1、N_2 分别表示变压器初级线圈和次级线圈的匝数,L_1、L_2 分别表示变压器初级线圈和次级线圈的电感值,$\dot{U}_1$ 是电压信号源,负载电阻 R_L 并联在变压器的副边,电阻 R'_L 是负载电阻 R_L 等效后的电阻。图 2-2(a)所示的是等效前的电路,图 2-2(b)所示的是等效后的电路,显然,它是一个单并联谐振回路。对于图 2-2(b)所示的电路分析非常简单,所以,这种等效是很有价值的。下面推导 R'_L 与 R_L 之间的关系。

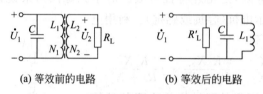

(a) 等效前的电路   (b) 等效后的电路

图 2-2 变压器耦合连接的原理电路

由于电感 L_1、L_2 绕在同一磁芯上,是紧耦合,可以认为是理想变压器。设次级负载电阻 R_L 得到的功率为 P_2,等效后的负载电阻 R'_L 得到的功率为 P_1。由于

$$P_2 = \frac{U_2^2}{R_L}, \quad P_1 = \frac{U_1^2}{R'_L}$$

并且,等效前、后,电路(实际上是电阻 R'_L 与 R_L)消耗的功率是相等的,即 $P_2 = P_1$。所以,R'_L 与 R_L 之间的关系为

$$R'_L = \left(\frac{U_1}{U_2}\right)^2 R_L \tag{2-9}$$

理想变压器的初级与次级电压之比与其匝数成正比,即 $\dfrac{U_1}{U_2} = \dfrac{N_1}{N_2}$。因此,根据式(2-9)可得等效后的电阻 R'_L 为

$$R'_L = \left(\frac{N_1}{N_2}\right)^2 R_L \tag{2-10}$$

变压器耦合连接是一种使用比较普遍的形式,它具有以下特点。

(1) 负载电阻 R_L 与放大器之间实现了电隔离。当负载电阻 R_L 发生故障(如开路、短路)时,减小了引起放大器损坏的可能。

(2) 等效后的电阻 R'_L 可能增大,也有可能减小,只要改变变压器初级和次级线圈的匝数 N_1 和 N_2,就能方便地实现阻抗匹配。当 $N_1 > N_2$ 时,$R'_L > R_L$;当 $N_1 < N_2$ 时,$R'_L < R_L$。

(3) 等效后的电路中的电感值只与变压器原边的电感有关,而与副边的电感值无关。

2. 自耦变压器耦合连接

自耦变压器耦合连接的原理电路如图 2-3 所示。其中 N_1、N_2 分别表示自耦变压器

上、下两部分对应的线圈匝数,总匝数为 $N_1 + N_2$,L 表示自耦变压器上、下两部分的总电感值,$\dot{U}_1$ 是电压信号源,负载电阻 R_L 并联在自耦变压器的下边,电阻 R'_L 是负载电阻 R_L 等效后的电阻。图 2-3(a)所示的是等效前的电路,图 2-3(b)所示的是等效后的电路,显然,它是一个单并联谐振回路。下面推导 R'_L 与 R_L 之间的关系。

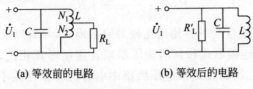

(a) 等效前的电路　　　　　(b) 等效后的电路

图 2-3　自耦变压器耦合连接的原理电路

采用与上面相似的方法,不难得到等效后的电阻 R'_L 为

$$R'_L = \left(\frac{N_1 + N_2}{N_2} \right)^2 R_L \tag{2-11}$$

自耦变压器耦合连接也是一种使用比较普遍的形式,它具有以下特点。

(1) 与变压器耦合连接形式相比,自耦变压器耦合连接有一个优点,即无论是用手工制作还是机器制作,都更快捷,因为上、下两部分线圈绕向相同,中间的抽头能顺势拉出,铜芯线都不用剪断。

(2) 等效后的电阻 R'_L 只可能增大,不可能减小。增大的倍数与 $\left(\dfrac{N_1 + N_2}{N_2} \right)^2$ 成正比。

(3) 等效后的电路中的电感值就是自耦变压器上、下两部分的总电感。

3. 双电容分压耦合连接

双电容分压耦合连接的原理电路如图 2-4 所示,负载电阻 R_L 并联在电容 C_2 的两端。

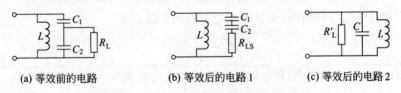

(a) 等效前的电路　　　　(b) 等效后的电路 1　　　　(c) 等效后的电路 2

图 2-4　双电容分压耦合连接的原理电路

等效分两步完成。

第一步,把负载电阻 R_L 与电容 C_2 的并联形式等效为串联形式,如图 2-4(b)所示。由前面的分析可知,第一步等效后的电抗仍然是容抗,而且电容值几乎不变,即电容仍为 C_2(假设 $Q_{C_2} = \omega_0 C_2 R_L$)比较大,一般也是这种情况,而负载电阻

$$R_{LS} \approx \frac{R_L}{Q_{C_2}^2} = \frac{R_L}{(\omega_0 C_2 R_L)^2} = \frac{1}{(\omega_0 C_2)^2 R_L}$$

第二步,先将 C_1 和 C_2 的串联等效为一个电容 C,即

$$C = \frac{C_1 C_2}{C_1 + C_2}$$

然后把电容 C 与电阻 R_{LS} 的串联形式转换为并联形式,如图 2-4(c)所示。在第二步

中,等效后的电容值几乎不变,电容仍然是 C;等效后的负载电阻 R'_L。

$$R'_L \approx Q_C^2 R_{LS} = \frac{R_{LS}}{(\omega_0 C R_{LS})^2} = \frac{1}{(\omega_0 C)^2 R_{LS}} = \left(\frac{C_2}{C}\right)^2 R_L$$

最后得到等效前、后的负载电阻 R'_L 与 R_L 之间的计算式为

$$R'_L = \left(\frac{C_1 + C_2}{C_1}\right)^2 R_L \tag{2-12}$$

双电容分压耦合连接也是一种使用比较普遍的形式,具有以下特点。

(1) 与变压器耦合连接形式和自耦变压器耦合连接形式相比,双电容分压耦合连接形式具有体积小的优点,因为在高频电子线路中电容的体积往往小于变压器和自耦变压器的体积。显然,还具有受外界磁场影响小的优点。

(2) 等效后的电阻 R'_L 只可能增大,不可能减小。增大的倍数与 $\left(\frac{C_1 + C_2}{C_1}\right)^2$ 成正比。

(3) 等效后的电路中的电容就是电容 C_1 和 C_2 的串联等效电容 C。

由此可见,变压器耦合连接、自耦变压器耦合连接和双电容分压耦合连接这 3 种形式中,只有变压器耦合连接形式等效后的负载电阻可以变大或变小,其余两种只能变大。

为了在后续的高频电子线路分析中方便地进行计算,引入接入系数这个参数,用 p 来表示。

4. 接入系数

上面以电阻的等效变换推导了 3 种连接形式的变比关系。为了在分析电路时运用方便,可以将其推广到电导、电抗、电流源和电压源的等效变比关系。首先,定义与变比关系有关的接入系数 p,即

$$p = \frac{\text{转换前的圈数(或容抗)}}{\text{转换后的圈数(或容抗)}} \tag{2-13}$$

对于上面讨论的 3 种情况,可以得到电阻转换的通式为

$$R'_L = \frac{1}{p^2} R_L \tag{2-14}$$

推广到电导、电抗、电流源和电压源的等效变比关系为

$$g'_L = p^2 g_L, \quad X' = \frac{1}{p^2} X, \quad I'_g = p I_g, \quad U'_g = \frac{1}{p} U_g \tag{2-15}$$

有了式(2-13)、式(2-14)和式(2-15),对于高频电子线路的等效电路的定量分析就简洁了许多,也便于记忆。

2.3 晶体管高频小信号等效电路

在高频线性电子线路的应用中,晶体管可以利用等效电路和高频参数来阐述其特性,并进行分析。

晶体管在处理高频小信号时,其等效电路主要有两种表示方法:第一种表示方法是形式等效电路,又称为网络参数等效电路;第二种表示方法是物理模拟等效电路,即混合

π 型等效电路。

2.3.1 y 参数等效电路

网络参数等效电路是把晶体管 VT 看成一个有源二端口网络,采用一些网络参数来组成等效电路,如图 2-5(a)所示,基极 b 与发射极 e、集电极 c 与发射极 e 分别组成输入和输出两个端口。这种等效电路的优点是具有通用性,导出的表达式具有普遍性,分析电路具有方便性;其缺点主要是参数与工作频率有关,对于动态计算显得很麻烦,还有就是物理意义不明确。

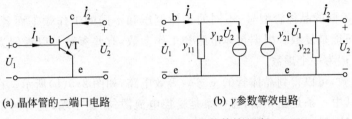

(a) 晶体管的二端口电路   (b) y 参数等效电路

图 2-5   晶体管及其 y 参数等效电路

在图 2-5(a)中,输入端的输入电压和电流分别是 $\dot{U}_1$ 和 $\dot{I}_1$,输出端的输出电压和电流分别是 $\dot{U}_2$ 和 $\dot{I}_2$。根据二端口网络的理论,需要 4 个参数来表示晶体管 VT 的功能,这种表征晶体管功能的参数叫作晶体管的参数(参量)。我们可以任意选择两个参数作为自变量,剩下两个就是参变量。对于二端口网络的 4 个参数,可以得到 6 种不同的参数系,其中,最常用的是 h、y、z 3 种参数系。如果选择输出电压 $\dot{U}_2$ 和输入电流 $\dot{I}_1$ 为自变量,输入电压 $\dot{U}_1$ 和输出电流 $\dot{I}_2$ 为参变量,则得到 h 参数系。如果选择输出电流 $\dot{I}_2$ 和输入电流 $\dot{I}_1$ 为自变量,输入电压 $\dot{U}_1$ 和输出电压 $\dot{U}_2$ 为参变量,则得到 z 参数(阻抗)系。如果选择输出电压 $\dot{U}_2$ 和输入电压 $\dot{U}_1$ 为自变量,输入电流 $\dot{I}_1$ 和输出电流 $\dot{I}_2$ 为参变量,则得到 y 参数(导纳参数)系。本书主要采用 y 参数系分析线性高频电子线路。

设输出电压 $\dot{U}_2$ 和输入电压 $\dot{U}_1$ 为自变量,输入电流 $\dot{I}_1$ 和输出电流 $\dot{I}_2$ 为参变量,由图 2-5(a)可得

$$\dot{I}_1 = y_{11} \dot{U}_1 + y_{12} \dot{U}_2 \tag{2-16}$$

$$\dot{I}_2 = y_{21} \dot{U}_1 + y_{22} \dot{U}_2 \tag{2-17}$$

式中:y_{11}——输出短路时的输入导纳;

$\qquad y_{12}$——输入短路时的反向传输导纳;

$\qquad y_{21}$——输出短路时的正向传输导纳;

$\qquad y_{22}$——输入短路的输出导纳。

这 4 个参数的定义为

$$y_{11} = y_i = \left.\frac{\dot{I}_1}{\dot{U}_1}\right|_{\dot{U}_2=0} , \quad y_{12} = y_r = \left.\frac{\dot{I}_1}{\dot{U}_2}\right|_{\dot{U}_1=0}$$

$$y_{21} = y_f = \left.\frac{\dot{I}_2}{\dot{U}_1}\right|_{\dot{U}_2=0} , \quad y_{22} = y_o = \left.\frac{\dot{I}_2}{\dot{U}_2}\right|_{\dot{U}_1=0} \tag{2-18}$$

短路导纳参数表示输出端或输入端短路时晶体管的参数,它们是晶体管本身的参数,只与晶体管的本身特性有关,而与外电路无关,所以又称为内参数。对于放大器中的晶体管,由于其输入端和输出端都接有外部电路,晶体管和外部电路构成一个整体电路,于是得到相应的放大器的 y 参数,它们不仅与晶体管的特性有关,还与外部电路有关,所以又称为外参数。

y 参数因不同的晶体管型号、不同的工作电压和不同的工作频率而各异。y 参数可能是实数,也可能是复数。根据具体电路和工作参数,有些参数可以近似为一个实数,有些参数可以近似为一个虚数。

根据 y 参数,可以得到晶体管的 y 参数等效电路,如图 2-5(b)所示。在输入端,有两条支路并联,其中一条是复导纳,另一条是受控电流源;在输出端,也有两条支路并联,其中一条是复导纳,另一条是受控电流源。

对于共发射极组态,

$$\dot{I}_1 = \dot{I}_b , \quad \dot{U}_1 = \dot{U}_{be} , \quad \dot{I}_2 = \dot{I}_c , \quad \dot{U}_2 = \dot{U}_{ce}$$

其 y 参数用 y_{ie}、y_{re}、y_{fe} 和 y_{oe} 表示。

对于共基极组态,

$$\dot{I}_1 = \dot{I}_e , \quad \dot{U}_1 = \dot{U}_{eb} , \quad \dot{I}_2 = \dot{I}_c , \quad \dot{U}_2 = \dot{U}_{cb}$$

其 y 参数用 y_{ib}、y_{rb}、y_{fb} 和 y_{ob} 表示。

对于共集电极组态,

$$\dot{I}_1 = \dot{I}_b , \quad \dot{U}_1 = \dot{U}_{bc} , \quad \dot{I}_2 = \dot{I}_e , \quad \dot{U}_2 = \dot{U}_{ec}$$

其 y 参数用 y_{ic}、y_{rc}、y_{fc} 和 y_{oc} 表示。

2.3.2 混合 π 型等效电路

形式等效电路不仅适用于晶体管,而且适用于任何二端口网络或三端元器件。但是,对于晶体管的形式等效电路,主要缺点是没有考虑晶体管内部的物理过程,要动态分析电路就非常不方便了,这是因为晶体管的特性或参数随着工作电压、工作频率和环境因素的变化而变化。如果把晶体管内部的复杂关系用集中元件电阻、电容和电感来表示,则每一个元件都与晶体管内部发生的某种物理过程有明显的关系。采用这种物理模拟的方法所得到的物理等效电路,就是所谓的晶体管混合 π 型等效电路。

晶体管混合 π 型等效电路图的优点主要是其中的各个元件在很宽的工作频率范围内都保持常数;其缺点主要是元件比较多,电路技术指标的计算比较复杂。

图 2-6 所示的是晶体管混合 π 型等效电路,下面分别介绍各个元件。

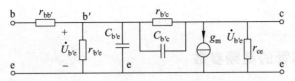

图 2-6　晶体管混合 π 型等效电路

1. 发射结的结电阻 $r_{b'e}$

当晶体管工作在放大区时,其发射结正向偏置,因此 $r_{b'e}$ 很小,一般在几百欧姆以下,可以表示为

$$r_{b'e} = \frac{26\beta_0}{I_E}$$

式中:β_0——共发射极组态晶体管的低频电流放大系数;

I_E——晶体管发射极的静态工作电流,单位是 mA。

2. 基区扩展电阻 $r_{bb'}$

基区扩展电阻 $r_{bb'}$ 的大小与晶体管的杂质浓度等制造工艺有关,而且是一个固定值,与晶体管的工作状态无关。对于高频小功率硅管,基区扩展电阻 $r_{bb'}$ 在几十欧姆至几百欧姆之间。

3. 集电结电阻 $r_{b'c}$

由于晶体管的集电结总是处于反向偏置,所以集电结电阻 $r_{b'c}$ 非常大,通常是兆欧姆数量级。因此,在分析具体电路时,集电结电阻 $r_{b'c}$ 往往可以忽略不计(看成开路)。

4. 集电极电阻 r_{ce}

集电极电阻 r_{ce} 表示集电极与发射极之间的电压 u_{ce}(管压降)对集电极电流 i_c 的影响。集电极电阻 r_{ce} 一般比较大,但是小于集电结电阻 $r_{b'c}$。

5. 发射结的结电容 $C_{b'e}$

发射结的结电容 $C_{b'e}$ 是由势垒电容 C_{je} 和扩散电容 C_{De} 两部分组成。当晶体管工作在放大区时,其发射结正向偏置,因此扩散电容 C_{De} 相对比较大,可以忽略势垒电容 C_{je},即 $C_{b'e} \approx C_{De}$。

6. 受控电流源

在集电极与发射极之间的受控电流源的大小是 $g_m \dot{U}_{b'e}$,方向取决于晶体管是 NPN 型还是 PNP 型。如果晶体管是 NPN 型的,受控电流源的方向是由集电极流向发射极;如果晶体管是 PNP 型的,受控电流源的方向是由发射极流向集电极。其中,$g_m = I_E/26$,是晶体管的跨导,表征晶体管的放大能力,单位是 S。

在分析小信号谐振放大器时,一般采用 y 参数等效电路等效晶体管,但是,y 参数是随工作频率的变化而变化的。混合 π 型等效电路用集中参数元件表示,其物理意义明显,在分析电路原理时用得多。y 参数与混合 π 型等效电路的参数的变换关系可以根据 y 参数的定义求出,其计算公式可参考有关资料(参考文献[1]的 83~90 页)。

7. 集电结的结电容 $C_{b'c}$

集电结的结电容 $C_{b'c}$ 由势垒电容 C_{je} 和扩散电容 C_{De} 两部分组成。由于集电结总是反向偏置,所以 $C_{b'c} \approx C_{je}$。

2.3.3 晶体管的高频参数

为了分析和设计各种高频电子线路,有必要了解晶体管的高频特性。下面介绍几种表征晶体管高频特性的主要参数,即截止频率 f_β、特征频率 f_T 和最高振荡频率 f_{max} 等。

1. 截止频率 f_β

β 是晶体管共发射极电流放大系数,其大小与工作频率有关。当工作频率高到一定程度时,β 值会随工作频率的增高而下降。截止频率 f_β 是指当 $|\beta|$ 下降到低频电流放电系数 β_0 的 $1/\sqrt{2}$ 倍时所对应的频率。β 与工作频率 f、截止频率 f_β 和低频电流放电系数 β_0 的关系式为

$$\beta = \frac{\beta_0}{1 + \mathrm{j}\dfrac{f}{f_\beta}} \tag{2-19}$$

根据上式,β 的模值 $|\beta|$ 为

$$|\beta| = \frac{\beta_0}{\sqrt{1 + \left(\dfrac{f}{f_\beta}\right)^2}} \tag{2-20}$$

根据晶体管的混合 π 型等效电路,可以得到(参考文献[2]的 13、14 页)晶体管的共发射极电流放大系数 β 和截止频率 f_β 的表达式:

$$\beta = \frac{\beta_0}{1 + \mathrm{j}\omega r_{b'e}(C_{b'e} + C_{b'c})} \tag{2-21}$$

$$f_\beta = \frac{1}{2\pi r_{b'e}(C_{b'e} + C_{b'c})} \tag{2-22}$$

由于共发射极电流放大系数 β 远远大于 1,因此,当工作频率等于截止频率 f_β 时,$|\beta|$ 的值虽然下降到 β_0 的 $1/\sqrt{2}$ 倍,但是仍然比 1 大得多,晶体管还能起放大作用。

2. 特征频率 f_T

特征频率 f_T 是指当 $|\beta|$ 下降到 1 时所对应的频率。由式(2-20)可得 $\dfrac{\beta_0}{\sqrt{1 + (f_T/f_\beta)^2}} = 1$,即

$$f_T = f_\beta \sqrt{\beta_0^2 - 1} \approx \beta_0 f_\beta \tag{2-23}$$

特征频率 f_T 是晶体管在共发射极电路中能得到的电流增益的最高频率极限。根据上面的定义,当 $f > f_T$ 时,$|\beta| < 1$。此时,虽然放大器没有电压放大作用了,但并不意味着晶体管已经没有放大能力,因为放大的功率增益 A_P 还有可能大于 1。

3. 最高振荡频率 f_{max}

最高振荡频率 f_{max} 是指晶体管的功率增益 $A_P = 1$ 时所对应的频率,表示晶体管所能工作的最高极限频率。根据晶体管的混合 π 型等效电路,可以计算出(参考文献[3])最

高振荡频率 $f_{\max}$ 为

$$f_{\max} = \frac{1}{2\pi}\sqrt{\frac{g_{\mathrm{m}}}{4r_{\mathrm{bb'}}C_{\mathrm{b'e}}C_{\mathrm{b'c}}}} \tag{2-24}$$

最高振荡频率 $f_{\max}$ 表示一个晶体管所能适用的最高极限频率。当工作频率高于最高振荡频率 $f_{\max}$ 时，无论用什么方法，都不可能使有晶体管组成的电路产生振荡，最高振荡频率 $f_{\max}$ 的名称也由此而来。

通常，为了既让放大电路工作稳定，又有一定的功率增益，晶体管的实际工作频率应该不超过最高振荡频率 $f_{\max}$ 的 $1/4\sim1/3$。

显然，对于同一个晶体管，在这 3 个晶体管的高频参数中，最高振荡频率 $f_{\max}$ 最高，特征频率 f_{T} 次之，截止频率 f_{β} 最低。

4. 电荷储存效应

当晶体管的发射结正向偏置时，有大量的非平衡载流子注入。在正向偏置的 PN 结中，N 区向 P 区注入大量的电子，电子扩散到 P 区以后，在一定的路程 L_{n}（也称为电子扩散长度）内一面扩散，一面与 P 区的空穴复合而消失。这样，就在 P 区内部积累了较多的电子，并且具有一定的浓度分布。电子的浓度在势垒区的边界最大，沿着 P 区逐渐减小。当电子从势垒区的边界向 P 区内部扩散时，就形成了正向导通电流。如果在某一个时刻，PN 结突然由正向偏置变为反向偏置，那么，在 P 区积累的大量电子就会在反向电场的作用下回到 N 区，形成反向电流。但是，由于积累的大量电子不会马上消失，所以，在反向偏置开始的瞬间，反向电流很大。经过一定时间以后，P 区积累的电子的一部分回到了 N 区，另一部分在 P 区与空穴复合。此时，反向电流就恢复成为正常情况下的反向漏电流值。这种正向导通时少数载流子（如 P 区的电子）积累的现象，叫作电荷储存效应。

由于电荷储存效应的存在，当晶体管的发射结由正向导通状态转变为反向截止状态时，不能立即得到反向漏电流，反而得到一个瞬间比较大的反向电流。当晶体管应用于高频电子线路时，如果发射结由正向导通状态转变为反向截止状态，输出电流本应很小，但实际上，仍然有一个比较大的输出电流，使得输入电流和输出电流之间出现相位差，导致电流放电系数下降。对于乙类和丙类功率放大器，会引起输出波形失真，降低电源效率，甚至使放大器不能正常工作。总之，电荷储存效应会使晶体管的高频性能变坏。

2.4　晶体管谐振放大器

2.4.1　单调谐回路谐振放大电路

本节主要讨论一种常用的单调谐回路共发射极谐振放大器，分析其工作原理和等效电路，并进一步计算它的主要性能指标。

图 2-7(a) 所示的是某超外差式接收机的中频放大器部分电路的原理电路，由多级级联的单调谐回路谐振放大器组成，每级放大器由共发射极组态的晶体管放大器和并联谐振回路组成，其前后级放大器的电路形式是一样的，下一级的输入导纳就是上一级的负

载,晶体管要工作在线性放大区。

图 2-7(b)是图 2-7(a)中的某一级放大器的交流等效电路。其中 C_b 和 C_e 是高频旁路电容,需要特别注意的是,变压器 5 个接线端的编号。y_{ie2} 表示本级放大器的负载,实际上就是下一级电路的输入复导纳。

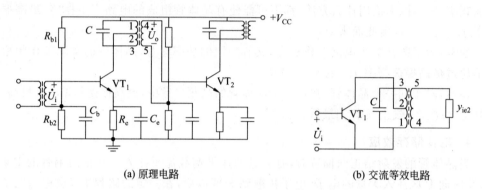

(a) 原理电路　　　　　　　　　　　(b) 交流等效电路

图 2-7　某超外差式接收机的中频放大器部分电路

2.4.2　放大器的等效电路及其简化

直接分析图 2-7(b)是不易的,尤其是计算放大器的性能指标,只有通过简化的等效电路才可行。在这里,等效电路分 3 步完成。首先,把晶体管 VT_1 用其 y 参数等效电路进行等效,如图 2-8 所示,其中

$$y_{ie} = |y_{ie}| e^{j\varphi_{ie}}, \quad y_{re} = |y_{re}| e^{j\varphi_{re}}, \quad y_{fe} = |y_{fe}| e^{j\varphi_{fe}}, \quad y_{oe} = |y_{oe}| e^{j\varphi_{oe}}$$

然后,把变压器的 1、2 端和 4、5 端的所有元件和相关参数都等效到 1、3 端,得到如图 2-9(a)所示的等效电路。最后,把并联的几个电容和电导合并等效成单个电容和电导,即进行简化处理,得到如图 2-9(b)所示的简单的并联谐振回路。

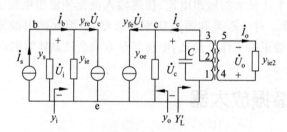

图 2-8　单级调谐放大器高频等效电路

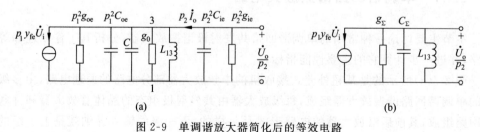

(a)　　　　　　　　　　　　　　　　(b)

图 2-9　单调谐放大器简化后的等效电路

在电路图 2-8 中，信号源以电流源的形式出现，其内复导纳为 y_s；y_i 表示从信号源往放大器输入端看过去的等效输入复导纳；y_o 表示从耦合变压器往放大器输出端看过去的等效输出复导纳，对于自耦变压器来说，放大器就是其信号源，y_o 就是这个信号源的内复导纳；Y_L' 表示从晶体管输出端往自耦变压器看过去的等效复导纳，其实就是放大器的等效负载。

根据图 2-8，可以计算出放大器的输出导纳 y_o 和输入导纳 y_i。

由 y 参数方程可以得到

$$\dot{I}_b = y_{ie} \dot{U}_i + y_{re} \dot{U}_c, \quad \dot{I}_c = y_{fe} \dot{U}_i + y_{oe} \dot{U}_c$$

又

$$\dot{I}_c = -Y_L' \dot{U}_c, \quad \dot{U}_c = -\frac{y_{fe}}{y_{oe} + Y_L'} \dot{U}_i$$

因此

$$\dot{I}_b = y_{ie} \dot{U}_i - \frac{y_{re} y_{fe}}{y_{oe} + Y_L'} \dot{U}_i = \left(y_{ie} - \frac{y_{re} y_{fe}}{y_{oe} + Y_L'}\right) \dot{U}_i$$

可以得到放大器的输入导纳 y_i

$$y_i = \frac{\dot{I}_b}{\dot{U}_i} = y_{ie} - \frac{y_{re} y_{fe}}{y_{oe} + Y_L'} \tag{2-25}$$

由式(2-25)可以看出，放大器的输入导纳 y_i 不仅与晶体管的 y 参数有关，还与放大器的负载 Y_L' 有关。也就是说，负载 Y_L' 的改变也会影响放大器的输入导纳 y_i。对于多级放大器来说，某级电路参数的改变，会引起前面各级电路的输入导纳的改变，这是一个不利情况。

在计算放大器的输出导纳时，信号源为零，在图 2-8 中是 $\dot{I}_s = 0$。在输入端，由 KVL 方程得到

$$\dot{U}_i = -\frac{y_{re}}{y_{ie} + y_s} \dot{U}_c$$

把它代入 y 参数方程并整理得

$$\dot{I}_c = \left(y_{oe} - y_{fe} \frac{y_{re}}{y_{ie} + y_s}\right) \dot{U}_c$$

因此，放大器的输出导纳 y_o 为

$$y_o = \frac{\dot{I}_c}{\dot{U}_c} = y_{oe} - y_{fe} \frac{y_{re}}{y_{ie} + y_s} \tag{2-26}$$

由式(2-26)可以看出，放大器的输出导纳 y_o 不仅与晶体管的 y 参数有关，还与放大器的信号源导纳 y_s 有关。也就是说，信号源参数的改变也会影响放大器的输出导纳 y_o。对于多级放大器来说，某级电路参数的改变，会引起后面各级电路的输出导纳的改变，这也是一个不利的情况。

因此，由于反向传输导纳 y_{re} 的存在，多级放大器之间会互相影响。调整任何一级，都会影响其他级的工作状态和性能，这不仅增加了调试的难度，而且可能引起放大器工作的不稳定，甚至产生自激。在高频电子线路中，应该选用反向传输导纳 y_{re} 的模值比较小

的晶体管,这有利于放大器的调试和放大器的稳定。

在图 2-9 中,把变压器 1、2 端和 4、5 端的元器件和参数等效到 1、3 端,接入系数分别为 p_1、p_2。如果用 N_{12}、N_{13} 和 N_{45} 分别表示变压器 1、2 端和 1、3 端以及 4、5 端的匝数,则接入系数分别为

$$p_1 = \frac{N_{12}}{N_{13}}, \quad p_2 = \frac{N_{45}}{N_{13}}$$

g_Σ 和 C_Σ 是几个电导和电容的合并等效,并且

$$g_\Sigma = p_1^2 g_{oe} + g_0 + p_2^2 g_{ie}, \quad C_\Sigma = p_1^2 C_{oe} + C + p_2^2 C_{ie}$$

下面根据图 2-9 计算放大器的技术指标。

2.4.3　放大器的技术指标计算

本书分析与计算的单调谐回路谐振放大器的主要技术指标有电压增益、谐振曲线、通频带和矩形系数。

1. 电压增益

由图 2-9 可以得到总的复导纳为

$$y_\Sigma = g_\Sigma + j\omega C_\Sigma + \frac{1}{j\omega L_{13}} = g_\Sigma + j\left(\omega C_\Sigma - \frac{1}{\omega L_{13}}\right)$$

式中:$g_\Sigma = p_1^2 g_{oe} + g_0 + p_2^2 g_{ie}$;

$C_\Sigma = p_1^2 C_{oe} + C + p_2^2 C_{ie}$。

在已知电感 L_{13} 的空载品质因数 Q_0 和工作频率 f_0 的条件下,导纳 g_0 是电感 L_{13} 的损耗的折算,即

$$g_0 = \frac{1}{2\pi f_0 L_{13} Q_0}$$

在图 2-9(b)中,由 KVL 方程可得

$$\frac{\dot{U}_o}{p_2} = -\frac{p_1 y_{fe} \dot{U}_i}{y_\Sigma} = -\frac{p_1 y_{fe} \dot{U}_i}{g_\Sigma + j\left(\omega C_\Sigma - \frac{1}{\omega L_{13}}\right)}$$

把此式简单整理,可以得到放大器的增益 $\dot{A}_u$ 为

$$\dot{A}_u = \frac{\dot{U}_o}{\dot{U}_i} = -\frac{p_1 p_2 y_{fe}}{g_\Sigma + j\left(\omega C_\Sigma - \frac{1}{\omega L_{13}}\right)} \tag{2-27}$$

由式(2-27)可见,单调谐回路谐振放大器的电压增益 $\dot{A}_u$ 一般是一个复数,除了与晶体管的参数 g_{oe}、g_{ie}、C_{oe} 和 C_{ie},以及电感 L_{13} 和接入系数 p_1、p_2 有关外,还与工作角频率 ω 有关。

由 $y_\Sigma = g_\Sigma + j\left(\omega C_\Sigma - \frac{1}{\omega L_{13}}\right)$ 的虚部等于零,可以得到放大器的谐振角频率,即

$$\omega_0 = \frac{1}{\sqrt{L_{13} C_\Sigma}}$$

当信号源的工作角频率 ω 等于谐振角频率 ω_0 时,放大器的电压增益 $\dot{A}_u$ 的幅度最大,此时的电压增益 $\dot{A}_u$ 叫作谐振电压增益,用 $\dot{A}_{u0}$ 表示。把 $\omega=\omega_0=\dfrac{1}{\sqrt{L_{13}C_\Sigma}}$ 带入式(2-27),可以得到放大器的谐振电压增益 $\dot{A}_{u0}$ 为

$$\dot{A}_{u0}=-\frac{p_1 p_2 y_{fe}}{g_\Sigma} \qquad (2\text{-}28)$$

由式(2-28)可见,单调谐回路谐振放大器的谐振电压增益 $\dot{A}_{u0}$ 一般也是一个复数,与晶体管的参数 g_{oe}、g_{ie}、C_{oe}、C_{ie},以及电感 L_{13} 和接入系数 p_1、p_2 有关。

2. 谐振曲线

由上面的分析可知,单调谐回路谐振放大器的电压增益 $\dot{A}_u$ 与信号源的工作频率 f 有关系。为了便于描述这种关系,引入谐振曲线的概念。

放大器的谐振曲线是表示放大器的相对电压增益与输入信号频率之间的关系曲线。由式(2-27)可得

$$\dot{A}_u=-\frac{p_1 p_2 \dfrac{y_{fe}}{g_\Sigma}}{1+\mathrm{j}\dfrac{1}{\omega_0 L_{13} g_\Sigma}\left(\omega\omega_0 C_\Sigma L_{13}-\dfrac{\omega_0}{\omega}\right)}=\frac{\dot{A}_{u0}}{1+\mathrm{j}Q_L\left(\dfrac{\omega}{\omega_0}-\dfrac{\omega_0}{\omega}\right)}$$

$$=\frac{\dot{A}_{u0}}{1+\mathrm{j}Q_L\left(\dfrac{f}{f_0}-\dfrac{f_0}{f}\right)} \qquad (2\text{-}29)$$

式中: $Q_L=\dfrac{1}{\omega_0 L_{13} g_\Sigma}$ ——回路有载品质因数。

对于谐振放大器来说,输入高频信号往往是窄带信号,即工作频率 f 与谐振 f_0 相差不大。由于放大器的谐振电压增益 $\dot{A}_{u0}$ 的幅度最大,因此,相对电压增益可以表示为(实际上相当于归一化处理)

$$\frac{\dot{A}_u}{\dot{A}_{u0}}=\frac{1}{1+\mathrm{j}Q_L\left(\dfrac{f}{f_0}-\dfrac{f_0}{f}\right)}=\frac{1}{1+\mathrm{j}Q_L\dfrac{f^2-f_0^2}{f\cdot f_0}}=\frac{1}{1+\mathrm{j}Q_L\dfrac{(f-f_0)(f+f_0)}{f\cdot f_0}}$$

$$\approx\frac{1}{1+\mathrm{j}Q_L\dfrac{\Delta f\cdot 2f}{f\cdot f_0}}=\frac{1}{1+\mathrm{j}Q_L\dfrac{2\Delta f}{f_0}} \qquad (2\text{-}30)$$

式中: $\Delta f=f-f_0$ ——工作频率 f 与谐振 f_0 的绝对偏差,往往被称为一般失谐量,单位为 Hz。

当放大器(包括晶体管在内)的参数确定以后,$Q_L\dfrac{2\Delta f}{f_0}$ 与一般失谐量 Δf 成正比。因此,$Q_L\dfrac{2\Delta f}{f_0}$ 仍具有失谐的含义。为了简化式(2-30),令

$$\xi=Q_L\frac{2\Delta f}{f_0} \qquad (2\text{-}31)$$

它称为广义失谐量，表示一般失谐量 Δf 与谐振频率 f_0 的相对比值，它没有量纲。把式(2-31)代入式(2-30)可得

$$\frac{\dot{A}_u}{\dot{A}_{u0}} = \frac{1}{1 + j\xi}$$

取其模值可得

$$\frac{A_u}{A_{u0}} = \frac{1}{\sqrt{1 + \xi^2}} \tag{2-32}$$

图 2-10 就是式(2-30)和式(2-32)对应的曲线，也就是放大器的谐振曲线。图 2-10(a) 是式(2-30)对应的谐振曲线，它关于一般失谐量 $\Delta f = 0$ 的直线或工作频率 f 等于谐振频率 f_0 的直线对称，而且当输入信号的频率 f 等于谐振频率 f_0 时，放大器的电压增益幅度最大。图 2-10(b)是式(2-32)对应的谐振曲线，它关于广义失谐量 $\xi = 0$ (即纵轴)对称，而且当广义失谐量 $\xi = 0$ 时，放大器的电压增益幅度最大。实际上，图 2-10(a)与图 2-10(b) 是一致的，只是对应的自变量不同。这两条曲线也是下面计算放大器通频带的参考图。

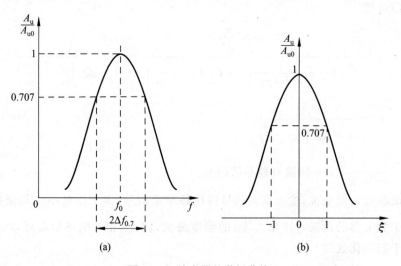

图 2-10   放大器的谐振曲线

3. 放大器的通频带

根据通频带的定义，并由式(2-32)可得

$$\frac{A_u}{A_{u0}} = \frac{1}{\sqrt{1 + \xi^2}} = \frac{1}{\sqrt{2}}$$

此时，$\xi = Q_L \cdot \dfrac{2\Delta f_{0.7}}{f_0} = 1$，因此，通频带 $2\Delta f_{0.7}$ 为

$$2\Delta f_{0.7} = \frac{f_0}{Q_L} \tag{2-33}$$

由式(2-33)可见，放大器的通频带 $2\Delta f_{0.7}$ 与有载品质因数 Q_L 成反比，即 Q_L 越高，$2\Delta f_{0.7}$ 越窄；反之，则 $2\Delta f_{0.7}$ 越宽。

另外，单调谐回路谐振放大器的电压增益也能用其通频带 $2\Delta f_{0.7}$ 来表示。由

图 2-9(b)可得有载品质因数 Q_L 的表达式为

$$Q_L = \frac{1}{2\pi f_0 L_{13} g_\Sigma} = \frac{2\pi f_0 C_\Sigma}{g_\Sigma}$$

把它代入式(2-33),得到总电导 g_Σ 的另一种表达式为

$$g_\Sigma = \frac{2\pi f_0 C_\Sigma}{Q_L} = \frac{2\pi f_0 C_\Sigma}{\dfrac{f_0}{2\Delta f_{0.7}}} = 4\pi \Delta f_{0.7} C_\Sigma$$

将此式代入式(2-28),可以得到单调谐回路谐振放大器的谐振电压增益 $\dot{A}_{u0}$ 的另一种表达式为

$$\dot{A}_{u0} = -\frac{p_1 p_2 y_{fe}}{g_\Sigma} = -\frac{p_1 p_2 y_{fe}}{4\pi \Delta f_{0.7} C_\Sigma} \tag{2-34}$$

由式(2-34)可见,只要晶体管选定以后(晶体管的正向传输导纳 y_{fe} 就确定了),耦合变压器制作完成(接入系数 p_1 和 p_2 也确定了),单调谐回路谐振放大器的谐振电压增益 $\dot{A}_{u0}$ 只取决于谐振回路的总电容 C_Σ 和通频带 $2\Delta f_{0.7}$ 的乘积。式(2-34)同时说明,总电容 C_Σ 和通频带 $2\Delta f_{0.7}$ 越大,单调谐回路谐振放大器的谐振电压增益 $\dot{A}_{u0}$ 的幅度就越小;反之,则谐振电压增益 $\dot{A}_{u0}$ 的幅度越大。

在实际电路中,在总电容 C_Σ 不变的情况下,有时为了展宽放大器的通频带 $2\Delta f_{0.7}$,可以在并联回路两端增加一个电阻,以此增大谐振回路的总电导,也就是减小了谐振回路的有载品质因数 Q_L。需要注意的是,这种办法是在降低放大器电压增益幅度的代价下实现的。总之,放大器电压增益幅度与通频带 $2\Delta f_{0.7}$ 是一对矛盾,在实践中,往往需要折中考虑。

4. 放大器的矩形系数

放大器的选择性可以用矩形系数来表示。根据矩形系数的定义,并由式(2-32)可得

$$\frac{A_u}{A_{u0}} = \frac{1}{\sqrt{1+\xi^2}} = 0.1$$

此时,$\xi = Q_L \dfrac{2\Delta f_{0.1}}{f_0} = \sqrt{99}$,即 $2\Delta f_{0.1} = \dfrac{\sqrt{99} f_0}{Q_L}$。因此,矩形系数 $K_{r0.1}$ 为

$$K_{r0.1} = \frac{2\Delta f_{0.1}}{2\Delta f_{0.7}} = \sqrt{99} \approx 10 \tag{2-35}$$

式(2-35)说明,单调谐回路谐振放大器的矩形系数 $K_{r0.1}$ 等于一个常数,而且远大于1。也就是说,单调谐回路谐振放大器的谐振曲线的形状与矩形相差甚远,因此其选择性比较差,这是单调谐回路谐振放大器的一个缺点。

例 2-1　在图 2-7(a)中,晶体管选用 NPN 型高频管 9018;集电极电源 $V_{CC} = 6V$;发射极静态工作电流 $I_E = 2mA$;工作频率为 $f_0 = 36MHz$;回路电感 $L_{13} = 1.2\mu H$;空载品质因数为 $Q_0 = 100$;接入系数 $p_1 = 0.5$ 和 $p_2 = 0.3$。测得该晶体管的 y 参数分别为:$g_{ie} = 1.5mS$,$C_{ie} = 10pF$;$g_{oe} = 360mS$,$C_{oe} = 6pF$;$|y_{fe}| = 75mS$,$\varphi_{fe} = -18°$;$|y_{re}| = 270\mu S$,$\varphi_{re} = -60°$。

求:单级放大器谐振时的增益 A_{u0}、通频带 $2\Delta f_{0.7}$、回路电容 C 和矩形系数。

28

解：首先需要把放大器的交流通路、等效电路画出来，如图 2-8 和图 2-9 所示。

回路电感 L_{13} 的损耗电导 g_0 为

$$g_0 = \frac{1}{2\pi f_0 L_{13} Q_0} = \frac{1}{2 \times 3.14 \times 36 \times 10^6 \times 1.2 \times 10^{-6} \times 100} = 36.9 \times 10^{-6} (\text{S})$$

谐振回路总的电导 g_Σ 为

$$g_\Sigma = p_1^2 g_{oe} + g_0 + p_2^2 g_{ie} = 0.5^2 \times 360 \times 10^{-6} + 36.9 \times 10^{-6} + 0.3^2 \times 1.5 \times 10^{-3}$$
$$= 0.26 \times 10^{-3} (\text{S})$$

单级放大器谐振时的增益 A_{u0} 为

$$A_{u0} = \frac{p_1 p_2 |y_{fe}|}{g_\Sigma} = \frac{0.5 \times 0.3 \times 75 \times 10^{-3}}{0.26 \times 10^{-3}} = 43.3$$

回路谐振时的总电容 C_Σ 为

$$C_\Sigma = \frac{1}{(2\pi f_0)^2 L_{13}} = \frac{1}{(2 \times 3.14 \times 36 \times 10^6)^2 \times 1.2 \times 10^{-6}} = 16.3 \times 10^{-12} (\text{F})$$

由 $C_\Sigma = p_1^2 C_{oe} + C + p_2^2 C_{ie}$ 可以得到回路谐振时的电容 C 为

$$C = C_\Sigma - p_1^2 C_{oe} - p_2^2 C_{ie} = 16.3 - 0.5^2 \times 6 - 0.3^2 \times 10 = 13.9 (\text{pF})$$

回路有载品质因数 Q_L 为

$$Q_L = \frac{1}{2\pi f_0 L_{13} g_\Sigma} = \frac{1}{2 \times 3.14 \times 36 \times 10^6 \times 1.2 \times 10^{-6} \times 0.26 \times 10^{-3}} = 14.2$$

通频带 $2\Delta f_{0.7}$ 为

$$2\Delta f_{0.7} = \frac{f_0}{Q_L} = \frac{36}{14.2} = 2.54 (\text{MHz})$$

单级放大器的矩形系数 $K_{r0.1}$ 为

$$K_{r0.1} = \sqrt{99} \approx 10$$

2.4.4 多级单调谐回路谐振放大器

当需要较高的电压增益时，一级放大器不够时，可以采用多级放大器。下面仅讨论性能指标。

1. 电压增益

设有 m 级放大器，其增益分别为 $\dot{A}_{u1}, \dot{A}_{u2}, \cdots, \dot{A}_{um}$，则多级放大器的电压增益 $\dot{A}_m$ 为

$$\dot{A}_m = \dot{A}_{u1} \cdot \dot{A}_{u2} \cdot \cdots \cdot \dot{A}_{um} \tag{2-36}$$

如果每级是由完全相同的单级放大器组成的，各级电压增益都是 $\dot{A}_u$，则多级放大器的电压增益 $\dot{A}_m$ 为

$$\dot{A}_m = \dot{A}_u^m \tag{2-37}$$

2. 谐振曲线

当每级是由完全相同的单级放大器组成时，多级谐振曲线等于各单级谐振曲线的乘积，如图 2-11 所示。图中画出了级数 m 分别为 1、2 和 3 时放大器的谐振曲线图。谐振曲线为

$$\frac{A_m}{A_{m0}} = \frac{1}{\left[1 + \left(Q_L \frac{2\Delta f}{f_0}\right)^2\right]^{\frac{m}{2}}} \tag{2-38}$$

式(2-38)说明,级数 m 越多,谐振曲线越尖锐,选择性越好,但通频带也变窄了。

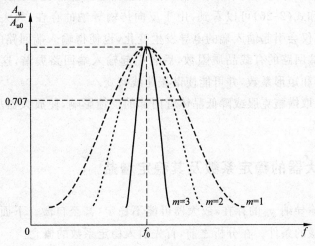

图 2-11　多级放大器的谐振曲线

3. 通频带

当每级是由完全相同的单级放大器组成时,根据式(2-38)不难求出多级放大器的通频带 $2\Delta f_{0.7m}$ 为

$$2\Delta f_{0.7m} = 2\Delta f_{0.7} \sqrt{2^{\frac{1}{m}} - 1} \tag{2-39}$$

式中: $2\Delta f_{0.7}$ ——单级放大器的通频带。

由式(2-39)可知,级数 m 越多,通频带 $2\Delta f_{0.7m}$ 越窄。

4. 矩形系数

当每级是由完全相同的单级放大器组成时,根据式(2-38)不难求出多级放大器的矩形系数 $K_{r0.1m}$ 为

$$K_{r0.1m} = \frac{\sqrt{100^{\frac{1}{m}} - 1}}{\sqrt{2^{\frac{1}{m}} - 1}} \tag{2-40}$$

由式(2-40)可知,级数 m 越多,矩形系数 $K_{r0.1m}$ 越接近于 1。

2.5　小信号放大器的稳定性

2.5.1　谐振放大器具有不稳定性的原因

小信号放大器的稳定性是其重要的技术指标之一。本节主要讨论引起放大器不稳定的原因,并提出一些提高放大器稳定性的措施。在 2.4 节的电路分析中,假定反向传

输导纳 $y_{re}=0$,但实际上,晶体管的反向传输导纳并不为零,因此,放大器的输出信号可以反向作用到输入端,这种反馈作用可能引起放大器产生自激等不良后果。所以,谐振放大器具有不稳定性的重要原因之一就是晶体管的反向传输导纳不等于零。另外,外部原因也会引起放大器不稳定,比如输入与输出间的空间电磁耦合、公共电源的耦合。

从式(2-25)和式(2-26)可以看到,由于反向传输导纳的存在,放大器输出端的复导纳发生变化时,不仅会引起输入端的电导发生变化,也使得输入端回路的电抗发生变化。前者会改变输入端回路的有载品质因数,后者引起输入端回路失谐,这些都会影响放大器的增益、通频带和矩形系数,并可能使谐振曲线畸变。

因此,必须采取措施克服或降低晶体管内部的反馈影响,使放大器尽量远离自激,保持稳定工作的状态。

2.5.2　放大器的稳定系数及其稳定增益

由于反向传输导纳 y_{re} 的存在,放大器可能不稳定,甚至自激。下面分析放大器不产生自激和远离自激的条件。在分析之前,首先引入稳定系数的概念。

1. 稳定系数

图 2-12 所示的是单级单调谐回路调谐放大器的等效电路。当信号源提供输入电压 $\dot{U}_i$ 后,在晶体管集电极 c 与发射极 e 之间产生的电压 $\dot{U}_c$ 为

$$\dot{U}_c = -y_{fe}\frac{\dot{U}_i}{y_{oe}+Y_L'}$$

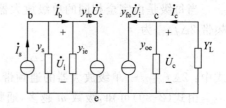

图 2-12　单级单调谐回路调谐放大器的等效电路

该电压反馈到输入端所产生的电压 $\dot{U}_i'$ 为

$$\dot{U}_i' = -\frac{y_{re}\dot{U}_c}{y_{ie}+y_s} = \frac{y_{re}y_{fe}}{(y_{ie}+y_s)(y_{oe}+Y_L')}\dot{U}_i$$

如果该反馈电压 $\dot{U}_i'$ 与输入电压 $\dot{U}_i$ 相等,就意味着放大器产生了自激。

稳定系数的定义为

$$\dot{S} = \frac{\dot{U}_i}{\dot{U}_i'} = \frac{(y_{ie}+y_s)(y_{oe}+Y_L')}{y_{re}y_{fe}} \tag{2-41}$$

S 越大,放大器越稳定。对于一般放大器来说,$S \geq 5$ 就可以认为是稳定的。显然,稳定系数 $S=1$ 是产生自激的边界条件。下面分析放大器不产生自激和远离自激的条件。

对于信号源内导纳 y_s 和负载导纳 Y_L',考虑到它们分别由电容、电感和电阻组成,所以可以表示为

$$y_s = g_s + j\omega C_s + \frac{1}{j\omega L_s}, \quad y_L' = g_L' + j\omega C_L' + \frac{1}{j\omega L_L'}$$

输入导纳 y_{ie} 和输出导纳 y_{oe} 主要考虑由电容和电阻组成,所以它们可以表示为

$$y_{ie} = g_{ie} + j\omega C_{ie}, \quad y_{oe} = g_{oe} + j\omega C_{oe}$$

因此,式(2-41)中的一个因子$(y_{ie} + y_s)$可以表示为

$$y_{ie} + y_s = g_{ie} + j\omega C_{ie} + g_s + j\omega C_s + \frac{1}{j\omega L_s} = g_{ie} + g_s + j\left(\omega C_{ie} + \omega C_s - \frac{1}{\omega L_s}\right)$$

$$= (g_{ie} + g_s)(1 + j\xi_1) = (g_{ie} + g_s)\sqrt{1 + \xi_1^2}\, e^{j\varphi_1} \tag{2-42}$$

式中: $Q_1 = \omega_0\dfrac{C_{ie} + C_s}{g_s + g_{ie}}$;

$\xi_1 = Q_1\left(\dfrac{f}{f_0} - \dfrac{f_0}{f}\right)$;

$f_0 = \dfrac{1}{2\pi\sqrt{L_s(C_{ie} + C_s)}}$;

$\varphi_1 = \arctan \xi_1$。

式(2-41)中的另一个因子$(y_{oe} + Y_L')$可以表示为

$$y_{oe} + Y_L' = g_{oe} + j\omega C_{oe} + g_L' + j\omega C_L' + \frac{1}{j\omega L_L'}$$

$$= (g_{oe} + g_L') + j\left(\omega C_{oe} + \omega C_L' - \frac{1}{\omega L_L'}\right)$$

$$= (g_{oe} + g_L')(1 + j\xi_2) = (g_{oe} + g_L')\sqrt{1 + \xi_2^2}\, e^{j\varphi_2} \tag{2-43}$$

通常,放大器输入回路参数和输出回路参数相同,即 $\varphi_1 = \varphi_2 = \varphi$,$\xi_1 = \xi_2 = \xi$。把式(2-42)和式(2-43)代入式(2-41),则稳定系数 S 又可以用复数表示为

$$\dot{S} = \frac{(g_{ie} + g_s)e^{j\varphi_1}\sqrt{1 + \xi_1^2} \times (g_{oe} + g_L')\sqrt{1 + \xi_2^2}\, e^{j\varphi_2}}{|y_{re}| \times |y_{fe}|\, e^{j\varphi_{re}}\, e^{j\varphi_{fe}}}$$

$$= \frac{(g_{ie} + g_s)(g_{oe} + g_L')(1 + \xi^2)e^{j(2\varphi - \varphi_{re} - \varphi_{fe})}}{|y_{re}| \times |y_{fe}|} \tag{2-44}$$

由式(2-44)可以得到产生自激的振幅和相位条件分别为

$$\frac{(g_{ie} + g_s)(g_{oe} + g_L')(1 + \xi^2)}{|y_{re}| \times |y_{fe}|} = 1 \tag{2-45}$$

$$2\varphi - \varphi_{re} - \varphi_{fe} = 0 \tag{2-46}$$

由式(2-46)可得

$$2\arctan \xi - \varphi_{re} - \varphi_{fe} = 0$$

于是 $\xi = \tan\dfrac{\varphi_{re} + \varphi_{fe}}{2}$。由此可得

$$1 + \xi^2 = \sec^2\left(\frac{\varphi_{re} + \varphi_{fe}}{2}\right) = \frac{2}{1 + \cos(\varphi_{re} + \varphi_{fe})}$$

因此,自激的振幅条件为

$$\frac{2(g_{ie} + g_s)(g_{oe} + g_L')}{|y_{re}| \times |y_{fe}|[1 + \cos(\varphi_{re} + \varphi_{fe})]} = 1 \tag{2-47}$$

所以,式(2-47)左边小于 1 时,反馈更强,放大器更易自激;式(2-47)左边大于 1 时,放大器不会自激;式(2-47)左边等于 1 时,放大器不稳定。

2. 稳定增益

实际上,放大器的工作频率远低于晶体管的特征频率 f_T,可以近似处理晶体管的 y 参数

$$y_{fe} \approx |y_{fe}|, \quad y_{re} \approx -j\omega_0 C_{re} = \omega_0 C_{re} e^{-j\frac{\pi}{2}}$$

假定 $g_{ie}+g_s = g_1, g_{oe}+g'_L = g_2$，即

$$\varphi_{fe} = 0, \quad \varphi_{re} = -\frac{\pi}{2} \text{rad}, \quad 1+\xi^2 = \frac{2}{1+\cos(\varphi_{re}+\varphi_{fe})} = 2$$

由式(2-44)可以得到稳定系数的模值为

$$S = \frac{2g_1 g_2}{\omega_0 C_{re}|y_{fe}|} \tag{2-48}$$

当放大器输入端(前级放大器输出端)和输出端都是抽头连接，且接入系数分别为 p_1 和 p_2 时，如图 2-13 所示，则稳定系数的模值为

$$S = \frac{2g_1 g_2}{p_1 p_2 \omega_0 C_{re}|y_{fe}|} \tag{2-49}$$

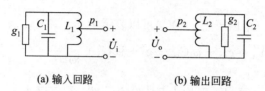

(a) 输入回路　　　　　　(b) 输出回路

图 2-13　放大器输入回路和输出回路

由式(2-49)可见，减小 g_1 或 g_2，以及提高 p_1 或 p_2，都使稳定系数的模值 S 下降，对放大器稳定工作都是不利的。这时，放大器的谐振电压增益的模值 A_{u0} 可写成(假定下一级的接入系数为 p_1)

$$A_{u0} = \frac{p_1 p_2 |y_{fe}|}{g_2} \tag{2-50}$$

在式(2-50)中凑一个式(2-49)，引入稳定系数的模值 S，可得谐振电压增益模值 A_{u0} 的另一种表示为

$$A_{u0S} = \frac{2g_1}{\omega_0 C_{re} S} \tag{2-51}$$

取稳定系数的模值 $S=5$，可得谐振电压增益的模值为

$$A_{u0S} = \frac{2g_1}{5\omega_0 C_{re}} \tag{2-52}$$

式(2-52)是保持放大器稳定工作所允许的电压增益，称为稳定电压增益。通常，为保证放大器稳定工作，其电压增益不允许超过稳定电压增益。因此，式(2-52)可以用来判断放大器是否能稳定工作。

2.5.3　提高谐振放大器稳定性的措施

由于反向传输导纳 y_{re} 的反馈作用，晶体管是一个双向器件。晶体管作为放大器中的有源器件时，晶体管内部的反馈作用是有害的，它可能引起放大器工作不稳定，甚至自激。使反向传输导纳的反馈作用消除的过程，也就是变双向元件为单向元件的过程，称之为单向化。单向化的目的就是提高放大器的稳定性。

单向化的方法有中和法和失配法。中和法是为了消除反向传输导纳 y_{re} 的反馈作用；

而失配法是让负载电导或信号源的内电导的数值加大,使得输入回路或输出回路与晶体管失去匹配。下面将分别讨论。

1. 中和法

中和法是在晶体管的输出端和输入端之间引入一个附加的外部反馈电路(中和电路),以抵消晶体管内部反向传输导纳 y_{re} 的反馈作用,如图 2-14 所示。

由于反向传输导纳 y_{re} 中包含电导分量和电容分量,因此外部反馈电路也应该包含电阻分量和电容分量(可以是串联或并联形式)。对于输入端来说,如果外部反馈的电流和内部 y_{re} 引起的反馈电流大小相等、方向相反,则它们互相抵消,将双向器件变成单向器件。

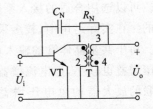

图 2-14　有中和电路的放大器

通常,y_{re} 的实部很小,可以忽略。为简便起见,常采用一个电容 C_N 构成中和电路。由于 y_{re} 中的虚部的 C_{re} 与 $C_{b'c}$ 有关,常用 $C_{b'c}$ 代替 C_{re},来对 C_N 进行相应的计算。图 2-15 给出了中和电路的两种形式。其中,图 2-15(a)较常用,它能确保内、外反馈的相位相反。中和电容 C_N 的数值是

$$C_N = \frac{\dot{U}_{12}}{\dot{U}_{32}} C_{b'c} = \frac{N_{12}}{N_{32}} C_{b'c} \tag{2-53}$$

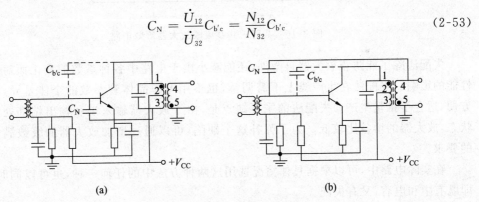

(a)   (b)

图 2-15　中和电路的两种形式

对于图 2-15(b),相位上由变压器同名端的选取来保证外电路反馈电压与内部反馈电压相反。中和电容 C_N 的数值是

$$C_N = \frac{\dot{U}_{12}}{\dot{U}_{45}} C_{b'c} = \frac{N_{12}}{N_{45}} C_{b'c} \tag{2-54}$$

应该注意的是,严格的中和很难达到。

对于中和法,加上中和电容后,对其他导纳参数也有影响。但是,它引起的变化不大,这种影响可以忽略不计。放大器采用中和法后,晶体管就相当于没有内部反馈的单向性元件了,增益可以达到较大的值。这是中和法的优点。中和法的缺点也非常明显。由于反向传输导纳 y_{re} 中的电容与工作频率有关,因此,中和电容只能对一个频率点起到完全中和的作用,而对其他频率点起到部分中和的作用。尤其在通频带比较宽的放大器中,很难用一个电容在整个通频带内都起到比较好的中和作用。在生产线上,每个晶体

管的参数都可能不同,它们需要不同的中和电容,而且电容值不是连续的,这为生产和调试增加了不小的困难。

2. 失配法

失配是指信号源内阻不与晶体管的输入电阻匹配,晶体管输出端负载阻抗不与本级晶体管的输出阻抗匹配。失配法的实质就是降低放大器的增益,以满足稳定的要求。可以选用合适的接入系数,或在谐振回路两端并联阻尼电阻实现降低电压增益的目的。在实际运用中,较多采用的是共射—共基级联放大器,其等效电路如图 2-16 所示。由于共基晶体管的输入电阻较小,也就是前级电路的负载电阻较小,共射电路的电压增益也较小,但电流增益较大。后级的共基放大器的电流增益小,但电压增益大。级联的放大器的总电压增益和功率增益都与单管共射放大电路差不多,但稳定性更高。

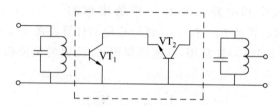

图 2-16 共射—共基级联放大器等效电路

失配法除了能防止放大器自激外,还能减小由于电路中各种参数的变化而对放大器性能的影响。失配法在生产线上不需调整,也不用考虑晶体管参数的个体差异,它操作方便,适合于批量生产。失配法的主要缺点是,由于放大器输入端和输出端都处于失配状态,放大器的增益比较低。为了弥补这个缺陷,可以通过增加放大器的级数满足增益的要求。

在实际电路中,可以根据具体情况选用这两种方法中的任何一种,也可以同时采用,即既有中和电容,又有失配。

2.6 场效应管高频小信号放大器

场效应管的工作原理、特性、基本应用电路已经在《模拟电子线路》中阐述了,在此不再赘述。在线性高频电子线路中,与晶体管一样,场效应管也可以用 y 参数进行分析、计算和设计。场效应管是电压控制型器件,具有输入阻抗高、动态范围大、噪声小、线性好和抗辐射能力强等优点,在高频小信号放大器中得到了广泛的应用,比如,彩色电视机的高频调谐器、无线车载接收机和无线电话接收机等。

本节将以结型场效应管为例,讨论场效应管高频小信号放大器的工作原理、特点和具体电路。

2.6.1 场效应管共源放大器

图 2-17 所示为场效应管的 y 参数等效电路(共源)。y_{is} 和 y_{fs} 分别为输出短路时的输入导纳和正向传输导纳;y_{rs} 和 y_{os} 分别为输入短路时的反向传输导纳和输出导纳。其参数方程与式(2-16)和式(2-17)类似,这里不再赘述。

图 2-18 所示为场效应管共源电路的等效电路。其中,C_{gd} 表示栅—漏极之间的电容,C_{ds} 和 g_{ds} 分别表示漏极与源极之间的电容和电导,$g_{ms}\dot{U}_{gs}$ 表示漏极与源极之间的受控电流源。

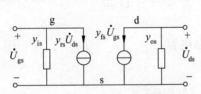

图 2-17 场效应管的 y 参数等效电路

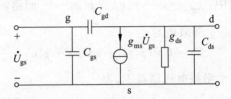

图 2-18 场效应管共源电路的等效电路

由图 2-17 和图 2-18 可以求出场效应管共源放大电路的 y 参数与管子参数之间的关系(推导过程略)为

$$y_{is} = j\omega(C_{gs} + C_{gd}) \tag{2-55}$$

$$y_{rs} = -j\omega C_{gd} \tag{2-56}$$

$$y_{fs} = g_{ms} - j\omega C_{gd} \approx g_{ms} \tag{2-57}$$

$$y_{os} = g_{ds} + j\omega(C_{gd} + C_{ds}) \tag{2-58}$$

图 2-19 所示为结型场效应管放大器电路,C_g 是高频耦合电容,C_s 是高频旁路电容;L_1 与 C_1 组成的并联谐振回路是为了提取有用信号,抑制无用信号;变压器 T 的初级电感 L_{13} 与电容 C 组成的谐振回路是放大器的负载,而且,这个输出谐振回路与 L_1、C_1 组成的输入谐振的谐振频率都设定在工作频率(输入信号的中心频率);负载复导纳 Y_L 通过变压器耦合连接的形式接入放大器。这个放大器技术指标的计算与单调谐回路晶体管谐振放大器是类似的,这里不再详述,只给出结果。如果 N_{12}、N_{13} 和 N_{45} 分别表示变压器 T 的 1 端与 2 端之间、1 端与 3 端之间、4 端与 5 端之间的线圈匝数,则接入系数分别为

$$p_1 = \frac{N_{12}}{N_{13}}, \quad p_2 = \frac{N_{45}}{N_{13}}$$

负载复导纳 Y_L 一般考虑电导 g_L 和电容 C_L,即

$$Y_L = g_L + j\omega C_L$$

利用前面所述的方法,不难计算出电压增益 $\dot{A}_u$ 为

$$\dot{A}_u = -\frac{p_1 p_2 y_{fs}}{g_\Sigma + j\left(\omega C_\Sigma - \dfrac{1}{\omega L_{13}}\right)} \approx -\frac{p_1 p_2 g_{ms}}{g_\Sigma + j\left(\omega C_\Sigma - \dfrac{1}{\omega L_{13}}\right)} \tag{2-59}$$

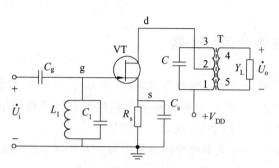

图 2-19　结型场效应管放大器电路

式中：$g_\Sigma = g_0 + p_1^2 g_{ds} + p_2^2 g_L$——回路的总电导，其中 $g_0 = \dfrac{1}{Q_0 \omega L_{13}}$——电感 L_{13} 损耗的

等效电导；

$C_\Sigma = C + p_1^2(C_{gd} + C_{ds}) + p_2^2 C_L$——回路总电容。

谐振电压增益 $\dot{A}_{u0}$ 为

$$\dot{A}_{u0} = -\frac{p_1 p_2 y_{fs}}{g_\Sigma} \approx -\frac{p_1 p_2 g_{ms}}{g_\Sigma} \tag{2-60}$$

谐振曲线、通频带和矩形系数都与晶体管的是一样的，这里不再赘述。

一般而言，场效应管组成的高频小信号放大器(共源放大器)与晶体管组成的高频小信号放大器(共射放大器)相比，内部噪声小，输入阻抗大，但是，增益可能比较小。在一些高频电子线路中，如果对噪声系数的要求比较高，可以考虑采用场效应管作为有源器件。

2.6.2　共源—共栅级联高频放大器

与晶体管电路相同，场效应管也可以采用级联的形式。图 2-20 所示的是性能比较好、应用比较多的共源—共栅级联高频放大器电路。图中第一级为共源放大器，第二级为共栅放大器。它与共射—共基级联放大器相似，可以把共源—共栅级联的两管等效为一个共源的场效应管，其反向传输导纳很小，内部反馈很弱，故放大器的稳定性很高。场效应管共源—共栅级联高频放大器由于具有电压增益较高、工作稳定、高频特性好、动态范围大、噪声小和线性好等特点，在通信系统的高频小信号放大电路中应用较为广泛。

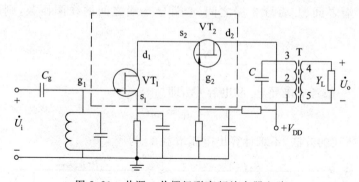

图 2-20　共源—共栅级联高频放大器电路

2.7 线性宽带放大集成电路与集中滤波器

随着微电子技术和集成电路技术的飞速发展,许多线性宽带放大集成电路不断出现,为高频电子线路的应用和开发提供了便利条件。要采用集成电路构成高频选频放大器,通常采用线性宽带放大集成电路和集中滤波器相结合的方式实现。

2.7.1 线性宽带放大集成电路

高频集成放大器有两类:一类是非选频的高频集成放大器,主要用于某些不需要选频功能的设备中,通常以电阻或宽带高频变压器作负载;另一类是选频集成放大器,主要用于需要选频功能的设备。

线性宽带放大集成电路一般由多级直接耦合的放大器构成,有的还利用负反馈展宽频带,有的用共射—共基级联构成宽带放大集成电路。

线性宽带放大集成电路的型号很多。如果选用某种集成电路,可以仔细阅读其 PDF技术文件,然后再设计应用电路。表 2-2 所示的是 Mini Circuits 公司生产的一款线性宽带放大集成电路 MRA8 的性能指标,其具体应用可参考其技术文档。

表 2-2 MRA8 的主要性能指标

参　　数	指　　标
工作频率 f/Hz	DC~2G
电压增益/dB	32.5(f=100MHz),28(f=500MHz),22.5(f=1GHz)
噪声系数/dB	3.3
输入和输出阻抗/Ω	50
输出功率/dBm	12.5

2.7.2 集中滤波器

线性宽带放大集成电路与集中滤波器级联构成的高频选频放大器称为集中选频放大器。集中滤波器可以由多级电感、电容串并联回路构成的 LC 滤波器构成,也可以由石英晶体滤波器或陶瓷滤波器或声表面波滤波器构成。由于这些滤波器可以根据系统要求进行精确的设计,而且在与线性宽带放大集成电路连接时可以设置良好的阻抗匹配电路,因此,选频特性较好。

采用集中选频放大器的形式有以下优点。

(1) 有利于微型化。把选频网络集中在一起,形成一个集中滤波器,减少了元器件数量,再加上特殊的材料和工艺,这个集中滤波器的体积可以做得很小,比如石英晶体滤波器、陶瓷滤波器和声表面波滤波器等。

（2）稳定性能好。在集中选频放大器中，放大器往往是一种线性、宽频带的集成电路，比起分离元件构成的放大器，自然具有稳定性能好的优点。同时，采用石英晶体滤波器或陶瓷滤波器或声表面波滤波器作为集中滤波器，受温度、周围电磁场等的影响也比采用多重 LC 滤波器小，因而性能稳定。

（3）电性能好。在集中选频放大器中，通常将集中滤波器放在低信号电平处，比如放在接收机的混频电路和中频放大器之间。这样，可以使滤波器通频带外的噪声和干扰被抑制，有利于提高放大器输入端的信噪比。多级谐振放大器就很难做到这一点。对于多级谐振放大器，如果每级放大电路的谐振回路(一般为 LC 滤波器)的电感的品质因数相同，放大器总的矩形系数会大于集中滤波器的矩形系数，也就是说，集中选频放大器比多级谐振放大器的选择性更好。

（4）便于安装与调试。与多级谐振放大器相比，集中选频放大器的元器件数量更少，所以安装更省时间；集中选频放大器的谐振回路少，而且仅有一个集中滤波器，一般不需要调试，因而效率更高。

目前，应用最普遍的集中滤波器是声表面波滤波器，它的工作频率范围在 $1\sim1000\mathrm{MHz}$，相对带宽为 $0.5\%\sim50\%$，矩形系数为 $1.1\sim1.2$，特别适合于高频、超高频段工作。声表面波滤波器的选频特性好、性能稳定、温度系数小，能根据不同需要制出所需的幅—频特性，适于大规模生产。它的缺点是工作频率不能太低，否则会增大体积和成本。它是当前彩色电视机、雷达和其他通信系统主要采用的一种选频滤波器。

石英晶体滤波器和陶瓷滤波器的基本原理是相同的，都是利用压电效应制作出来的滤波器。石英晶体的品质因数、工作频率都比陶瓷滤波器的高，而且可以有极陡峭的幅—频特性曲线，其缺点是通频带较窄，成本较高。陶瓷滤波器的等效品质因数比石英晶体滤波器的低些，但比 LC 滤波器的高些。因此，陶瓷滤波器的通频带和选择性介于石英晶体滤波器与 LC 滤波器之间。陶瓷滤波器的生产成本低、体积小、性能稳定，应用也较广泛。关于石英晶体滤波器的电路图符号、等效电路等内容，将在第 4 章讨论。

2.8　放大电路的噪声

电子设备在处理有用信号时，噪声是不可回避的。噪声无处不在，无时不有。对于电子设备而言，它既有外部噪声，又有内部噪声。噪声的存在降低了处理有用信号的性能。例如，如果没有噪声，接收机的灵敏度可以做到很高。但实际上，噪声越严重，接收机的灵敏度越低。在通信系统中，提高接收机的灵敏度比单纯增加发射机的输出功率更有意义。因此，降低噪声强度，提高接收机灵敏度，是通信系统研究中永恒的话题。

干扰一般来自电子设备外部，可以分为自然干扰和人为干扰。自然干扰主要包括天电干扰、宇宙干扰和大地干扰等。人为干扰主要包括工业干扰和无线电电台干扰等。在对通信质量的影响上，可以说，干扰与噪声是等效的。所以，我们经常把干扰和噪声连在一起研究。本节主要讨论放大器内部噪声。

所谓噪声,是指一种随机变化的电流或电压,没有有用信号时,它也存在。从数学角度来说,噪声是一个随机过程。通常,其结果会让电路处理有用信号的质量降低。例如,收音机中发出的"沙沙"声,电视机图像中的黑白斑点。由于放大电路具有内部噪声,当有用信号通过放大电路时,输出信号中既有有用信号,也有噪声输出。当输入信号小到一定程度,或噪声大到一定程度时,放大器的输出信号和噪声大小差不多,系统的后继处理就很难正常进行。

2.8.1　放大电路内部噪声的来源和特点

放大器内部噪声主要是由电阻和晶体管内部的带电微粒做无规则运动所产生的。或者说,放大电路的内部噪声主要来源于电阻的热噪声和放大器件的噪声。这种无规则运动具有随机性、起伏性。从数学角度讲,噪声是一个随机过程。如果用示波器观测某噪声电压的时域波形,会看到不同时刻噪声电压的不同。

对于噪声来说,不可能用一个确定的时间函数描述它,但是,可以用统计规律描述,比如概率、概率分布、数学期望、方差、均方差、相关函数。

下面对电阻的热噪声、晶体管和场效应管的噪声进行讨论。

1. 电阻的热噪声

一个电阻在没有外加电压的时候,其中的自由电子做无规则的热运动,一次热运动过程就会在电阻两端产生一个很小的电压,大量的热运动就会在电阻两端产生起伏电压。就一段时间看,出现正、负电压的概率相同,因此,其两端的平均电压等于零。但就某一时刻看,起伏电压的大小和方向都是随机变化的。这种因热运动而产生的起伏电压被称为电阻的热噪声。

噪声电压 $u_n(t)$ 是随机变化的,因而无法确切地给出它的数学表达式,但是可以用统计规律和功率谱密度描述。电阻的热噪声电压具有很宽的频谱,一般认为,从 0 到 $10^{13} \sim 10^{14}$ Hz,甚至有更高的频率,而且它的各个频率分量的强度几乎相等,如图 2-21 所示,这样的频谱和太阳光的光谱类似。通常将这种具有均匀的、连续频谱的噪声叫作白噪声。

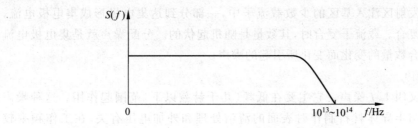

图 2-21　电阻的热噪声的功率谱密度

下面就电阻的热噪声电压 $u_n(t)$ 的统计特性进行讨论。

在时间 T 内,热噪声电压 $u_n(t)$ 的平均值为零,即

$$\overline{u_n(t)} = \lim_{T \to \infty} \frac{1}{T} \int_0^T u_n(\tau) \mathrm{d}\tau = 0$$

热噪声电压 $u_n(t)$ 的方均值为

$$\overline{u_n^2(t)} = \lim_{T \to \infty} \frac{1}{T} \int_0^T u_n^2(\tau) \mathrm{d}\tau$$

该方均值就是作用在 1Ω 的电阻上的平均功率 P，即 $P = \overline{u_n^2(t)}$。设热噪声电压 $u_n(t)$ 的功率谱密度为 $S(f)$，根据帕塞瓦尔定理可得

$$\overline{u_n^2(t)} = \lim_{T \to \infty} \frac{1}{T} \int_0^T u_n^2(\tau) \mathrm{d}\tau = \int_0^\infty S(\tau) \mathrm{d}\tau$$

再根据热运动理论和实践证明，电阻的热噪声的功率谱密度为

$$S(f) = 4kTR \tag{2-61}$$

式中：$k = 1.38 \times 10^{-23} \mathrm{J/K}$——玻耳兹曼常数；

      T——电阻的绝对温度值，单位 K；

      R——电阻值，单位 Ω。

所以，当考虑热噪声电压 $u_n(t)$ 的功率谱在 Δf_n 内为均匀且非零（Δf_n 表示带宽或电路的等效噪声带宽）时，热噪声电压 $u_n(t)$ 的方均值为

$$\overline{u_n^2(t)} = 4kTR\Delta f_n \tag{2-62}$$

或把热噪声电压 $u_n(t)$ 表示成噪声电流 $i_n(t)$，其方均值为

$$\overline{i_n^2(t)} = \frac{4kT\Delta f_n}{R} = 4kT\Delta f_n g \tag{2-63}$$

2. 晶体管的噪声

晶体管的噪声主要有热噪声、散粒噪声、分配噪声和闪烁噪声。

1) 热噪声

晶体管的热噪声主要是由基区电阻 $r_{bb'}$ 产生的，其功率谱密度为 $S(f) = 4kTr_{bb'}$。

2) 散粒噪声

由于少数载流子由发射极通过发射结注入基区时，在单位时间内注入的载流子数目是随机的、起伏的，它会影响集电极电流的起伏，这种起伏引起的噪声叫作散粒噪声。

3) 分配噪声

在晶体管发射区注入基区的少数载流子中，一部分到达集电极形成集电极电流，另一部分在基区复合。载流子复合时，其数量是随机起伏的。分配噪声就是集电极电流随基区载流子复合数量的变化而变化所引起的噪声。

4) 闪烁噪声

闪烁噪声又叫 $1/f$ 噪声。它主要在低频（几千赫兹以下）范围起作用。这种噪声产生的主要原因与半导体材料制作时表面的清洁处理和外加电压有关，在工作频率较高时，通常不考虑它的影响。

3. 场效应管的噪声

场效应管是电压控制型器件，其噪声主要是栅极的散粒噪声、沟道电阻的热噪声、漏极与源极之间的等效电阻热噪声，还存在闪烁噪声。

1）栅极的散粒噪声

由栅极内的电荷不规则运动所引起的起伏表现为一种噪声,这种噪声被称为散粒噪声。对于结型场效应管,设通过 PN 结的漏电流为 I_g,那么,栅极的散粒噪声电流方均值为

$$\overline{i_{ng}^2} = 2qI_g\Delta f_n \tag{2-64}$$

式中：q——电子的电荷量；

Δf_n——带宽或电路的等效噪声带宽。

2）沟道电阻的热噪声

场效应管的沟道电阻由栅极与源极之间的电压控制。与普通电阻一样,沟道电阻中的载流子的无规则热运动也会产生热噪声。

3）漏极与源极之间的等效电阻热噪声

在漏极与源极之间,栅极的作用控制不到的部分可以用等效串联电阻表示,这个电阻产生的热噪声就是漏极与源极之间的等效电阻热噪声。

4）闪烁噪声

与晶体管一样,场效应管也存在闪烁噪声。在低频段,闪烁噪声的功率与频率成反比。对它产生的机理,目前有不同的见解。一般认为,闪烁噪声是由 PN 结发生复合、雪崩等引起的。

2.8.2　噪声电路的计算

1. 噪声等效电压源和等效电流源

在频带 Δf_n 内,温度为 T 的电阻 R 的热噪声可以用一个噪声电压源和一个无噪声的电阻 R 串联等效,或者可以用一个噪声电流源和一个无噪声的电导 g 并联等效,如图 2-22 所示。

2. 串、并联电阻的热噪声计算

计算两个串联或并联电阻的总的噪声电压时,在两个噪声源互不相关的条件下,只能把两个噪声源的平均功率（方均值）相加,其等效电路如图 2-23 所示。

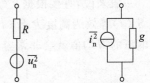

(a) 电压源形式　　(b) 电流源形式

图 2-22　电阻热噪声的等效电路

在相同的频带 Δf_n 和温度 T 的条件下,对于串联形式,如果每个电阻的热噪声等效成电压源的形式,则总的噪声电压 $\overline{u_n^2}$ 为

$$\overline{u_n^2} = \overline{u_{n1}^2} + \overline{u_{n2}^2} = 4kTR_1\Delta f_n + 4kTR_2\Delta f_n = 4kT\Delta f_n(R_1 + R_2) \tag{2-65}$$

由此可见,串联电阻的总的热噪声电压等价于串联总电阻的热噪声电压。

在相同的频带 Δf_n 和温度 T 的条件下,对于并联形式,如果每个电阻的热噪声等效成电流源的形式,则总的噪声电流 $\overline{i_n^2}$ 为

$$\overline{i_n^2} = \overline{i_{n1}^2} + \overline{i_{n2}^2} = 4kTg_1\Delta f_n + 4kTg_2\Delta f_n = 4kT\Delta f_n(g_1 + g_2) \tag{2-66}$$

把总的噪声电流 $\overline{i_n^2}$ 写成噪声电压 $\overline{u_n^2}$ 的形式是

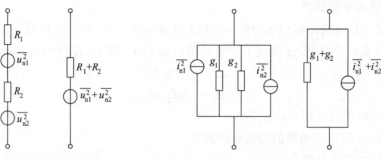

(a) 串联电阻的等效噪声电路　　　　　　　(b) 并联电阻的等效噪声电路

图 2-23　串、并联电阻的等效噪声电路

$$\overline{u_n^2} = 4kT\Delta f_n \frac{R_1 R_2}{R_1 + R_2} \tag{2-67}$$

由此可见,并联电阻的总的热噪声电压等价于并联总电阻的热噪声电压。

2.8.3　放大电路噪声的表示方法及其计算

1. 等效噪声频带宽度

虽然电阻的热噪声电压的功率谱密度是均匀的,但当它通过一个带宽有限、幅—频特性非均匀的系统后,其功率谱密度就是非均匀的了。

设二端口线性网络的电压传输系数为 $A(f)$,输入端的噪声功率谱密度为 $S_i(f)$,则输出端的噪声功率谱密度 $S_o(f)$ 为 $S_o(f) = A^2(f)S_i(f)$,输出噪声电压的方均值为

$$\overline{u_n^2} = \int_0^\infty S_o(\tau)\mathrm{d}\tau = \int_0^\infty A^2(\tau)S_i(\tau)\mathrm{d}\tau \tag{2-68}$$

一般来说,直接根据式(2-68)计算输出噪声电压的方均值是不易的。如果把不规则的 $S_o(f)$ 等效为高度为 $S_o(f_0)$、宽度为 Δf_n 的矩形状的功率谱密度 $S_o'(f)$,则计算输出噪声电压的方均值就会非常容易(见图 2-24),即

$$\overline{u_n^2} = \int_0^{\Delta f_n} S'(\tau)\mathrm{d}\tau = S_o(f_0)\Delta f_n = A^2(f_0)S_i(f_0)\Delta f_n \tag{2-69}$$

图 2-24 中的 Δf_n 就是等效噪声频带宽度。由此可见,等效噪声频带宽度是在噪声功率相等的意义上定义的。

也可以根据式(2-69)计算输出噪声电压的等效噪声频带宽度,即

$$\Delta f_n = \frac{\overline{u_n^2}}{A^2(f_0)S_i(f_0)} = \frac{\int_0^\infty A^2(\tau)S_i(\tau)\mathrm{d}\tau}{A^2(f_0)S_i(f_0)} \tag{2-70}$$

如果输入的是白噪声,即 $S_i(f) = 4kTR$ 为一个常数,则式(2-70)可以简化为

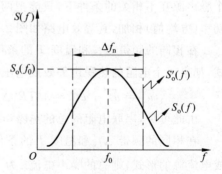

图 2-24　等效噪声频带宽度

$$\Delta f_{\mathrm{n}} = \frac{\int_0^\infty A^2(\tau)\mathrm{d}\tau}{A^2(f_0)} \tag{2-71}$$

式(2-71)提供了白噪声通过二端口线性网络后的输出噪声电压的等效噪声频带宽度 Δf_{n} 的一个计算方法,可以简单地计算出其平均功率。

2. 噪声系数

放大电路的噪声系数 N_{F} 是指其输入端的信号噪声功率比 $P_{\mathrm{si}}/P_{\mathrm{ni}}$(简称信噪比)与输出端的信噪比 $P_{\mathrm{so}}/P_{\mathrm{no}}$ 的比值,即

$$N_{\mathrm{F}} = \frac{P_{\mathrm{si}}/P_{\mathrm{ni}}}{P_{\mathrm{so}}/P_{\mathrm{no}}} \tag{2-72}$$

用分贝值表示噪声系数 N_{F} 为

$$N_{\mathrm{F}}(\mathrm{dB}) = 10\lg\frac{P_{\mathrm{si}}/P_{\mathrm{ni}}}{P_{\mathrm{so}}/P_{\mathrm{no}}} \tag{2-73}$$

噪声系数 N_{F} 表征了信号通过放大电路后,信噪比恶化的程度。如果放大电路为无内部噪声的线性网络,则 $N_{\mathrm{F}}=1$;反之,则 $N_{\mathrm{F}}>1$。

噪声系数 N_{F} 有多种表达形式。由式(2-72)可以得到其另一种形式

$$N_{\mathrm{F}} = \frac{P_{\mathrm{si}}}{P_{\mathrm{so}}} \cdot \frac{P_{\mathrm{no}}}{P_{\mathrm{ni}}} = \frac{P_{\mathrm{no}}}{A_{\mathrm{P}}P_{\mathrm{ni}}} \tag{2-74}$$

式中: $A_{\mathrm{P}} = \dfrac{P_{\mathrm{so}}}{P_{\mathrm{si}}}$——放大电路的功率增益;

$A_{\mathrm{P}}P_{\mathrm{ni}}$——放大电路输入端的噪声(外部噪声)通过放大电路后的输出噪声功率,用 $P_{\mathrm{no\,I}}$ 表示。

由式(2-74)可知,噪声系数 N_{F} 又可以表示为

$$N_{\mathrm{F}} = \frac{P_{\mathrm{no}}}{P_{\mathrm{no\,I}}} \tag{2-75}$$

式(2-75)表明,噪声系数 N_{F} 仅与输出端的两个噪声功率有关,而与输入信号无关。如果把输出端的噪声功率 P_{no} 分成两部分:一部分是来自外部的 $P_{\mathrm{no\,I}} = A_{\mathrm{P}}P_{\mathrm{ni}}$;另一部分是来自放大电路内部的 $P_{\mathrm{no\,II}}$,即 $P_{\mathrm{no}} = P_{\mathrm{no\,I}} + P_{\mathrm{no\,II}}$。根据式(2-75),噪声系数 N_{F} 还可以表示为

$$N_{\mathrm{F}} = \frac{P_{\mathrm{no\,I}} + P_{\mathrm{no\,II}}}{P_{\mathrm{no\,I}}} = 1 + \frac{P_{\mathrm{no\,II}}}{P_{\mathrm{no\,I}}} \tag{2-76}$$

为了计算和测量方便,噪声系数常用额定功率和额定功率增益表示。当信号源内阻 R_{s} 与放大电路的输入电阻 R_{i} 相等时,信号源有最大功率输出 P'_{si},这个最大功率称为额定输入信号功率,且

$$P'_{\mathrm{si}} = \frac{U_{\mathrm{s}}^2}{4R_{\mathrm{s}}}$$

同理,额定输入噪声功率为

$$P'_{\mathrm{ni}} = \frac{\overline{u_{\mathrm{ni}}^2}}{4R_{\mathrm{s}}} = \frac{4kTR_{\mathrm{s}}\Delta f_{\mathrm{n}}}{4R_{\mathrm{s}}} = kT\Delta f_{\mathrm{n}}$$

对于输出端,当放大电路的输出电阻与负载电阻相等时,输出端的信号功率和噪声

功率分别称为额定输出信号功率 P'_{so} 和额定输出噪声功率 P'_{no}。

额定功率增益 A_{PH} 是指放大电路的输入端和输出端都匹配时的功率增益,即

$$A_{PH} = \frac{P'_{so}}{P'_{si}}$$

因此,噪声系数 N_F 也可以定义为

$$N_F = \frac{P'_{si}/P'_{ni}}{P'_{so}/P'_{no}} = \frac{P'_{no}}{A_{PH}P'_{ni}} = \frac{P'_{no}}{kT\Delta f_n A_{PH}} \qquad (2\text{-}77)$$

用式(2-77)可以方便地计算和测量放大电路的噪声系数 N_F。

3. 噪声温度

噪声温度是用来表征放大电路内部噪声的另一种形式。把放大电路的内部噪声在输出端的噪声输出功率 $P'_{no\,II}$ 等效为由信号源内阻 R_s 在温度为 T_i 时在输出端产生的噪声功率,即

$$P'_{no\,II} = A_{PH}kT_i\Delta f_n$$

这个等效的温度 T_i 就被称为等效噪声温度,简称噪声温度。

设放大电路的实际温度为 T,把噪声温度和额定噪声功率的概念引入式(2-76),可得噪声系数的另一种表达形式为

$$N_F = 1 + \frac{P'_{no\,II}}{P'_{no\,I}} = 1 + \frac{A_{PH}kT_i\Delta f_n}{A_{PH}kT\Delta f} = 1 + \frac{T_i}{T} \qquad (2\text{-}78)$$

上式还常常用来计算放大电路的噪声温度,特别是放大电路的噪声系数较低时,用噪声温度表征放大电路的噪声性能是比较合适的。比如,设放大电路的实际温度为 $T=300\text{K}$,两个放大电路中,其中一个放大电路的噪声系数为 $N_F=1.23$,对应的噪声温度 $T_i=69\text{K}$;另一个放大电路的噪声系数为 $N_F=1.13$,对应的噪声温度 $T_i=39\text{K}$。它们的噪声系数相差不大,但噪声温度的差别比较明显。

4. 多级放大器的噪声系数

在多级放大器中,已知每一级放大电路的噪声系数和(额定)功率增益,可以计算出整个放大器的噪声系数。首先,计算两级放大器的噪声系数,如图 2-25 所示。

设每级放大电路的等效噪声频带宽度都是 Δf_n。第一级放大电路的额定输入噪声功率 $P'_{ni1}=kT\Delta f_n$,由式(2-77)可得其额定输出噪声功率为

$$P'_{no1} = kT\Delta f_n N_{F1}A_{PH1}$$

第一级放大电路的输出噪声功率由两部分组成,其一是

$$P'_{no1\,I} = kT\Delta f_n A_{PH1}$$

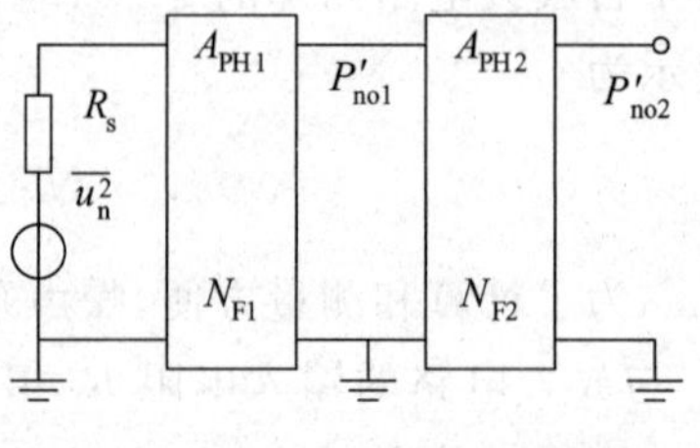

其二是

图 2-25　两级放大器噪声系数计算的原理电路

$$P'_{no1\,II} = P_{no1} - P'_{no1\,I} = (N_{F1}-1)kT\Delta f_n A_{PH1}$$

同理,第二级放大电路本身的额定输入噪声功率 $P'_{ni2}=kT\Delta f_n$,其本身的额定输出噪声功率为

$$P'_{no2} = kT\Delta f_n N_{F2}A_{PH2}$$

其中,第一部分是

$$P'_{no2\,I} = kT\Delta f_n A_{PH2}$$

第二部分是

$$P_{no2\,II} = P'_{no2} - P'_{no2\,I} = (N_{F2}-1)kT\Delta f_n A_{PH2}$$

根据式(2-76),可以得到两级放大器的总噪声系数为

$$
\begin{aligned}
N_F &= 1 + \frac{P'_{no\,II}}{P'_{no\,I}} = 1 + \frac{P'_{no2\,II} + A_{PH2}P'_{no1\,II}}{A_{PH1}A_{PH2}P'_{ni1}} \\
&= 1 + \frac{(N_{F2}-1)kT\Delta f_n A_{PH2} + A_{PH2}(N_{F1}-1)kT\Delta f_n A_{PH1}}{A_{PH1}A_{PH2}kT\Delta f_n} \\
&= 1 + \frac{N_{F2}-1+(N_{F1}-1)A_{PH1}}{A_{PH1}} = N_{F1} + \frac{N_{F2}-1}{A_{PH1}}
\end{aligned}
\tag{2-79}
$$

把两级放大器推广到 n 级放大器,其总噪声系数为

$$N_F = N_{F1} + \frac{N_{F2}-1}{A_{PH1}} + \frac{N_{F3}-1}{A_{PH1}A_{PH2}} + \cdots + \frac{N_{Fn}-1}{A_{PH1}A_{PH2}\cdots A_{PH(n-1)}} \tag{2-80}$$

由式(2-80)可见,由于额定功率的乘积很大,所以多级放大器的噪声系数主要取决于前面两级,后面各级的影响可以被忽略。通常,多级放大器的第一级的噪声系数要尽量小,功率增益要尽量大。

5. 无源二端口网络的噪声系数

无源二端口网络广泛应用于各种无线电设备中,例如,接收机的输入回路、接收机的传输线和 LC 滤波器。图 2-26 所示的是一个无源二端口网络,功率增益为 A_{PH},输入端信号源的内阻为 R_s,负载电阻为 R,输出等效端阻抗为 $R+jX$。

根据等效电路的原理,从网络的输出端向无源二端口网络看,可以用 $R+jX$ 的串联等效电路来代替。其中,电抗部分不会产生热噪声,只有电阻会产生热噪声。当 $R=R_L$ 时,可以得到无源二端口网络的额定输出噪声功率为

图 2-26　无源二端口网络

$$P'_{no} = kT\Delta f_n$$

同理,信号源的额定输出噪声功率是

$$P'_{ni} = kT\Delta f_n$$

根据式(2-77),可得无源二端口网络的噪声系数为

$$N_F = \frac{P'_{no}}{A_{PH}P'_{ni}} = \frac{1}{A_{PH}} \tag{2-81}$$

由式(2-81)说明,无源二端口网络的噪声系数仅仅与其功率增益 A_{PH} 有关。无源二端口网络是没有功率放大能力的,即功率增益 A_{PH} 小于或等于1,因此,无源二端口网络的噪声系数必然大于或等于1。

例 2-2　图 2-27 所示的是一个接收机部分方框图,由 3 个部分组成,根据图中提供的参数,试计算这 3 个部分总的噪声系数。

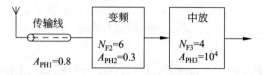

图 2-27   接收机部分方框图

解： 传输线的噪声系数为

$$N_{F1} = \frac{1}{A_{PH}} = \frac{1}{0.8} = 1.25$$

这 3 个部分电路总的噪声系数为

$$N_F = N_{F1} + \frac{N_{F2} - 1}{A_{PH1}} + \frac{N_{F3} - 1}{A_{PH1} A_{PH2}} = 1.25 + \frac{6-1}{0.8} + \frac{4-1}{0.8 \times 0.3} = 20$$

本章小结

　　本章首先介绍了分析高频小信号放大器的主要技术指标和分析高频小信号放大器的有关基础知识。基础知识主要包括串、并联阻抗的等效互换，并联谐振回路的耦合连接与接入系数，高频小信号放大器的等效电路。然后对晶体管高频小信号谐振放大器的工作原理及技术指标的计算、放大器的稳定性及稳定增益以及提高高频小信号谐振放大器稳定性的措施进行了讨论。接着简要介绍了场效应管高频小信号谐振放大器的工作原理、线性宽带放大集成电路与集中滤波器。最后介绍了放大电路内部噪声的来源和特点、晶体管的噪声、场效应管的噪声、噪声的表示方法及计算、多级放大器总噪声系数的计算等内容。

　　通过本章的学习，读者不但可以掌握高频小信号放大电路的组成、工作原理以及分析方法，还可以了解噪声的来源与特点、放大电路的噪声的表示与计算、多级放大器总噪声系数的计算等重要知识。

思考题与习题

2.1　已知 LC 串联谐振回路的谐振频率为 $f_0 = 2\text{MHz}$，电容 $C = 80\text{pF}$，谐振时的电阻 $R_p = 5\Omega$。试求：电感 L 和回路有载品质因数 Q_L。

2.2　已知 LC 并联谐振回路的电感 L 在工作频率 $f = 30\text{MHz}$ 时测得 $L = 2\mu\text{H}$，空载品质因数 $Q_0 = 100$。求谐振频率 $f = 30\text{MHz}$ 时的电容 C 和并联谐振电阻 R_p。

2.3　已知 LCR 并联谐振回路，谐振频率 $f = 12\text{MHz}$，电感 L 在工作频率 $f = 12\text{MHz}$ 时，测得 $L = 3\mu\text{H}$，$Q_0 = 100$，并联电阻 $R = 10\text{k}\Omega$。试求：回路谐振时的电容 C、谐振电阻 R_p 和回路的有载品质因数 Q_L。

2.4　某电感线圈 L 在工作频率 $f = 10\text{MHz}$ 时，测得 $L = 3\mu\text{H}$，空载品质因数 $Q_0 = 80$。

试求：与 L 串联的等效电阻 r。

2.5　电路如题 2.5 图所示，给定参数如下：工作频率 $f = 20\text{MHz}$，$C = 25\text{pF}$，线圈 L_{13} 的空载品质因数 $Q_0 = 60$，$N_{12} = 6$，$N_{23} = 4$，$N_{45} = 3$，$R = 10\text{k}\Omega$，$R_g = 2.5\text{k}\Omega$，$R_L = 900\Omega$，$C_g = 9\text{pF}$，$C_L = 12\text{pF}$。试求：电感 L_{13} 和有载品质因数 Q_L。

2.6　电路如题 2.6 图所示，已知 $L = 1\mu\text{H}$，$Q_0 = 100$，$C_1 = 25\text{pF}$，$C_2 = 15\text{pF}$，$C_i = 5\text{pF}$，$R_i = 10\text{k}\Omega$，$R_L = 5\text{k}\Omega$。试求：回路谐振频率 f_0、回路谐振电阻 R_p、回路有载品质因数 Q_L 和回路通频带 $2\Delta f_{0.7}$。

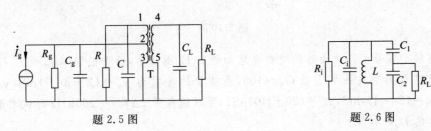

题 2.5 图　　　　　　　　　　　　题 2.6 图

2.7　某晶体管的特征频率 $f_T = 300\text{MHz}$，$\beta_0 = 100$。求工作频率 f 为 10MHz、200MHz 和 500MHz 时，该晶体管的 β 值。

2.8　简述晶体管的截止频率 f_β、特征频率 f_T 和最高工作频率 $f_{\max}$ 的物理意义，并分析说明它们之间的大小关系。

2.9　在题 2.9 图中，放大器的工作频率 $f_0 = 10.7\text{MHz}$，谐振回路的 $L_{13} = 4\mu\text{H}$，$Q_0 = 100$，$N_{23} = 5$，$N_{13} = 20$，$N_{45} = 6$。晶体管在直流工作点的参数为：$g_{oe} = 200\mu\text{S}$，$C_{oe} = 7\text{pF}$，$g_{ie} = 2860\mu\text{S}$，$C_{ie} = 18\text{pF}$，$|y_{fe}| = 45\text{mS}$，$\varphi_{fe} = -54°$，$y_{re} = 0$。试求：电容 C、谐振电压增益 A_{u0}、通频带 $2\Delta f_{0.7}$ 和矩形系数 $K_{r0.1}$。

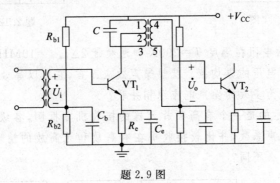

题 2.9 图

2.10　单调谐放大器如题 2.10 图所示。已知工作频率 $f_0 = 10.7\text{MHz}$，回路电感 $L = 4\mu\text{H}$，$Q_0 = 100$，$N_{13} = 20$，$N_{23} = 6$，$N_{45} = 5$。晶体管在直流工作点和工作频率为 10.7MHz 时，其 y 参数为 $y_{ie} = (2.86 + \text{j}3.4)\text{mS}$，$y_{re} = (0.08 - \text{j}0.3)\text{mS}$，$y_{fe} = (26.4 - \text{j}36.4)\text{mS}$，$y_{oe} = (0.2 + \text{j}1.3)\text{mS}$。

(1) 忽略 y_{re} 时，试求：电容 C 的大小；单级电压增益 A_{u0}、通频带 $2\Delta f_{0.7}$ 和矩形系数 $K_{r0.1}$；四级相同放大器的总电压增益、通频带和矩形系数。

(2) 考虑 y_{re} 时，若 $S \geqslant 5$，试求电压增益 A_{u0}，并判断此放大器是否稳定。

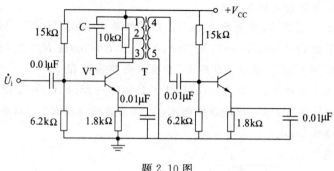

题 2.10 图

2.11 高频小信号调谐放大器的交流电路如题 2.11 图所示,设谐振频率 $f_0 = 10.7\text{MHz}$,电感 L 的空载品质因数 $Q_0 = 100$,晶体管的参数为 $y_{ie} = (2+j0.5)\text{mS}$,$y_{re} \approx 0$,$y_{fe} = (20-j5)\text{mS}$,$y_{oe} = (20+j40)\mu\text{S}$。要求通频带 $2\Delta f_{0.7} = 200\text{kHz}$ 时试求谐振回路的 L、C 和 R。

2.12 电路如题 2.12 图所示,AM 接收机的中频回路的谐振频率为 $f_0 = 455\text{kHz}$,电感 L_{13} 的空载品质因数 $Q_0 = 100$,线圈匝数 $N_{13} = 200$,$N_{23} = 40$,$N_{45} = 10$,$C = 200\text{pF}$,$R_L = 2\text{k}\Omega$,$R_s = 20\text{k}\Omega$。试求:电感 L_{13}、回路有载品质因数 Q_L、通频带 $2\Delta f_{0.7}$ 和矩形系数 $K_{r0.1}$。

题 2.11 图　　　　　　　　题 2.12 图

2.13 有一个 $1\text{k}\Omega$ 的电阻在温度 $T = 290\text{K}$ 和通频带 $2\Delta f_{0.7} = 10\text{MHz}$ 内工作,计算它两端产生的噪声电压的方均值。就热噪声效应而言,它可以等效为 1mS 的无噪声电导和一个电流为多大的噪声电流源相并联?

2.14 题 2.14 图所示的是一个有高频放大器的接收机方框图,各级参数如图所示。求接收机的总噪声系数,并比较接收机在有高放和无高放的情况下,对变频噪声系数的要求有什么不同?

题 2.14 图

2.15 某接收机的前端电路由高频放大器、晶体管混频器和中频放大器组成。已知晶体管混频器的功率传输系数 $A_{PH} = 0.4$,噪声温度 $T_i = 50\text{K}$,中频放大器的噪声系数 $N_{FI} = 6\text{dB}$。现用噪声系数为 3dB 的高频放大器来降低接收机的总噪声系数。若要求总噪声系数为 10dB,则高频放大器的功率增益至少要多少分贝?

2.16　有一个放大器,其功率增益为 60dB,带宽为 1MHz,噪声系数为 $N_F=1$。问：在室温 290K 时,它的输出噪声电压方均值为多少? 若 $N_F=2$,其值又为多少?

2.17　有一个共射—共基级联放大器的交流等效电路如题 2.17 图所示。晶体管的 y 参数在直流工作点和工作频率为 10.7MHz 时,其参数为 $y_{ie}=(2.86+j3.4)\,mS$, $y_{re}=(0.08-j0.3)\,mS$, $y_{fe}=(26.4-j36.4)\,mS$, $y_{oe}=(0.2+j1.3)\,mS$。放大器的中心频率 $f_0=10.7MHz$, $R_L=1k\Omega$,回路电容 $C=50pF$,电感 L_{12} 的空载品质因数 $Q_0=100$,输出回路的接入系数 $p_2=0.2$。试计算谐振时的电压增益 A_{u0} 和通频带 $2\Delta f_{0.7}$。

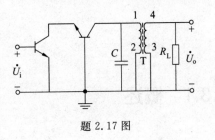

题 2.17 图

2.18　晶体管和场效应管的噪声有哪些? 为什么场效应管的噪声一般比晶体管的噪声小些?

2.19　如何测量放大器的噪声系数和噪声温度?

2.20　在接收机中,有与无天线和混频器之间的高频小信号放大器,对接收机的噪声系数的影响有何不同? 为什么?

CHAPTER 3

高频功率放大器

3.1 概述

在低频电子线路中,为了获得足够大的输出功率,必须采用低频功率放大器。这种低频功率放大器一般是工作在甲类或乙类(推挽输出)或甲乙类的放大器,效率不会超过78.5%。同样地,在高频电子线路中,为了获得足够大的输出功率,也必须采用高频功率放大器。不过,由于高频的特殊性,高频功率放大器既可以工作在甲类或甲乙类状态,也可以工作在丙类或丁类,甚至戊类,效率可以高于78.5%。例如,在第 1 章讨论的调幅信号发射机中,高频功率放大器把已调波的功率放大到足够大,使调幅广播计划的覆盖地区能正常收听。在有线通信中,常常也需要高频功率放大器,比如闭路电视等。由此可见,高频功率放大器是通信发送设备的重要组成部分。

高频功率放大器是用于放大高频信号并获得足够大的输出功率的放大器,它广泛用于发射机、高频加热装置和微波功率源等电子设备中。

高频功率放大器与低频功率放大器相比,主要有以下几点不同。

(1) 工作波段和相对频带宽度不同。低频功率放大器的工作频率低,但是,相对频带宽度非常宽。比如,放大频率为 $20\text{Hz}\sim20\text{kHz}$ 的低频信号,高低频率之比达到 1000:1;中心频率为 $0.5\times(20\,000+20)\text{Hz}=10010\text{Hz}$,频带宽度为 $(20\,000-20)\text{Hz}=19\,980\text{Hz}$,相对频带宽度为 $19\,980\text{Hz}/10\,010\text{Hz}=2.0$。调频广播的载波频率范围为 $88\sim108\text{MHz}$,高、低频率之比仅为 1.23:1;中心频率为 $0.5\times(88+108)\text{MHz}=98\text{MHz}$,频带宽度为 $(108-88)\text{MHz}=20\text{MHz}$,相对频带宽度为 $20\text{MHz}/98\text{MHz}=0.2$。它们的工作频率至少差 3 个数量级,相对频带宽度是 10 倍的关系。由于工作频率和相对频带宽度不同,决定了低频功率放大器采用无调谐负载,比如电阻、变压器等。而窄带高频功率放大器一般都采用谐振回路作负载。

(2) 采用的工作状态一般不同。低频功率放大器一般是在甲类或乙类(推挽输出)或甲乙类状态下工作。虽然窄带高频功率放大器可以工作在甲类或乙类(推挽输出)或甲乙类状态,但是,为了提高效率,往往工作在丙类或丁类,甚至戊类状态。

(3) 工作原理一般不同。低频功率放大器是一种线性放大器,其中的有源器件工作于放大区。如果窄带高频功率放大器工作在丙类或丁类或戊类状态,其中的有源器件工作于截止区,是一种非线性电路。

高频功率放大器有窄带和宽带放大器两类。窄带高频功放常采用具有选频功能的谐振网络作为负载,所以又称为谐振功率放大器。为了提高效率,谐振功放常工作于乙类或丙类状态,甚至丁类或戊类状态。其中,放大等幅信号(例如载波信号、调频信号)的谐振功放一般工作于丙类状态;而放大高频调幅信号的谐振功放一般工作于乙类状态,以减小失真,这类功放又称为线性功率放大器。为了进一步提高效率,近年来出现了使电子器件工作于开关状态的丁类谐振功放。

宽带高频功率放大器采用工作频带很宽的传输线变压器作为负载,它可实现功率合成。由于不采用谐振网络,因此这种高频功率放大器可以在很宽的范围内变换工作频率而不必调谐。

在高频功率放大器中,有源器件可以采用晶体管或场效应管或电子管,其中,电子管是最古老的元件。晶体管和场效应管与电子管相比,具有体积小、重量轻、耗电少、寿命长等优点,因此,它们一出现,就获得了迅速的发展。在低频电子线路、脉冲与数字电路、高频电子线路等中,晶体管和场效应管已经或正在取代电子管,成为电子元器件中的主力军,为电子技术的发展谱写了新的篇章。但是,到目前为止,晶体管和场效应管并没有完全取代电子管。比如,在高频功率放大器中,当要求输出功率达到几百瓦以上时,电子管仍然占优势。

高频功率放大器的技术指标包括输出功率、效率、功率增益、带宽和谐波抑制度等。这几项指标往往是互相矛盾的,对于不同应用,要有所兼顾。它的主要技术指标是输出功率和效率。

由于高频功率放大器的输出功率比较大,耗能比较多,所以工作效率就显得非常重要。放大器的基本原理都是利用输入基极或栅极的信号去控制集电极或漏极或阳极的直流电源,让这个直流电源输出的功率转变为与输入信号频谱结构相同的输出信号的功率(线性放大)。显然,这个转换的效率不会是 100%,因为电子元器件本身还要消耗功率,比如,电阻、晶体管、场效应管、电子管等。事实上,这个直流电源输出的功率一部分转变为交流输出功率了,另一部分主要以热能的形式被集电极或漏极或阳极所消耗,称为耗散功率。工作效率的提高,意味着更加节能,同时,也意味着晶体管或场效应管或电子管本身发热的程度更低,使用寿命更长。下面,以晶体管为例,讨论集电极电源提供的直流功率 $P_=$、交流输出功率 P_o 和集电极耗散功率 P_c 之间的关系。

根据能量守恒定律,如果忽略电阻或等效电阻消耗的功率,可以得到

$$P_= = P_o + P_c \tag{3-1}$$

为了定性说明晶体管放大器的能量转换能力,引入集电极效率的概念,用 η_c 表示。集电极效率 η_c 的定义为

$$\eta_c = \frac{P_o}{P_=} = \frac{P_o}{P_o + P_c} \tag{3-2}$$

本章主要讨论丙类高频谐振功率放大器的工作原理、特性以及技术指标的计算、具体电路的分析等内容,对宽带高频功率放大器和功率合成器作简要的介绍。

3.2　丙类高频谐振功率放大器的工作原理

3.2.1　丙类高频谐振功率放大器的原理电路

丙类高频谐振功率放大器是指用于对高频输入信号进行功率放大的、工作在丙类状态的放大器,其负载往往是一个谐振回路。丙类高频谐振功率放大器放大的信号一般是窄带的,所以需要一个选频网络作负载,是通信发送设备中常用的一个模块。

常用的丙类高频谐振功率放大器的原理电路如图3-1所示,其中 V_{BB} 和 V_{CC} 分别为晶体管 VT 的基极和集电极提供直流电源,它们使晶体管 VT 工作在期望的状态(丙类); C_b 和 C_c 分别是滤波电容或高频旁路电容,对于交流信号,相当于短路;图3-1(a)中的负载电阻 R_L 通过耦合变压器 T_2 接入放大器,图3-1(b)中的负载(包括等效电阻 r_A 和等效电容 C_A)通过自耦变压器 T_2 接入放大器。图3-1(a)一般用于中间级;图3-1(b)一般用于输出级,其负载是天线,天线可以等效为一个电阻 r_A 和一个电容 C_A 组成的串联支路。无论是哪一种,其等效电路中的负载都可以等效为一个并联谐振电路。所以,后面的电路分析和计算就以图3-2为例。

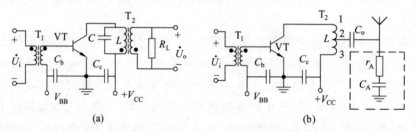

(a)　　　　　　　　　　　　　　(b)

图 3-1　常用的丙类高频谐振功率放大器的原理电路

在图3-2中,输入信号为 $u_b(t)$,电源是 V_{BB} 和 V_{CC} 。电路一般工作于丙类状态,发射结反向偏置,集电极的电流呈脉冲状。下面主要以波形图说明丙类高频谐振功率放大器的工作原理。

3.2.2　丙类谐振功率放大器的工作原理

在图3-2中,显然, V_{BB} 是负电源,无信号输入时,晶体管 VT 截止。设 $u_b(t) = U_{bm}\cos(\omega_c t)$,则发射结两端的电压为

$$u_{BE}(t) = V_{BB} + u_b(t) = V_{BB} + U_{bm}\cos(\omega_c t)$$

L , C 和 R_L 所组成的并联谐振回路的谐振频率等于输入信号的频率 f_c 。所以,晶体管 VT 的基极电流 $i_B(t)$ 和集电极的电流 $i_C(t)$ 都是周期性脉冲信

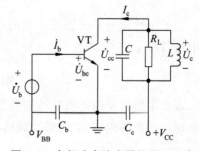

图 3-2　高频功率放大器的原理电路

号,常被称为余弦脉冲,而且可以展开成如下形式的傅里叶级数:

$$i_B(t) = I_{B0} + I_{b1m}\cos(\omega_c t) + I_{b2m}\cos(2\omega_c t) + \cdots + I_{bnm}\cos(n\omega_c t) + \cdots \quad (3\text{-}3)$$

$$i_C(t) = I_{C0} + I_{c1m}\cos(\omega_c t) + I_{c2m}\cos(2\omega_c t) + \cdots + I_{cnm}\cos(n\omega_c t) + \cdots \quad (3\text{-}4)$$

式中:I_{B0} 与 I_{C0}、I_{b1m} 与 I_{c1m}、I_{bnm} 与 I_{cnm} 分别是基极电流 $i_B(t)$ 和集电极电流 $i_C(t)$ 的直流分量、基波分量的振幅、n 次谐波分量的振幅。高频谐振功率放大器的工作原理可以用波形图来说明,如图 3-3 所示,其中,U_{bz} 是晶体管的开启电压;I_{CM} 是集电极电流 $i_C(t)$ 的最大值;I_{BM} 是基极电流 $i_B(t)$ 的最大值;θ_c 是导通角,量纲为 rad 或者度,满足 $u_{be}(\theta_c) = i_C(\theta_c c) = i_C(\theta_c) = 0$。

由图 3-3 可见,当输入信号 $u_b(t)$ 为单频信号时,基极电流 $i_B(t)$ 的波形与集电极电流 $i_C(t)$ 的波形理想情况下是一致的(晶体管的转移特性曲线理想化),而集电极与发射极之

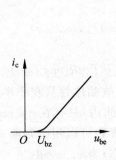

(a) 转移特性曲线

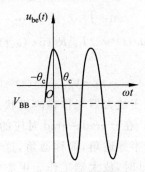

(b) 发射结电压时域波形图

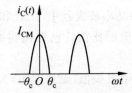

(c) 集电极电流时域波形图

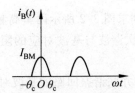

(d) 基极电流时域波形图

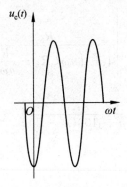
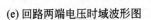

(e) 回路两端电压时域波形图

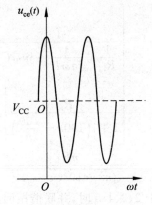

(f) 管压降时域波形图

图 3-3　高频谐振功率放大器工作原理波形图

间的电压 $u_{CE}(t)$ 的波形则是直流电压 V_{CC} 上叠加了与输入信号反向、同频率、幅度增大了的正弦信号,也就是说,电压 $u_{CE}(t)$ 中的交流分量就是输入信号 $u_b(t)$ 的放大信号。

当集电极回路的谐振频率等于输入信号的频率时,对于基波分量来说,回路阻抗为纯电阻 R_L,基波分量在回路两端产生的压降很大,其振幅为 $R_L I_{c1m}$;对于直流分量来说,在回路两端的压降为零;对于各次谐波分量来说,在回路两端产生的压降相对很小,可以忽略不计。因此,在回路两端的电压的频率与输入信号相同,从而实现了不失真的功率放大。如果用数学模型说明,则可以表示为

$$\dot{U}_C = \dot{I}_C(t)\dot{Z}_p = [I_{C0} + \dot{I}_{C1} + + \dot{I}_{C2} + \cdots + \dot{I}_{Cn}]\dot{Z}_p$$

$$= I_{C0}\dot{Z}_p + \dot{I}_{C1}\dot{Z}_p + \dot{I}_{C2}\dot{Z}_p + \cdots + \dot{I}_{Cn}\dot{Z}_p$$

$$\approx 0 + \dot{I}_{C1}\dot{Z}_p + 0 + \cdots + 0$$

$$u_C(t) \approx -I_{c1m}R_L\cos(\omega_c t) = -U_{cm}\cos(\omega_c t)$$

管压降电压为

$$u_{CE}(t) = V_{CC} + u_C(t) \approx V_{CC} - I_{c1m}R_L\cos(\omega_c t)$$

在图 3-3 中,由于放大器工作在丙类状态,故晶体管只在小半个周期内导通,而在大半个周期内截止。在 $-\pi\,\mathrm{rad}\sim\pi\,\mathrm{rad}$ 对应的时间内,只有在 $-\theta_c\,\mathrm{rad}\sim\theta_c\,\mathrm{rad}$ 对应的时间内才导通,θ_c 被称为半导通角,简称通角,这个参数可以用于判断高频功率放大器的工作状态。当 $\theta_c = \pi\,\mathrm{rad}$ 时,放大器工作于甲类状态;当 $0.5\pi\,\mathrm{rad} < \theta_c < \pi\,\mathrm{rad}$ 时,它工作于甲乙类状态;当 $\theta_c = 0.5\pi\,\mathrm{rad}$ 时,它工作于乙类状态;当 $\theta_c < 0.5\pi\,\mathrm{rad}$ 时,它工作于丙类状态。

例 3-1 试分别求图 3-2 所示丙类高频谐振功率放大器中,L、C 和 R_L 所组成的并联谐振回路的二到五次谐波与基波对应的阻抗模值的比值。已知回路的有载品质因数为 $Q_L = 100$。

解: 显然,这个并联谐振回路的基波对应的阻抗模值(谐振电阻)为

$$|Z_{p1}| = R_p = R_L$$

并联谐振回路 n 次谐波对应的阻抗模值为

$$|Z_{pn}| = \left| \frac{1}{\dfrac{1}{R_L} + \dfrac{1}{jn\omega L} + jn\omega C} \right| = \left| \frac{R_L}{1 + j\left(n\omega C R_L - \dfrac{R_L}{n\omega L}\right)} \right|$$

$$= \left| \frac{R_L}{1 + j\left(100n - \dfrac{100}{n}\right)} \right| = \left| \frac{nR_L}{n + j100(n^2 - 1)} \right|$$

$$= \frac{nR_L}{\sqrt{n^2 + 10^4(n^2 - 1)^2}}$$

当 n 分别等于 2、3、4、5 时,并联谐振回路对应的阻抗模值分别为

$$|Z_{p2}| = \frac{2R_L}{\sqrt{2^2 + 10^4 \times (2^2 - 1)^2}} = \frac{2R_L}{\sqrt{4 + 9 \times 10^4}} \approx 0.0067R_L$$

$$|Z_{p3}| = \frac{3R_{\mathrm{L}}}{\sqrt{3^2 + 10^4 \times (3^2 - 1)^2}} = \frac{3R_{\mathrm{L}}}{\sqrt{9 + 64 \times 10^4}} \approx 0.0038 R_{\mathrm{L}}$$

$$|Z_{p4}| = \frac{4R_{\mathrm{L}}}{\sqrt{4^2 + 10^4 \times (4^2 - 1)^2}} = \frac{4R_{\mathrm{L}}}{\sqrt{16 + 225 \times 10^4}} \approx 0.0026 R_{\mathrm{L}}$$

$$|Z_{p5}| = \frac{5R_{\mathrm{L}}}{\sqrt{5^2 + 10^4 \times (5^2 - 1)^2}} = \frac{5R_{\mathrm{L}}}{\sqrt{25 + 24^2 \times 10^4}} \approx 0.0021 R_{\mathrm{L}}$$

并联谐振回路的二到五次谐波与基波的对应阻抗模值的比值分别为

$$\frac{|Z_{p2}|}{|Z_p|} \approx 0.0067$$

$$\frac{|Z_{p3}|}{|Z_p|} \approx 0.0038$$

$$\frac{|Z_{p4}|}{|Z_p|} \approx 0.0026$$

$$\frac{|Z_{p5}|}{|Z_p|} \approx 0.0021$$

3.3　谐振功率放大器的折线分析法

从集电极余弦脉冲电流 $i_{\mathrm{C}}(t)$ 中求出直流分量 I_{C0} 和基波分量的振幅 I_{c1m}，是分析和计算丙类谐振高频功率放大器技术指标的关键。解决这个问题的方法有图解法和解析近似分析法两种。图解法是从晶体管的实际静态特性曲线（包括输入特性曲线、转移特性曲线和输出特性曲线）入手，从图上取得若干个点，测量出直流分量 I_{C0} 和基波分量的振幅 I_{c1m}。图解法的准确度比较高，对电子管比较适用；而晶体管的特性曲线的个体差异很大，一般不能从手册上得到，只能从晶体管特性测试仪上测量出，难以进行概括性的理论分析，因此，图解法不适用于晶体管。鉴于此，对于晶体管高频功率放大器来说，可以使用解析近似分析法，即折线分析法。

折线分析法首先是将晶体管的特性曲线理想化，每条曲线都用一条或几条射线来代替，然后写出理想化曲线的数学解析式。只要知道这些数学解析式中晶体管的参数，就能够方便地求出直流分量 I_{C0} 和基波分量的振幅 I_{c1m}。这种方法比较简单，易于进行概括性的理论分析，其缺点是计算的准确度比较低，只能进行估算。

下面首先讨论晶体管特性曲线的理想化，然后依次讨论集电极余弦电流脉冲的分解、高频功率放大器的输出功率与效率、动态特性和负载特性以及电路参数对放大器的影响等问题。

3.3.1　晶体管特性曲线的理想化

晶体管特性曲线的理想化包括输入特性曲线的理想化、正向传输特性曲线的理想化和输出特性曲线的理想化。在大信号工作情况下，理想化特性曲线的原理认为在放大区,集电极电流和基极电流不受集电极与发射极之间电压的影响,而与发射极电压呈线性关系;在饱和区,集电极电流与管压降呈线性关系。下面就根据这个思想分别讨论3个曲线的理想化。

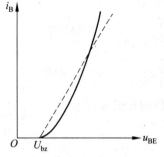

图 3-4　输入特性的理想化曲线

1. 输入特性曲线的理想化

输入特性的理想化曲线如图 3-4 中的虚线所示。对于晶体管的输入特性曲线来说,当集电极电压大于一定值时,集电极与发射极之间电压的改变对基极电流的影响不大,可以近似地认为基极电流与集电极和发射极之间的电压无关,可以用一条折线表示。延长该折线,与横轴的交点的横坐标为 U_{bz},它被称为理想化晶体管的导通电压或截止电压。该特性曲线的数学表达式为

$$i_B = \begin{cases} 0, & u_{BE} < U_{bz} \\ g_b(u_{BE} - U_{bz}), & u_{BE} \geqslant U_{bz} \end{cases} \tag{3-5}$$

式中:g_b——折线的斜率。

$$g_b = \frac{\Delta i_B}{\Delta u_{BE}} \tag{3-6}$$

由此可见,晶体管输入特性曲线的理想化曲线包括两段:一段对应晶体管截止的情况;另一段对应晶体管导通的情况。

2. 正向传输特性曲线的理想化

理想化的晶体管的共射电流放大系数 β 被认为是常数,因此正向传输特性曲线的理想化与输入特性曲线的理想化是一致的,其数学表达式为

$$i_c = \begin{cases} 0, & u_{be} < U_{bz} \\ g_c(u_{be} - U_{bz}), & u_{be} \geqslant U_{bz} \end{cases} \tag{3-7}$$

式中:g_c——晶体管的跨导。

$$g_c = \frac{\Delta i_c}{\Delta u_{be}} = \beta \frac{\Delta i_b}{\Delta u_{be}} = \beta g_b \tag{3-8}$$

由此可见,晶体管正向传输特性曲线的理想化曲线包括两段:一段对应晶体管截止的情况;另一段对应晶体管导通的情况。

3. 输出特性曲线的理想化

输出特性曲线的理想化如图 3-5 中的虚线所示。在饱和区,理想化的折线是集电极电流与管压降成正比;在线性放大区,理想化的折线与管压降 $u_{CE}(t)$ 无关,即一簇平行于横轴的折线。其数学表达式为

$$i_C = \begin{cases} g_{cr}u_{CE}, & u_{CE} < U_{CES} \\ \beta i_B, & u_{CE} \geqslant U_{CES} \end{cases} \tag{3-9}$$

式中:U_{CES}——晶体管饱和时的管压降;

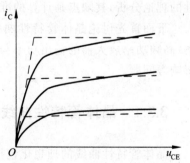

图 3-5　输出特性曲线的理想化

g_{cr}——饱和区集电极电流的斜率。

$$g_{cr} = \frac{\Delta i_C}{\Delta u_{CE}}, \quad u_{CE} < U_{CES} \tag{3-10}$$

由此可见,晶体管输出特性曲线的理想化曲线有多条,每条包括两段:一段对应晶体管饱和导通的情况;另一段对应晶体管工作于放大区的情况。其中,$u_{CE} < U_{CES}$ 时(在饱和区),对应的折线叫作临界线。

3.3.2　集电极余弦电流脉冲的分解

由图 3-3 可见,晶体管特性曲线理想化之后,集电极电流一般是一个尖顶、周期脉冲信号。集电极余弦电流脉冲的分解就是把周期性的集电极脉冲电流分解成如式(3-3)和式(3-4)所示的傅里叶级数形式,在已知脉冲最大值 I_{CM} 和通角 θ_c 的条件下,可以求出直流分量 I_{C0}、基波分量的振幅 I_{c1m} 和谐波分量的振幅 I_{cnm},以便计算放大器的技术指标。

1. 集电极余弦电流脉冲的表达式

设 $u_b(t) = U_{bm}\cos(\omega_c t)$,则 $u_{BE}(t) = V_{BB} + u_b(t) = V_{BB} + U_{bm}\cos(\omega_c t)$。将这个发射结电压代入式(3-7)(仅考虑晶体管导通时的电流),可得晶体管集电极的电流 $i_C(t)$ 为

$$i_C(t) = g_c[u_{BE}(t) - U_{bz}] = g_c[V_{BB} + U_{bm}\cos(\omega_c t) - U_{bz}] \tag{3-11}$$

由图 3-3 可知,当 $\omega t = \theta_c$ 时,$i_C(t) = 0$,代入式(3-11)可得

$$\cos\theta_c = \frac{U_{bz} - V_{BB}}{U_{bm}} \tag{3-12}$$

式(3-12)是计算放大器的通角 θ_c 的公式。把式(3-12)代入式(3-11)可得

$$i_C(t) = g_c U_{bm}[\cos(\omega_c t) - \cos\theta_c] \tag{3-13}$$

由图 3-3 可知,当 $\omega t = 0$ 时,$i_C(t) = I_{CM}$,代入式(3-13)可得

$$I_{CM} = g_c U_{bm}(1 - \cos\theta_c) \tag{3-14}$$

将式(3-14)代入式(3-13),就得到集电极余弦电流脉冲 $i_C(t)$ 的表达式为

$$i_C(t) = I_{CM}\frac{\cos(\omega_c t) - \cos\theta_c}{1 - \cos\theta_c} \tag{3-15}$$

式(3-15)是用脉冲最大值 I_{CM} 和通角 θ_c 来表示集电极电流的瞬时值。式(3-12)、式(3-14)和式(3-15)是后面进行分析和计算常用的表达式。

2. 集电极余弦电流脉冲的分解

根据前面的分析,集电极余弦电流脉冲的完整表达式为

$$i_C(t) = \begin{cases} 0, & \text{others} \\ I_{CM}\dfrac{\cos(\omega_c t) - \cos\theta_c}{1 - \cos\theta_c}, & \omega_c t \in [2k\pi - \theta_c, 2k\pi + \theta_c] \end{cases} \tag{3-16}$$

式中:k——整数。

集电极余弦电流脉冲的分解,就是把式(3-16)表达的周期信号变换成式(3-4)的形式。傅里叶级数的各个分解系数分别为

$$I_{C0} = \frac{1}{2\pi}\int_{-\pi}^{\pi} i_C(t)\mathrm{d}(\omega_c t) = \frac{1}{2\pi}\int_{-\theta_c}^{\theta_c} I_{CM}\frac{\cos(\omega_c t) - \cos\theta_c}{1 - \cos\theta_c}\mathrm{d}(\omega_c t)$$

$$= I_{CM}\frac{\sin\theta_c - \theta_c\cos\theta_c}{\pi(1 - \cos\theta_c)} = I_{CM}\alpha_0(\theta_c) \tag{3-17}$$

$$I_{c1m} = \frac{1}{\pi}\int_{-\pi}^{\pi} i_C(t)\cos(\omega_c t)\mathrm{d}(\omega_c t)$$

$$= \frac{1}{\pi}\int_{-\theta_c}^{\theta_c} I_{CM}\frac{\cos(\omega_c t) - \cos\theta_c}{1 - \cos\theta_c}\cos(\omega_c t)\mathrm{d}(\omega_c t)$$

$$= I_{CM}\frac{\theta_c - \sin\theta_c\cos\theta_c}{\pi(1 - \cos\theta_c)} = I_{CM}\alpha_1(\theta_c) \tag{3-18}$$

$$I_{cnm} = \frac{1}{\pi}\int_{-\pi}^{\pi} i_C(t)\cos(n\omega_c t)\mathrm{d}(\omega_c t)$$

$$= \frac{1}{\pi}\int_{-\theta_c}^{\theta_c} I_{CM}\frac{\cos(\omega_c t) - \cos\theta_c}{1 - \cos\theta_c}\cos(n\omega_c t)\mathrm{d}(\omega_c t)$$

$$= I_{CM}\frac{\sin(n\theta_c)\cos\theta_c - n\sin\theta_c\cos(n\theta_c)}{0.5\pi n(n^2 - 1)(1 - \cos\theta_c)} = I_{CM}\alpha_n(\theta_c) \tag{3-19}$$

式中：$\alpha_i(\theta_c)$，$i = 0,1,\cdots,n$，分别指直流分量的分解系数、基波分量的分解系数、n 次谐波分量的分解系数。这些系数都是通角 θ_c 的函数，根据上面的公式进行计算是比较烦琐的，通常可以查表，如本书的附录 A 所示。

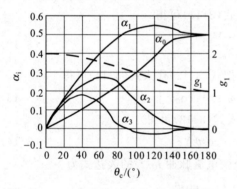

图 3-6 分解系数 α_i 与 θ_c 的关系曲线

图 3-6 给出了 α_0、α_1、α_2、α_3 和 $g_1(\theta_c) = \frac{\alpha_1(\theta_c)}{\alpha_0(\theta_c)}$ 与 θ_c 的关系曲线。

由图 3-6 可见，$\alpha_0(\theta_c)$ 是单调上升函数。$\alpha_1(\theta_c)$ 在 $\theta_c \approx 120°$ 时有最大值，最大值为 0.536。此时，如果最大值 I_{CM} 和负载电阻 R_L 为定值，则输出功率 $P_o = 0.5I_{c1m}^2 R_L$ 将达到最大值。但是，当通角 $\theta_c = 120°$ 时，放大器将工作于甲乙类状态，集电极效率则太低。因此，如果要兼顾输出功率和集电极效率，通角 θ_c 需要另外取值，这个问题将在下面的内容中讨论。通角 $\theta_c = 60°$ 时，$\alpha_2(\theta_c)$ 达到最大值。$\theta_c = 40°$ 时，$\alpha_3(\theta_c)$ 达到最大值。

3.3.3　高频功率放大器的输出功率与效率

根据前面阐述的集电极余弦脉冲的分解和晶体管特性曲线的折线分析，可以方便地计算出放大器的输出功率和集电极效率。在图 3-2 中，设 $u_b(t) = U_{bm}\cos(\omega_c t)$，则发射结两端的电压和管压降分别为

$$u_{BE}(t) = V_{BB} + U_{bm}\cos(\omega_c t) \tag{3-20}$$

$$u_{CE}(t) = V_{CC} - U_{cm}\cos(\omega_c t) \tag{3-21}$$

集电极脉冲电流 $i_C(t)$ 可以分解成式(3-4)的形式,其中,直流分量 I_{C0}、基波分量的振幅 I_{c1m} 和谐波分量的振幅 I_{cnm} 可以由式(3-17)、式(3-18)和式(3-19)求出。因此,直流电源 V_{CC} 提供的直流功率为

$$P_= = V_{CC} I_{C0} \tag{3-22}$$

因为负载回路的谐振频率等于基波频率,回路两端的电压主要是集电极脉冲电流的基波分量在回路两端产生的,而直流分量和其余分量都可以忽略不计。因此,高频放大器的输出功率可以表示为

$$P_o = \frac{1}{2} U_{cm} I_{c1m} = \frac{1}{2} I_{c1m}^2 R_L = \frac{U_{cm}^2}{2R_L} \tag{3-23}$$

根据能量守恒定律,忽略电阻或等效电阻的功率消耗,晶体管集电极损耗功率可以表示为

$$P_c = P_= - P_o \tag{3-24}$$

根据集电极效率的定义,以及式(3-22)、式(3-23)和式(3-24),集电极效率可以表示为

$$\eta_c = \frac{P_o}{P_=} = \frac{1}{2} \times \frac{U_{cm} I_{c1m}}{V_{CC} I_{C0}} = \frac{1}{2} \xi g_1(\theta_c) \tag{3-25}$$

式中: $\xi = \dfrac{U_{cm}}{V_{CC}}$ ——集电极电压利用系数;

$g_1(\theta_c) = \dfrac{I_{c1m}}{I_{C0}} = \dfrac{\alpha_1(\theta_c)}{\alpha_0(\theta_c)}$ ——波形系数。

波形系数 $g_1(\theta_c)$ 随通角 θ_c 的变化情况如图 3-6 所示,可以看出, $g_1(\theta_c)$ 随着通角 θ_c 的增大而逐渐下降。

从上面各式和图 3-6 可以看出:

(1) 在电压利用系数为 1 的理想条件下,对于甲类放大器, $\theta_c = \pi\,\mathrm{rad}$, $g_1(\theta_c) = 1$,效率为 $\eta_c = 50\%$;对于乙类放大器, $\theta_c = 0.5\pi\,\mathrm{rad}$, $g_1(\theta_c) = 1.57$,效率为 $\eta_c = 78.5\%$;对于丙类放大器, $\theta_c < 0.5\pi\,\mathrm{rad}$, $g_1(\theta_c) > 1$,效率 $\eta_c > 78.5\%$,而且通角越小,效率越高。

(2) 在负载电阻 R_L 一定的情况下, $\theta_c = 120°$ 时,输出功率最大,但效率只有 66%; $\theta_c = 1° \sim 15°$ 时,效率最高,但是输出功率很小。所以,在实际应用中,为了兼顾输出功率和效率,通常选取 $\theta_c = 60° \sim 80°$。

3.3.4 高频功率放大器的动态特性

高频功率放大器的工作状态取决于晶体管的参数、负载电阻 R_L、集电极电源电压 V_{CC}、基极电源电压 V_{BB} 和输入信号振幅 U_{bm} 5 个参数。分析这 5 个参数的变化对高频功率放大器的性能影响,可以得到高频功率放大器的各种工作状态的优缺点以及正确调试放大器的方法。

对于工作于丙类状态的高频功率放大器,其负载是等效的并联谐振回路,回路的谐振频率等于输入信号的频率,在其晶体管的型号、电源电压 V_{BB} 和 V_{CC}、输入信号振幅 U_{bm}、谐振电阻 R_L 一定的条件下,集电极电流 $i_C(t)$ 与发射结电压 u_{BE}、管压降 u_{CE} 之间的关系,被称为动态特性,即 $i_C = f(u_{BE}, u_{CE})$。

由式(3-20)和式(3-21)可得

$$u_{BE}(t) = V_{BB} + U_{bm}\frac{V_{CC} - u_{CE}(t)}{U_{cm}} \tag{3-26}$$

将式(3-26)代入式(3-7),可得晶体管导通时的集电极电流 $i_C(t)$ 为

$$i_C(t) = g_c\left[V_{BB} + U_{bm}\frac{V_{CC} - u_{CE}(t)}{U_{cm}} - U_{bz}\right]$$

$$= -g_c\frac{U_{bm}}{U_{cm}}\left[u_{CE}(t) - V_{CC} + U_{cm}\frac{U_{bz} - V_{BB}}{U_{bm}}\right]$$

$$= -g_c\frac{U_{bm}}{U_{cm}}[u_{CE}(t) - V_{CC} + U_{cm}\cos\theta_c] = g_d[u_{CE}(t) - U_o] \tag{3-27}$$

式中:$U_o = V_{CC} - U_{cm}\cos\theta_c$——动态特性曲线在横轴 u_{CE} 上的截距;

$g_d = -\dfrac{g_c U_{bm}}{U_{cm}}$——动态特性曲线的斜率。

显然,式(3-27)是 $i_C(t)$ 与 $u_{CE}(t)$ 之间的直线方程,反映了当 $u_{BE}(t) \geqslant U_{bz}$ 时,$i_C(t)$ 随 $u_{CE}(t)$ 动态变化的对应关系。

下面根据以上的结论分析高频功率放大器的动态特性,其方法主要有截距法和虚拟电流法。

截距法是在已知截距 U_o 和斜率 g_d 的条件下,由式(3-27)确定的折线,连同 $u_{BE} < U_{bz}$ 时,$i_C = 0$ 的折线构成总的动态特性曲线,如图 3-7 中的 AB-BC 折线。其中,A 点的坐标是 $(V_{CC} - U_{cm}, I_{CM})$,$B$ 点的坐标是 $(U_o, 0)$,C 点的坐标是 $(V_{CC} + U_{cm}, 0)$。

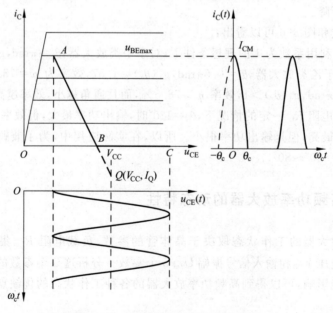

图 3-7　用截距法求动态特性的波形

虚拟电流法是在截距法的基础上扩展的一种较为简便的分析方法。在图 3-7 中,AB 的延长线与平行于纵轴、横坐标为 V_{CC} 的直线的交点为 $Q(V_{CC}, I_Q)$。只要已知 AB 折

线的斜率、A 点的坐标、B 点的坐标和 Q 点的坐标这 4 个值中的任意两个,就可以唯一确定 AB 折线;然后连同 C 点,得到完整的动态特性曲线 $AB\text{-}BC$ 折线。I_Q 是虚拟的电流,实际上它是不存在的,但是可以被求出,即

$$I_Q = g_d\big[u_{CE}(t) - U_o\big]\Big|_{u_{CE}(t)=V_{CC}} = g_d(V_{CC} - V_{CC} + U_{cm}\cos\theta_c)$$

$$= -g_c \frac{U_{bm}}{U_{cm}} U_{cm} \frac{U_{bz} - V_{BB}}{U_{bm}} = -g_c(U_{bz} - V_{BB}) \qquad (3\text{-}28)$$

利用 Q 点来得到动态特性曲线的方法就是虚拟电流法。

高频谐振功率放大器有 3 种工作状态,即欠压、临界和过压。其动态特性曲线可以用来分析不同工作状态的特性。当高频谐振功率放大器的集电极电流都在临界线的右方时,交流输出电压比较低,称为欠压工作状态;当其集电极电流的最大值穿过了临界线,到达左方饱和区时,交流输出电压比较高,称为过压工作状态;当其集电极电流的最大值正好落在临界线上时,称为临界工作状态。

图 3-8 给出了高频谐振功率放大器的 3 种工作状态的电压和电流波形。在图 3-8 中,把晶体管的转移特性曲线和顺时针旋转 $90°$ 的集电极与发射极之间的电压 $u_{CE}(t)$ 的时域波形画在一起,是为了用作图的方法方便地得到集电极电流 $i_C(t)$ 的波形图。

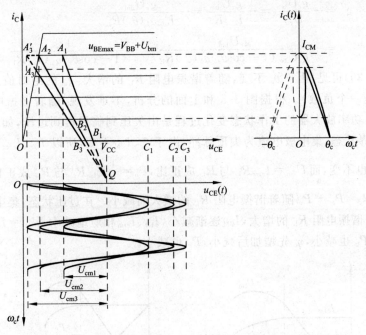

图 3-8　高频谐振放大器 3 种工作状态的电压和电流波形

在图 3-8 中,第一种动态特性曲线是折线 $A_1B_1\text{-}B_1C_1$,A_1 点处于放大区,对应 U_{cm1} 最小,集电极电流是尖顶脉冲,这种状态就是欠压状态;第二种动态特性曲线是折线 $A_2B_2\text{-}B_2C_2$,A_2 点处于临界线上,对应 U_{cm2} 中等,集电极电流也是尖顶脉冲,这种状态就是临界状态;第三种动态特性曲线是折线 $A_3B_3\text{-}B_3C_3$,虽然 A_3 点也处于临界线上,但是,此时 $u_{BE}=V_{BB}+U_{bm}$ 已经让晶体管饱和了,在 B_3A_3 延长线上的 A_3' 点是一个虚拟点,对应 U_{cm3} 最大,集

电极电流是凹顶脉冲,这种状态就是过压状态。

对于欠压和临界状态,由于集电极电流为尖顶脉冲,可以用前面所述的分解系数;对于过压状态,由于集电极电流为凹顶脉冲,不能直接用前述的分解系数,但仍然可以分解成傅里叶级数后,用类似的方法计算。

由以上分析可以看到,通过集电极电流脉冲的幅度和形状,就可以判断功率放大器工作在哪种状态,而且,对每种状态的基本特点都有所了解。

3.3.5 高频谐振功率放大器的负载特性

高频谐振放大器的负载特性是指在晶体管、V_{CC}、V_{BB} 和 U_{bm} 一定时,改变回路谐振电阻 R_L,高频谐振功率放大器的工作状态、电流、电压、输出功率和效率随 R_L 的变化而变化的关系。简单地讲,高频谐振放大器的负载特性就是在其他参数不变的情况下,负载电阻 R_L 的变化对放大器性能和工作状态的影响。

此时,由式(3-12)、式(3-14)和式(3-28)可知,θ_c、I_{CM}、$u_{BEmax}=V_{BB}+U_{bm}$ 和 I_Q 是一定的,也就是说,Q 点的坐标也是一定的,而斜率 g_d 为

$$g_d = -\frac{g_c U_{bm}}{U_{cm}} = -\frac{g_c U_{bm}}{I_{c1m} R_L} = -\frac{g_c U_{bm}}{I_{CM} \alpha_1(\theta_c) R_L}$$

$$= -\frac{g_c U_{bm}}{g_c U_{bm}(1-\cos\theta_c)\alpha_1(\theta_c)R_L} = -\frac{1}{(1-\cos\theta_c)\alpha_1(\theta_c)R_L} \quad (3\text{-}29)$$

由式(3-29)可见,由于 θ_c 不变,随着谐振电阻 R_L 的增大,g_d 的绝对值逐渐变小(斜率 g_d 本身是一个负数)。根据图 3-8 和上面的分析,不难发现,随着谐振电阻 R_L 的增大,高频谐振功率放大器的工作状态变化过程是由欠压到临界再到过压,如图 3-9 所示。在欠压和临界状态,集电极电流为尖顶脉冲,由于 θ_c、I_{CM} 不变,所以 I_{C0}、I_{c1m} 都保持不变,$P_= = V_{CC} I_{C0}$ 也不变,而 $U_{cm} = I_{c1m} R_L$ 与 R_L 成正比,$P_o = \frac{1}{2} I_{c1m}^2 R_L$ 与 R_L 成正比,$\eta_c = \frac{P_o}{P_=}$ 与 R_L 成正比,$P_c = P_= - P_o$ 随着谐振电阻 R_L 的增大而减小。在过压状态,集电极电流为凹顶脉冲,随着谐振电阻 R_L 的增大,I_{CM} 逐渐减小,I_{C0}、I_{c1m} 相应地减小,$U_{cm} = I_{c1m} R_L$ 缓慢地增大,$P_=$ 和 P_o 也减小,η_c 先增加后减小,P_c 也减小。

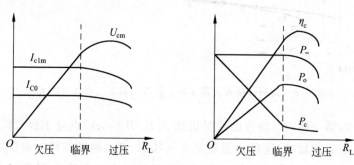

图 3-9　高频谐振功率放大器的负载特性

通过以上分析可以得到如下结论。

（1）在欠压状态的大部分范围内，输出功率和效率都比较低，损耗也比较大，而且随着谐振电阻的变化，输出电压的振幅波动比较大。因此，除了特殊情况外，很少采用这种状态。

（2）在临界状态下，输出功率最大，效率也比较高，常用于发射机的功率输出级，以获得最大输出功率。

（3）在过压状态下，当谐振电阻变化时，输出电压的振幅变化较小，多用于要求输出电压维持比较平稳的场合，如发射机的中间级放大器。值得注意的是，在弱过压区，效率最高，而输出功率比较大。

3.3.6　电源电压和输入信号对高频谐振功率放大器工作状态的影响

1. 集电极电压变化对高频谐振功率放大器工作状态的影响

在晶体管、R_L、V_{BB} 和 U_{bm} 一定时，改变集电极电压 V_{CC}，高频谐振功率放大器的工作状态、电流、电压和输出功率会随 V_{CC} 的变化而变化。此时，由式（3-12）、式（3-14）、式（3-28）和式（3-29）可知，θ_c、I_{CM}、$u_{BEmax}=V_{BB}+U_{bm}$、I_Q 和 g_d 是一定的，Q 点在水平方向平移。随着 V_{CC} 的增大，放大器的工作状态由过压到临界再到欠压，如图 3-10 所示。在欠压和临界状态，集电极电流为尖顶脉冲，由于 θ_c、I_{CM} 不变，所以 I_{C0}、I_{c1m} 保持不变，从而 $U_{cm}=I_{c1m}R_L$ 不变，$P_o=0.5I_{c1m}^2R_L$ 不变，而 $P_= =V_{CC}I_{C0}$ 与 V_{CC} 成正比，集电极耗散功率 $P_c=P_= -P_o$ 随着 V_{CC} 的增大而增大。在过压状态，集电极电流为凹顶脉冲，随着 V_{CC} 的增大，I_{CM} 逐渐增大，I_{C0}、I_{c1m} 相应增大，$U_{cm}=I_{c1m}R_L$ 增大，$P_=$ 和 P_o 增大，P_c 增大。

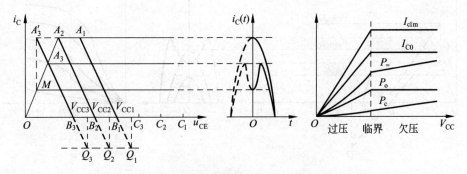

图 3-10　V_{CC} 对高频谐振功率放大器工作状态的影响

由此可知，在过压状态和理想情况下，输出信号的振幅正比于集电极电压，这正是后面将要讨论的集电极调幅的工作原理。

2. 基极电压变化对高频谐振功率放大器工作状态的影响

在晶体管、R_L、V_{CC} 和 U_{bm} 一定时，改变基极电源电压 V_{BB}，高频谐振功率放大器的工作状态、电流、电压和输出功率会随 V_{BB} 的变化而变化。此时，由式（3-12）、式（3-14）、式（3-28）和式（3-29）可知，随着 V_{BB} 的增大，θ_c、I_{CM}、I_Q 和 $g_d(\theta_c<120°)$ 增大，Q 点在垂直方向平移，放大器的工作状态由欠压到临界再到过压，如图 3-11 所示。在这种情况下，参数的变化比较复杂，这里就不讨论了。

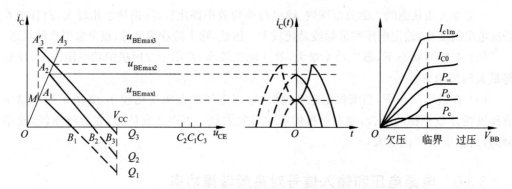

图 3-11 V_{BB} 对高频谐振功率放大器工作状态的影响

由此可知,在欠压状态下,输出信号的振幅受控于基极电压,这正是后面将讨论的基极调幅的工作原理。

3. 输入信号的振幅变化对高频谐振功率放大器工作状态的影响

在晶体管、R_L、V_{BB} 和 V_{CC} 一定时,改变输入信号振幅 V_{bm},高频谐振功率放大器的工作状态、电流、电压和输出功率会随 V_{bm} 的变化而变化。此时,由式(3-12)、式(3-14)、式(3-28)和式(3-29)可知,随着 V_{bm} 的增大,Q 点不移动,θ_c、I_{CM}、$u_{BEmax}=V_{BB}+U_{bm}$ 和 g_d 都增大,放大器的工作状态由欠压到临界再到过压,I_{C0}、I_{c1m}、U_{cm}、$P_=$、P_o 和 P_c 也随之增加,如图 3-12 所示。

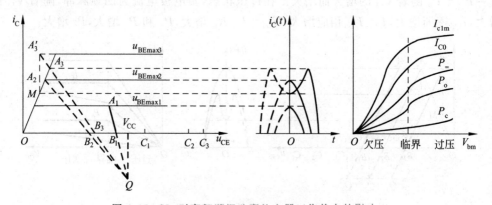

图 3-12 V_{bm} 对高频谐振功率放大器工作状态的影响

例 3-2   某谐振高频功率放大器如图 3-2 所示,集电极直流电源 $V_{CC}=30V$,输出功率 $P_o=10W$,晶体管集电极电流中的直流分量 $I_{C0}=400mA$,输出电压振幅 $U_{cm}=28V$。试求:直流电源 V_{CC} 提供的功率 $P_=$、集电极效率 η_c、谐振回路谐振电阻 R_p、基波电流振幅 I_{c1m} 和导通角 θ_c。

解: (1)求直流电源 V_{CC} 提供的功率 $P_=$。

$$P_= = V_{CC} I_{C0} = 30 \times 0.4 = 12(\text{W})$$

(2)求集电极效率 η_c。

$$\eta_c = P_o/P_= = 10/12 \times 100\% \approx 83.3\%$$

(3) 求谐振回路谐振电阻 R_p。

$$R_p = 0.5U_{cm}^2/P_o = 39.2(\Omega)$$

(4) 求基波电流振幅 I_{c1m}。

$$I_{c1m} = 2P_o/U_{cm} = 20/28 \approx 0.72(A)$$

(5) 求导通角 θ_c。

由

$$\eta_c = 0.5\xi g_1(\theta_c) = 0.5U_{CM}g_1(\theta_c)/V_{cc} = 0.5 \times 28 \times g_1(\theta_c)/30 = 83.3\%$$

可得 $g_1(\theta_c) = 1.79$，查表可得 $\theta_c \approx 60°$。

例 3-3 某高频谐振功率放大器如图 3-2 所示，已知晶体管的饱和临界线斜率 g_{cr} 为 1S，晶体管导通电压 $U_{bz} = 0.6V$，集电极直流电源 $V_{CC} = 20V$，基极直流电源 $V_{BB} = -0.5V$，输入电压振幅 $U_{bm} = 2.5V$，集电极电流脉冲振幅 $I_{CM} = 2A$，且放大器工作于临界状态。试求：直流电源 V_{CC} 提供的功率 $P_=$、集电极效率 η_c、谐振回路谐振电阻 R_p 和集电极耗散功率 P_c。

解：

(1) 求直流电源 V_{CC} 提供的功率 $P_=$。

由于放大器工作于临界状态，所以 $I_{CM} = g_{cr}U_{CES} = g_{cr}(V_{CC} - U_{cm})$。因此

$$U_{cm} = V_{CC} - \frac{I_{CM}}{g_{cr}} = 20 - \frac{2}{1} = 18(V)$$

由 $\cos\theta_c = \dfrac{U_{bz} - V_{BB}}{U_{bm}} = \dfrac{0.6 + 0.5}{2.5} = 0.44$，查表得到 $\theta_c = 63.9°$，而且 $\alpha_0(63.9°) = 0.232$，$\alpha_1(63.9°) = 0.410$。因此

$$I_{C0} = I_{CM}\alpha_0(63.9°) = 2 \times 0.232 = 0.464(A)$$
$$I_{c1m} = I_{CM}\alpha_1(63.9°) = 2 \times 0.410 = 0.820(A)$$

由此可得

$$P_= = V_{CC}I_{C0} = 20 \times 0.464 = 9.28(W)$$

(2) 求输出功率 P_o。

$$P_o = 0.5U_{cm}I_{c1m} = 0.5 \times 18 \times 0.820 = 7.38(W)$$

(3) 求集电极效率 η_c。

$$\eta_c = P_o/P_= = 7.38/9.28 \times 100\% \approx 79.5\%$$

(4) 求谐振回路谐振电阻 R_p。

$$R_p = 0.5U_{cm}^2/P_o = 21.95(\Omega)$$

(5) 求集电极耗散功率 P_c。

$$P_c = P_= - P_o = 9.28 - 7.38 = 1.90(W)$$

3.4 谐振功率放大电路

谐振高频功率放大电路由输入回路、有源器件（如晶体管、场效应管）和输出回路组成。输入回路、输出回路的作用是为晶体管提供所需的直流偏置，实现滤波和阻抗匹配。

下面分别讨论直流馈电电路和输入回路、输出回路。

3.4.1 直流馈电电路

谐振高频功率放大器的工作状态是由直流馈电电路确定的。谐振高频功率放大器需要工作于丙类状态,必须有相应的直流馈电电路。直流馈电电路是指把直流电源馈送到晶体管各极的电路,它包括集电极馈电电路和基极馈电电路两部分。无论是哪一部分的馈电电路,都有串联馈电(简称串馈)和并联馈电(简称并馈)两种方式。

1. 集电极馈电电路

集电极直流馈电电路是为放大器提供输入功率的。集电极电流中,直流分量产生了集电极损耗,基波分量转化为输出功率。典型的集电极馈电电路如图 3-13 所示。

串馈是指直流电源、匹配网络(谐振回路)和功率管三者串联连接的一种馈电方式,如图 3-13(a)所示。图中,谐振于信号中心频率的并联谐振回路作为集电极负载,高频扼流线圈 ZL 对交流信号相当于开路,对直流短路;滤波电容 C_p 对交流信号相当于短路。

并馈是指直流电源、匹配网络(谐振回路)和功率管三者并联连接的一种馈电方式,如图 3-13(b)所示。图中有并联 LC 谐振回路、高频扼流线圈 ZL 和滤波电容 C_p、C_c。

从图 3-13 可以看出,无论是串馈还是并馈电路,它们的直流通路完全相同,V_{CC} 都全部加到集电极上,它们的直流电源的一端都接地,以克服电源对地分布电容的影响。二者的不同仅在于匹配网络(谐振回路)的接入方式。串馈电路的谐振回路处于直流高电位,电容 C 不能直接接地;并馈电路的谐振回路处于直流低电位,电容 C 可以直接接地,因此在电路板上安装时比串馈电路方便,而且电路更加稳定。

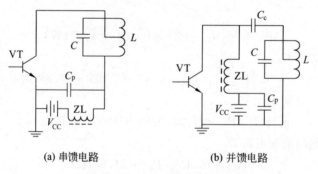

(a) 串馈电路   (b) 并馈电路

图 3-13 集电极馈电电路

2. 基极馈电电路

基极馈电电路也有串馈与并馈两种方式,如图 3-14 所示。图 3-14(a)所示为串馈电路,其直流馈电电路与输入信号源串联连接;图 3-14(b)所示为并馈电路,其直流馈电电路与输入信号源并联连接。为了保证谐振功放工作于丙类状态,晶体管基极可加小于导通电压 U_{bz} 的正偏压或加负偏压。图 3-14(a)所示的串馈电路中,C_p 为滤波电容;图 3-14(b)所示的并馈电路中,ZL 为高频扼流线圈,C_b 为隔直电容,C_p 为滤波电容。

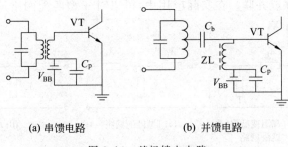

(a) 串馈电路　　　　　　(b) 并馈电路

图 3-14　基极馈电电路

　　由于图 3-14 所示电路中采用一个独立电源实现偏置很不方便,因此,在负偏置的丙
类谐振功率放大器中,一般采用图 3-15 所示的基极自偏压电路(又称自给偏置电路)。
图 3-15(a)所示的是利用基极电流 $I_B(t)$ 的直流分量 I_{B0} 在 R_b 上产生所需的负偏压,并通
过高频扼流圈 ZL 加到基极上,使发射结静态工作点 $U_{BEQ}=-I_{B0}R_b$;图 3-15(b)所示的是
利用 I_E 的直流分量 I_{E0} 在 R_e 上产生所需的负偏压,并通过高频扼流圈 ZL 加到基极上,使
$U_{BEQ}=-I_{E0}R_e$。

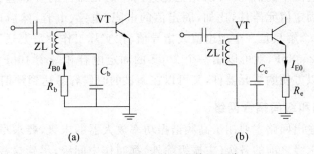

(a)　　　　　　　　　　(b)

图 3-15　基极自给反向偏置电路

　　这种自给偏置的基极馈电电路,其优点主要是放大器能够自动维持放大器的工作稳
定性。当输入信号的振幅加大时,发射结的反向偏置电压的绝对值加大;当输入信号的
振幅减小时,发射结的反向偏置电压的绝对值减小。因此,就算输入信号的幅度波动比
较大,放大器的工作状态变化并不大。

3.4.2　匹配网络

1. 输出匹配网络

　　在高频谐振功率放大器中,为了满足输出功率和效率的要求,并有较高的功率增益,
除正确选择放大器的工作状态外,还必须正确设计输出匹配网络。根据谐振高频功率放
大器所处的位置不同,其匹配网络常被分为输入、输出和级间匹配网络 3 种。输入匹配
网络用于信号源与放大器之间,输出匹配网络用于放大器与负载之间,级间匹配网络用
于放大器的推动级与输出级之间。这 3 种匹配网络都可以采用由电感 L 和电容 C 组成
的 L 型、π 型或 T 型的基本网络,如图 3-16 所示。

　　在图 3-16 中,X_i 和 $i=1\sim5$ 表示电抗。它可以是一个纯电感或电容,也可以是电感

或电容与电阻的串联或并联。在实际应用中,可以对 π 型匹配网络适当地增减,比如删除 X_1、X_5、X_2、X_3 和 X_4。

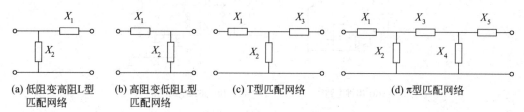

(a) 低阻变高阻L型 匹配网络
(b) 高阻变低阻L型 匹配网络
(c) T型匹配网络
(d) π型匹配网络

图 3-16　基本型匹配网络电路

在设计输出匹配网络的时候,需要满足以下两个条件。

(1) 匹配网络的谐振频率等于输入信号的中心频率,实现滤波。

(2) 阻抗匹配。

根据这两个条件,可以列出由两个方程组成的方程组。显然,如果匹配网络的元器件刚好两个,则该方程组有唯一解;如果匹配网络的元器件超过两个,则有无数个解。对于元器件数目超过两个的情况,可以先把超过两个的元器件的参数选择一个确定值,其实就是选择一些固定值元器件,比如,固定值的电阻、电感、电容,然后再解方程组,得到一个解。当然,这个解只是一个理论值或指导值,在实际工作中需要适当处理。比如,解出的某电容值为 25.8pF,就可以用一个 20pF 的固定电容和一个 10pF 的可调电容并联处理,这样,既可以方便购买元器件,又可以在调试的时候容易达到预期目的。

2. 输入回路和级间耦合网络

上面讨论的输出回路主要用于高频谐振功率放大器的末级,要求尽量大的输出功率和集电极效率。末级之前的各级(主振级除外)都叫作中间级,尽管这些中间级可以作为缓冲、倍频、电压放大或功率放大等不同电路,但是它们的集电极回路都是用来为下一级提供激励功率的。这些回路就叫作级间耦合网络,对于下一级来说,它们就是输入回路。因此,在下面的讨论中,没有区分输入回路和级间耦合网络。

由于高频谐振功率放大器的末级与中间级的输入信号电平、工作状态和负载往往不同,所以对它们的要求也就不同。对于末级电路来说,应该力求输出功率大、集电极效率高。正常情况下,末级的负载(如天线、传输线)是不变的,因而可以使集电极回路匹配,并使末级电路工作在临界状态,以获得最大的输出功率和比较高的集电极效率。但是,对于中间级来说,情况就不同了。中间级的负载是下一级的输入阻抗,它的值随着激励电压的大小和电子元器件本身工作状态的变化而变化,这就使得级间耦合网络的等效阻抗发生变化,从而引起中间级放大电路工作状态的变化。如果中间级工作在欠压状态,则其输出电压将不稳定,这是下一级电路不希望的。因为,对中间级来说,最重要的是应该保证输出电压稳定,以供给下一级稳定的激励电压,集电极效率则降为次要问题。事实上,因为中间级工作于低电平,集电极效率会低一些,所以对整个系统来说影响不大。

为了保证给下一级电路提供稳定的激励电压,中间级应该采取如下措施。

(1) 中间级放大器工作于过压状态。此时,它等效为一个恒压源,其输出电压几乎不会随负载的变化而变化。尽管下一级的输入阻抗可能会变化,但是下一级得到的激励电压仍然是稳定的。

(2) 降低级间耦合网络的效率。耦合回路的效率降低,意味着它本身的损耗加大,使得下一级的阻抗对耦合回路的阻抗的影响减小,也就是削弱了下一级电路对本级电路工作状态的影响。中间级耦合回路的效率一般取 0.1~0.5,也就是中间级的输出功率应该是下一级所需功率的 2~10 倍。

匹配网络在谐振高频功率放大器中非常重要。如果匹配网络设计和调整得好,就能够保证谐振高频功率放大器工作于最佳状态。

3.4.3　实际电路举例

1. 50MHz,25W 谐振功率放大器

图 3-17 所示的是工作频率为 50MHz,25W 谐振功率放大器电路,外接负载为 50Ω,输出功率为 25W,功率增益可达 7dB。图 3-17 中,由 C_1 和 C_2 和 L_1 组成了 T 型输入匹配网络,调节 C_1 和 C_2,可使它们的谐振频率等于输入信号的中心频率,并把放大器的输入阻抗在工作频率上变换为前级信号源所要求的 50Ω 匹配电阻;集电极馈电电路采用并联方式,由 L_2、L_3、C_4、C_5 和 C_6 组成 π 型输出匹配网络。分别调节 C_4 和 C_6,使其谐振频率等于信号的中心频率,并把 50Ω 的外接负载在工作频率上变换为放大器所要求的负载电阻。

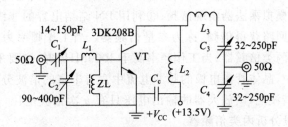

图 3-17　50MHz,25W 谐振功率放大器电路

2. 175MHz,VMOS 管谐振功率放大器

图 3-18 所示的是工作频率为 175MHz,VMOS 管谐振功率放大器电路,外接负载为 50Ω,输出功率为 10W,功率增益达 10dB。图 3-18 中,由 C_1、C_2、C_3 和 L_1 组成了 T 型输入匹配网络,调节 C_1 和 C_2,可使它们的谐振频率等于输入信号的中心频率,并把放大器

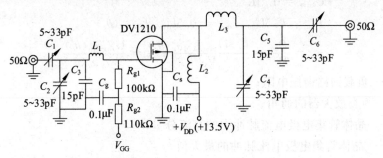

图 3-18　175MHz,VMOS 管谐振功率放大器电路

的输入阻抗在工作频率上变换为前级信号源所要求的 50Ω 匹配电阻。栅极和漏极的馈电电路都采用并联方式,由 L_2、L_3、C_4、C_5 和 C_6 组成 π 型输出匹配网络。分别调节 C_4 和 C_6,使其谐振频率等于信号的中心频率,并把 50Ω 的外接负载在工作频率上变换为放大器所要求的负载电阻。

3.5   丙类倍频器

在无线电发射机、频率合成器等电子设备中,广泛地应用了倍频器。它的功能是将频率为 f_c 的输入信号变换成频率为 nf_c 的输出信号(n 为正整数)。采用倍频器的优点有:

(1) 能降低电子设备的主振荡器的频率,有利于提高频率稳定度。振荡器频率越高,频率稳定度越低,一般情况下,主振荡器频率不宜超过 5MHz。因此,当要求输出频率超过 5MHz 的时候,通常采用倍频器。

(2) 在通信机的主振荡器工作频段不扩展的条件下,可以利用倍频器扩展发射机输出级的工作波段。

(3) 在调频和调相发射机中,倍频器可以用来加大频偏或相移。

倍频器按其工作原理可分为 3 类:①利用丙类放大器,从其电流脉冲中选频出谐波分量而获得倍频;②模拟乘法器实现倍频;③利用 PN 结结电容的非线性变化,得到输入信号的谐波,经选频回路获得倍频,称为参量倍频器。当工作频率为几十兆赫及其以下时,主要采用三极管丙类倍频器;当工作频率高于 1000MHz 时,主要采用参量倍频器。

在丙类放大器中,晶体管集电极的脉冲电流中含有丰富的谐波分量。如果集电极谐振回路调谐在 n 次谐波上,则放大器的输出电压只有 n 次谐波电压,也就实现了 n 次倍频。下面简单地定量分析丙类倍频器。

设输入信号为 $u_b(t)=U_{bm}\cos(\omega_c t)$,则输出信号为

$$u_c(t) = U_{cm}\cos(n\omega_c t) \tag{3-30}$$

发射结电压和管压降电压分别为

$$u_{BE}(t) = V_{BB} + U_{bm}\cos(\omega_c t), \quad u_{CE}(t) = V_{CC} - U_{cm}\cos(n\omega_c t)$$

利用高频谐振功率放大器的分析结果,n 次倍频器输出的电压振幅、功率和效率为

$$U_{cnm} = I_{cnm}R_p \tag{3-31}$$

$$P_{on} = 0.5U_{cnm}I_{cnm} = 0.5U_{cnm}I_{CM}\alpha_n(\theta_c) \tag{3-32}$$

$$\eta_{cn} = \frac{P_{on}}{P_=} = \frac{0.5U_{cnm}I_{CM}\alpha_n(\theta_c)}{V_{CC}I_{C0}} = \frac{U_{cnm}\alpha_n(\theta_c)}{2V_{CC}\alpha_0(\theta_c)} \tag{3-33}$$

式中:R_p——负载回路谐振电阻;

$\quad\theta_c$——丙类放大器的通角;

$\quad I_{C0}$——晶体管集电极电流脉冲中的直流分量;

$\quad I_{CM}$——晶体管集电极电流脉冲的最大值。

由于 n 的增加,集电极电流谐波分量的振幅越来越小,倍频器输出的电压振幅、功率

和效率也越来越小。因此,单级丙类倍频器一般只能用于二倍频或三倍频。如果要提高倍频次数,可以将多级倍频器级联。

为了提高 n 次丙类倍频器的功率和效率,选取通角时必须满足

$$\theta_c = \frac{120°}{n} \tag{3-34}$$

才能保证 $\alpha_n(\theta_c)$ 为最大值。

3.6　宽频带高频功率放大器

高频谐振功率放大器的效率高,但是一般通频带不大。在移动通信、电视差转等电子设备中,工作频率的变化大,或者工作频带宽,此时的谐振功率放大器就不适用了,必须采用无须调节工作频率的宽带高频功率放大器。显然,宽带高频功放的负载是非谐振的。

为了不失真地放大信号,单管宽带高频功率放大器一般工作在甲类状态,所以其效率较低,输出功率较小。为此,可采用类似推挽功率放大器的由多个宽带功率放大器组合成的功率合成电路。

最常见的宽频带高频功率放大器是利用宽频带变压器作为输入、输出或级间的耦合电路,并实现阻抗匹配。宽频带变压器有两种形式:一种是利用普通变压器,只是采用高频磁芯来扩展频带,它可以工作在短波波段;另一种是传输线变压器,其频带可以做得很宽。

下面主要介绍传输线变压器的工作原理及其应用。

3.6.1　传输线变压器的特性及原理

传输线变压器是在传输线和变压器理论的基础上发展起来的新元件。将两根等长的导线(传输线)绕在铁氧体的磁环上,就构成了传输线变压器。所用导线可以是双绞线、平行双线或同轴线,磁环的直径视传输功率的大小而定。传输功率越大,磁环的直径越大。一般情况下,15W 的功率放大器,磁环直径为 $10\sim15$mm 即可。图 3-19(a)所示的是传输线变压器的结构,图 3-19(b)所示的是传输线变压器的原理电路。

图 3-20 所示的是 1∶1 传输线变压器的原理电路。其中,图 3-20(a)所示的是接线图,图 3-20(b)所示的是等效电路,图 3-20(c)所示的是普通变压器形式电路,但与普通变压器又有区别。普通变压器的负载电阻 R_L 接 2、4 两端,可以与地隔离,也可以任意一端接地。作为传输线变压器,必须 2、3(或 1、4)两端接地,使输出电压与输入电压的极性相反,因而是一个倒相变压器。信号电压从 1、3 端加入,经传输线变压器的传输,在 2、4 端把能量传到负载电阻 R_L 上。

传输线变压器是将传输线的工作原理应用于变压器上。因此,它既有传输线的特点,又有变压器的特点。前者称为传输线模式,后者称为变压器模式。传输线模式是指

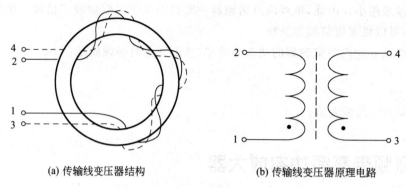

(a) 传输线变压器结构　　　　　　　　(b) 传输线变压器原理电路

图 3-19　传输线变压器的结构及其电路

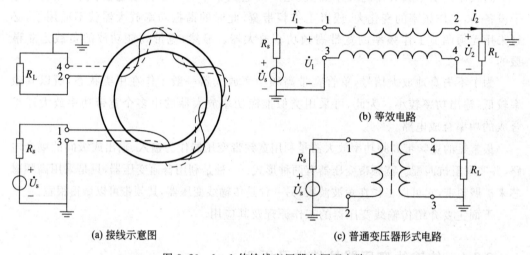

(a) 接线示意图　　　　　　　　(c) 普通变压器形式电路

图 3-20　1∶1 传输线变压器的原理电路

由两根导线传输能量。在低频时,两根传输线就是普通导线连接线。而在所传输的信号是波长可以和导线的长度相比拟的高频时,两根导线分布参数的影响不容忽视。由于两根导线紧靠在一起,又同时绕在一个磁芯上,所以导线间的分布电容 C_0 和导线上的电感 L_0 都是很大的。它们分别称为分布电容和分布电感,如图 3-21 所示。

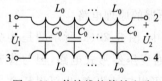

图 3-21　传输线的等效电路

对于传输线模式,在具有分布参数的电路中,能量的传播是靠电能和磁能互相转换实现的。如果认为 C_0 和 L_0 是理想分布参数,即忽略导线的欧姆损耗和导线间的介质损耗,则信号加入后,信号源的能量将全部被负载所吸收。这就是说,传输线间的分布电容非但不会影响高频特性,反而是传播能量的条件,从而使传输线变压器的上限工作频率提高。

　　对于宽带信号的低频端,由于信号的波长远大于导线的长度,单位长度上的分布电感和分布电容都很小,很难像高频那样利用电能和磁能相互转换的方法传输能量,于是传输线模式失效,变压器模式发挥作用。当信号加入后,变压器模式是靠磁耦合方式传输能量的。由此可知,变压器的低频响应之所以下降,是因为初级电感量不够大,传输线变压器的磁环具有增大初级电感量的作用,因此,它的低频响应也有很大的改善。

总之,传输线变压器对不同频率是以不同的方式传输能量的,对于输入信号的高频频率分量,以传输线模式为主;对于输入信号的低频频率分量,以变压器模式为主,频率越低,变压器模式越突出。

3.6.2 宽频带传输线变压器电路

1. 1∶1 传输线变压器电路

图 3-20 所示的电路就是 1∶1 传输线变压器的原理电路,或称为倒相变压器电路。根据传输线理论,当传输线无损耗,且负载电阻 R_L 等于传输线特性阻抗 Z_C 时,传输线终端电压 $\dot{U}_2$ 与始端电压 $\dot{U}_1$ 的关系是

$$\dot{U}_2 = \dot{U}_1 \mathrm{e}^{-\mathrm{j}\alpha l} \tag{3-35}$$

式中:$\alpha = \dfrac{2\pi}{\lambda}$——传输线的相移常数,单位为 rad/m;

$\qquad\lambda$——波长;

$\qquad l$——传输线的长度。

如果传输线的长度相对很短,满足 $\alpha l \ll 1$,则 $\mathrm{e}^{-\mathrm{j}\alpha l} \approx 1$,于是 $\dot{U}_1 \approx \dot{U}_2$。同理,$\dot{I}_1 \approx \dot{I}_2$。在 2、3 端接地的情况下,负载电阻 R_L 获得了一个与输入端幅度相等、相位相反的电压。

由图 3-20 可以看出,传输线变压器与负载匹配的条件是 $R_L = Z_C$;信号源与传输线变压器匹配的条件是 $R_s = Z_C$。因此,1∶1 传输线变压器电路的最佳匹配条件是

$$R_s = R_L = Z_C \tag{3-36}$$

此时,负载电阻 R_L 获得最大的功率,即

$$P_o = I_2^2 R_L = I_1^2 R_L = \frac{U_s^2}{4Z_C} \tag{3-37}$$

在各种放大器中,负载电阻 R_L 等于信号源内阻的情况是很少的。因此,1∶1 传输线变压器电路很少用作阻抗匹配元件,大多数都是用作倒相器。

2. 1∶4 传输线变压器电路

由于传输线变压器的结构的限制,它不能像普通变压器那样,借助匝数比的改变来实现任何阻抗比的变换,而只能完成某些特定阻抗比的变换,如 4∶1、9∶1、16∶1,或者 1∶4、1∶9、1∶16 等。1∶4 是指传输线变压器电路的信号源内阻 R_s 是负载电阻 R_L 的 1/4,即 $R_s:R_L = 1:4$。图 3-22 所示的就是 1∶4 传输线变压器阻抗变换电路,图 3-22(a)所示的是接线图,图 3-22(b)和图 3-22(c)所示的是等效电路,Z_i、Z_o 分别是从信号源和负载往传输线变压器看的等效阻抗。

当 $\dot{U}_1 \approx \dot{U}_2$,$\dot{I}_1 \approx \dot{I}_2$ 时,在无损耗传输线变压器的最佳匹配条件下,可得

$$Z_i = \frac{\dot{U}_1}{\dot{I}_1 + \dot{I}_2} = \frac{\dot{U}_1}{2\dot{I}_1} = \frac{Z_C}{2}, \quad Z_o = \frac{\dot{U}_1 + \dot{U}_1}{\dot{I}_2} = \frac{2\dot{U}_1}{\dot{I}_1} = 2Z_C$$

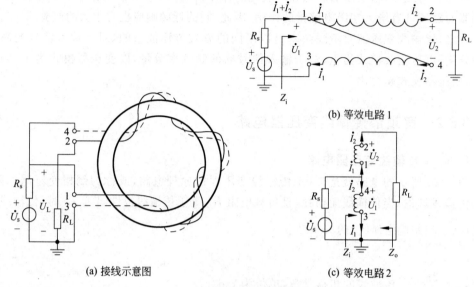

(a) 接线示意图   (b) 等效电路1

(c) 等效电路2

图 3-22   1：4 传输线变压器阻抗变换电路

因此，$R_L = Z_o = 2Z_C$，$R_s = Z_i = \dfrac{Z_C}{2}$，即 $R_s : R_L = 1 : 4$。

3. 4：1 传输线变压器阻抗变换电路

图 3-23 所示的是 4：1 传输线变压器阻抗变换电路，图 3-23(a)所示的是接线图，图 3-23(b)所示的是等效电路，Z_i、Z_o 分别是从信号源和从负载往传输线变压器看的等效阻抗。

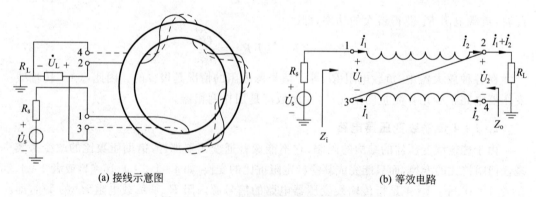

(a) 接线示意图   (b) 等效电路

图 3-23   4：1 传输线变压器阻抗变换电路

当 $\dot{U}_1 \approx \dot{U}_2$，$\dot{I}_1 \approx \dot{I}_2$ 时，在无损耗传输线变压器的最佳匹配条件下，可得

$$Z_i = \frac{\dot{U}_1 + \dot{U}_1}{\dot{I}_1} = \frac{2\dot{U}_1}{\dot{I}_1} = 2Z_C, \quad Z_o = \frac{\dot{U}_2}{\dot{I}_1 + \dot{I}_2} = \frac{\dot{U}_1}{2\dot{I}_1} = \frac{Z_C}{2}$$

因此，$R_L = Z_o = \dfrac{Z_C}{2}$，$R_s = Z_i = 2Z_C$，即 $R_s : R_L = 4 : 1$。

3.7　功率合成

利用传输线变压器构成一种混合网络,可以实现宽频带功率合成和功率分配的功能。

3.7.1　高频功率合成的一般概念

功率合成的原理是由 N 个相同的功率放大器,通过混合电路,使其输出功率在公共负载上叠加起来。图 3-24 所示的是一个输出 120W 的功率合成器的组成原理框图,它由功率放大器、功率分配网络和功率合成网络组成。

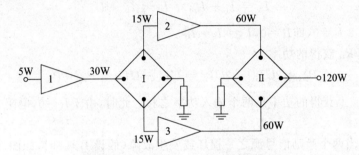

图 3-24　功率合成器的组成原理框图

对功率合成器的主要要求是:

(1) 如果每个放大器的输出幅度相等,供给匹配负载的额定功率均为 P_1,则 N 个放大器在负载上合成的总功率应该为 NP_1。

(2) 合成器的输入端应该彼此隔离,其中任何一个功率放大器损坏或出现故障时,对其他放大器无影响。

(3) 满足宽频带工作要求,在一定通频带范围内,功率输出要平稳,幅度不能变化太大,阻抗要保持匹配。

3.7.2　功率合成网络

1. 反相激励功率合成网络

利用传输线变压器组成的反相激励功率合成网络的原理电路如图 3-25 所示,A、B 两端施加反相激励电压。通常,$R_A = R_B = Z_C = R$,$R_C = Z_C/2$,$R_D = 2Z_C = 2R$,其中,Z_C 是传输线的特性阻抗。

根据电路的对称性,可得

$$\dot{I}_A = \dot{I}_B$$

在节点 A 和 B,由 KCL 可得

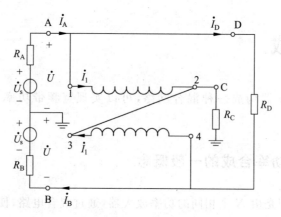

图 3-25 反相激励功率合成网络的原理电路

$$\dot{I}_A = \dot{I}_1 + \dot{I}_D, \quad \dot{I}_B = \dot{I}_D - \dot{I}_1$$

这两式相减得 $2\dot{I}_1 = 0$，即 $\dot{I}_1 = 0, \dot{I}_A = \dot{I}_B = \dot{I}_D$。

负载电阻 R_D 获得的功率为

$$P_D = 2UI_D = 2UI_A = UI_A + UI_B = P_A + P_B$$

即负载电阻 R_D 上获得的功率是两个输入功率之和。此时，由于 $\dot{I}_1 = 0$，电阻 R_C 获得的功率显然为零。

下面讨论当两个激励信号源之一损坏或发生故障(假设 B 端)时，如图 3-26 所示，功率合成器的工作情况。

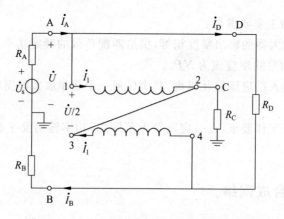

图 3-26 B 端出故障或损坏时的功率合成网络

由于 A、B 两端不再对称，所以 $\dot{I}_A \neq \dot{I}_B$，但是 $\dot{I}_A = \dot{I}_1 + \dot{I}_D, \dot{I}_B = \dot{I}_D - \dot{I}_1$。

从功率等效的角度，把负载电阻 R_D 从传输线变压器的 1、4 端等效到 1、2 端的电阻为 R'_D，即 $R'_D = R_D/4 = Z_C/2 = R_C$。此时，相当于 A 端电压加在两个相等的电阻 R_C 和 R'_D 串联的支路上，每个电阻两端的电压为 $0.5\dot{U}$，即 C 端的电位为 $0.5\dot{U}$，即 $\dot{V}_C = 0$；2、4 端的电压等于 1、3 端的电压(传输线理论)，即 $\dot{U}_{13} = \dot{U}_{24} = 0.5\dot{U}$。也就是说，$\dot{U}_{24} = \dot{V}_C$，因此

4 端的电位为零,即 $\dot{V}_B = 0$。因此,$\dot{I}_B = 0$,$\dot{I}_D = \dot{I}_1$,$\dot{I}_A = 2\dot{I}_D = 2\dot{I}_1$。此时,负载电阻 R_D 上获得的功率为

$$P_D = I_D U = \frac{I_A U}{2} = \frac{P_A}{2}$$

R_C 上获得的功率为

$$P_C = \frac{2I_1 U}{2} = \frac{I_A U}{2} = \frac{P_A}{2}$$

所以,当 B 端损坏或发生故障时,B 端激励信号源相当于开路或短路,功率合成器也能正常工作,只是 A 端的激励功率被负载电阻 R_D 和假负载电阻 R_C 各分一半。

2. 同相激励合成网络

利用传输线变压器组成的同相激励功率合成网络的原理电路如图 3-27 所示,A、B 两端施加同相激励电压。通常,$R_A = R_B = Z_C = R$,$R_C = Z_C/2$,$R_D = 2Z_C = 2R$,其中,Z_C 是传输线的特性阻抗。

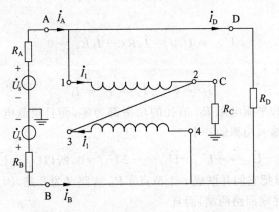

图 3-27　同相激励功率合成网络的原理电路

根据电路的对称性,可得

$$\dot{I}_A = \dot{I}_B$$

在节点 A 和 B,由 KCL 可得

$$\dot{I}_A = \dot{I}_1 + \dot{I}_D, \quad \dot{I}_B = \dot{I}_1 - \dot{I}_D$$

这两式相减得 $2\dot{I}_D = 0$,即 $\dot{I}_D = 0$,$\dot{I}_A = \dot{I}_B = \dot{I}_1$。

R_C 获得的功率为

$$P_C = (2I_1)^2 R_C = 2I_1^2 R = I_A^2 R + I_B^2 R = P_A + P_B$$

即负载电阻 R_D 上获得的功率是两个输入功率之和。此时,由于 $\dot{I}_D = 0$,R_D 获得的功率显然为零。

同理,当其中一个激励信号源为零时,负载电阻 R_C 和假负载 R_D 电阻将平分另一个激励信号源的功率。

3.7.3 功率分配网络

最常见的功率分配网络是功率二分配器,如图 3-28 所示,其中,传输线变压器的阻抗变换比为 4∶1。当信号源向网络输入功率为 P 时,负载电阻 R_A、R_B 上获得的功率都是 $P/2$。通常,$R_A = R_B = Z_C = R$,$R_C = Z_C/2$,$R_D = 2Z_C = 2R$,其中,Z_C 是传输线的特性阻抗。

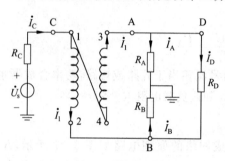

图 3-28 功率二分配器

根据传输线理论,当传输线变压器为理想元件的时候,在其最佳匹配条件下,流过两个线圈的电流大小相等,方向如图 3-28 所示,且输入电压和输出电压相等,即 $\dot{U}_{13} = \dot{U}_{24}$。由电路的对称性可得 $\dot{I}_A = \dot{I}_B$。A、B 两端或 R_D 两端的电压为

$$\dot{U}_{AB} = \dot{U}_{DB} = \dot{I}_A R_A - \dot{I}_B R_B = 0$$

因此

$$\dot{I}_D = 0, \quad \dot{I}_A = \dot{I}_B = \dot{I}_1$$

所以,传输线变压器和平衡电阻 R_D 消耗的功率都为零,而且负载电阻 R_A 和 R_B 消耗的功率相同,各为网络输入功率的一半。

由于 $\dot{U}_{AB} = -\dot{U}_{24} - \dot{U}_{43} = -\dot{U}_{24} - \dot{U}_{13} = -2\dot{U}_{13} = 0$,所以 $\dot{U}_{13} = \dot{U}_{24} = 0$,即 A、B 和 C 3 点为等电位点,可以把它们并联成一个节点。R_D 支路又为开路,因此,信号源相当于直接加在 R_A 和 R_B 的并联回路两端,而且

$$P_A = P_B = I_A^2 R_A = I_1^2 R$$

$$= 0.25 I_C^2 R = 0.5 I_C^2 \cdot \frac{R}{2} = \frac{P_C}{2}$$

由以上分析可见,负载电阻 R_A 和 R_B 平分了信号源的输入功率,就是实现了功率二分配。

如果负载电阻 R_A 和 R_B 之一出现故障,比如 R_B 开路,电路的对称性就不存在了,如图 3-29 所示。由该图可见,$\dot{I}_A = 2\dot{I}_1$,$\dot{I}_D = -\dot{I}_1$,$\dot{I}_C = 2\dot{I}_1$,因此,$\dot{I}_C = \dot{I}_A = 2\dot{I}_1$。A、B 点的电位分别为

$$\dot{V}_A = 2\dot{I}_1 R, \quad \dot{V}_B = \dot{V}_A - \dot{I}_D R_D = 4\dot{I}_1 R$$

传输线变压器两端的电压分别为

$$\dot{U}_{13} = \dot{U}_{24} = \frac{\dot{U}_{13} + \dot{U}_{24}}{2} = \frac{\dot{U}_{24} + \dot{U}_{43}}{2}$$

$$= \frac{\dot{V}_B - \dot{V}_A}{2} = 2\dot{I}_1 R$$

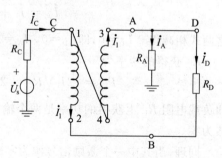

图 3-29 R_B 出故障时的功率
二分配器电路

C 点的电位为

$$\dot{V}_C = \dot{U}_{13} + \dot{V}_A = 4\,\dot{I}_1 R$$

通过 R_C 的电流为

$$\dot{I}_C = \frac{\dot{U}_s - \dot{V}_C}{R_C} = \frac{\dot{U}_s - 4\,\dot{I}_1 R}{0.5R} = 2\,\dot{I}_1$$

因此

$$\dot{I}_1 = \frac{\dot{U}_s}{5R}$$

电阻 R_A 和 R_D 获得的功率分别为

$$P_A = I_A^2 R_A = (2I_1)^2 R = \frac{4U_s^2}{25R}, \quad P_D = I_D^2 R_D = I_1^2 \cdot 2R = \frac{2U_s^2}{25R}$$

由此可见,虽然两个负载之一出现了故障,但是,另一个负载仍然能得到一部分功率,只是比没有出现故障的时候功率小些,这是因为信号源与传输线变压器失配了。

本章小结

本章首先介绍了高频功率放大器的技术指标及其分类。然后详细讨论了高频谐振功率放大器的基本电路、工作原理、折线分析法、集电极余弦电流脉冲的分解方法、高频功率放大器的功率与效率的计算。接着简要介绍了高频功率放大器的负载特性、各级电压的变化对高频功率放大器工作状态的影响、高频功率放大电路的基本组成、丙类倍频器。最后介绍了宽频带高频功率放大器的特点、高频传输线变压器的特点及原理、功率合成的基本原理。

通过本章的学习,读者可以掌握高频功率放大器的分析方法和技术指标的计算方法,了解宽频带高频功率放大器、高频传输线变压器、功率合成的基本概念。

思考题与习题

3.1　为什么高频功率放大器一般要工作于乙类或丙类状态?为什么采用谐振回路作负载?为什么负载回路的谐振频率要等于工作频率?

3.2　为什么低频功率放大器不能工作于丙类状态?而高频功率放大器可以工作于丙类状态?

3.3　丙类高频功率放大器的动态特性曲线与低频甲类功率放大器的负载线有什么区别?为什么会产生这些区别?动态特性的含义是什么?

3.4　在某一晶体管谐振功率放大器中,已知集电极电源电压 $V_{CC}=24\text{V}$,集电极脉冲电流中的直流分量 $I_{C0}=200\text{mA}$,输出功率 $P_o=4\text{W}$,电压利用系数 $\xi=0.95$。试求:集电极电源电压 V_{CC} 提供的功率 $P_=$、集电极效率 η_c、谐振电阻 R_p、集电极脉冲电流

中的基波分量振幅 I_{c1m} 和通角 θ_c。

3.5 某晶体管谐振功率放大器工作于临界状态,谐振电阻 $R_p=200\Omega$,集电极脉冲电流中的直流分量 $I_{C0}=300\text{mA}$,集电极电源电压 $V_{CC}=30\text{V}$,通角 $\theta_c=80°$。试求输出功率 P_o 和集电极效率 η_c。

3.6 谐振功率放大器的集电极电源电压 V_{CC}、谐振回路两端电压振幅 U_{cm} 和谐振电阻 R_p 保持不变,当通角 θ_c 由 $100°$ 减少为 $60°$ 时,效率变化了多少?相应的集电极电流脉冲的振幅 I_{CM} 变化了多少?

3.7 某一谐振功率放大器的晶体管的饱和临界线跨导 $g_{cr}=0.8\text{S}$,选定集电极电源电压 $V_{CC}=24\text{V}$,通角 $\theta_c=70°$,集电极电流脉冲的振幅 $I_{CM}=2.2\text{A}$,并工作于临界工作状态。试求:集电极电源电压 V_{CC} 提供的功率 $P_=$、集电极效率 η_c、谐振电阻 R_p、输出功率 P_o 和集电极耗散功率 P_c。

3.8 高频功率放大器的欠压、临界、过压状态是如何区分的?各有什么特点?当 4 个外界因素,即集电极电源电压 V_{CC}、基极电源电压 V_{BB}、谐振回路两端的电压振幅 U_{cm} 和负载电阻 R_L 只变化其中一个时,放大器的工作状态将如何变化?

3.9 某高频功率放大器的晶体管的理想化输出特性如题 3.9 图所示。已知集电极电源电压 $V_{CC}=12\text{V}$,基极电源电压 $V_{BB}=0.4\text{V}$,输入电压信号 $u_b(t)=0.3\cos(\omega t)$,谐振回路两端的电压信号 $u_c(t)=10\cos(\omega t)$。

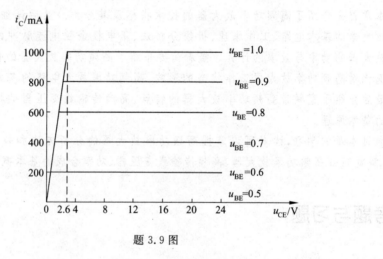

题 3.9 图

试求:

(1) 作动态特性,画出 $i_C(t)$ 与 $u_c(t)$ 的波形,并说明放大器工作于什么状态。

(2) 集电极电源电压 V_{CC} 提供的功率 $P_=$、集电极效率 η_c、输出功率 P_o 和集电极耗散功率 P_c。

3.10 某高频功率放大器工作于临界状态,输出功率 $P_o=3\text{W}$,集电极电源电压 $V_{CC}=24\text{V}$,通角 $\theta_c=76°$。已知晶体管的饱和临界线跨导 $g_{cr}=0.5\text{S}$,晶体管转移特性曲线斜率 $g_c=0.2\text{S}$,导通电压 $U_{bz}=0.6\text{V}$。试求:集电极电流脉冲的振幅 I_{CM}、集电极脉冲电流中的直流分量 I_{C0}、集电极脉冲电流中的基波分量振幅 I_{c1m}、集电极电

源电压 V_{CC} 提供的功率 $P_=$、集电极效率 η_c、谐振电阻 R_p、基极电源电压 V_{BB} 和输入电压信号 $u_b(t)$ 的振幅 U_{bm}。

3.11 某高频谐振功率放大器原来工作于临界状态，它的通角 $\theta_c = 76°$，输出功率 $P_o = 3W$，集电极效率 $\eta_c = 60\%$。后来由于某种原因，性能发生变化。经实测发现集电极效率 η_c 增加到 68%，而输出功率明显下降，但集电极电源电压 V_{CC}、发射结电压的最大值 u_{BEmax} 和谐振回路两端的电压振幅 U_{cm} 不变，试分析原因，并计算这时的实际输出功率 P_o 和通角 θ_c。

3.12 某谐振功率放大器原工作于欠压状态。现在为了提高输出功率，将放大器调整到临界状态。试问：可通过分别改变哪些量来实现？当改变不同的量调到临界状态时，放大器的输出功率是否都一样大？

3.13 有一个谐振功率放大器工作于临界状态，已知集电极电源电压 $V_{CC} = 30V$，基极电源电压 $V_{BB} = 0.6V$，导通电压 $U_{bz} = 0.6V$，输入电压信号 $u_b(t)$ 的振幅 $U_{bm} = 0.35V$，电压利用系数 $\xi = 0.96$，晶体管的饱和临界线跨导 $g_{cr} = 0.4S$。试求：集电极电源电压 V_{CC} 提供的功率 $P_=$、集电极效率 η_c、谐振电阻 R_p、输出功率 P_o 和集电极耗散功率 P_c。

3.14 谐振功率放大器工作于临界状态，集电极电源电压 $V_{CC} = 18V$，晶体管的饱和临界线跨导 $g_{cr} = 0.6S$，通角 $\theta_c = 90°$。若输出功率 $P_o = 1.8W$，试计算：集电极电源电压 V_{CC} 提供的功率 $P_=$、集电极效率 η_c、谐振电阻 R_p 和集电极耗散功率 P_c。若通角 θ_c 减小到 $80°$，它们又为何值？

3.15 题 3.15 图所示的是谐振功率放大器的 L 型输出回路。已知天线等效电阻 $r_A = 50\Omega$，线圈的空载品质因数 $Q_0 = 100$，工作频率为 2MHz。若放大器要求匹配阻抗 $R_p = 400\Omega$，试求：电感 L 和电容 C 的值。

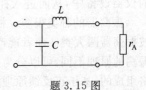

题 3.15 图

3.16 某谐振功率放大器的基极电源电压 $V_{BB} = -0.2V$，导通电压 $U_{bz} = 0.6V$，晶体管的饱和临界线跨导 $g_{cr} = 0.4S$，集电极电源电压 $V_{CC} = 24V$，谐振电阻 $R_p = 50\Omega$，输入电压信号 $u_b(t)$ 的振幅 $U_{bm} = 1.6V$，输出功率 $P_o = 1W$。求集电极电流最大值 I_{CM}、输出电压振幅 U_{cm} 和集电极效率 η_c，并判断放大器工作于什么状态。在电源、输入信号和晶体管的参数不变的情况下，当谐振电阻 R_p 变为何值时，放大器工作于临界状态？这时，输出功率 P_o、集电极效率 η_c 分别为何值？

3.17 晶体管倍频器一般工作在什么状态？简述倍频器的基本工作原理。

CHAPTER 4

正弦波振荡器

4.1　概述

　　振荡器是一种能自动地将直流电能转换为一定波形的交变振荡信号能量的电路,它与放大器的区别在于无须外加激励信号,就能产生具有一定频率、一定波形和一定振幅的交流信号。各种各样的振荡器广泛应用于电子技术领域。在发送设备中,利用振荡器作为载波产生电路,然后进行电压放大、调制和功率放大等处理,把已调波发射出去。在超外差式接收机中,利用振荡器产生本地振荡信号,通过混频器得到中频信号。在教学实验及电子测量仪器中,正弦波振荡器是必不可少的基准信号源;在自动控制中,振荡电路用来完成监控、报警、无触点开关控制以及定时控制;在医学领域,振荡电路可以产生脉冲电压,用于消除疼痛和疏通经络;在机械加工中,振荡电路产生的超声波用于材料探伤。随着电子技术的不断发展,振荡电路已成为一个实用功能电路而被应用到各种各样的仪器设备中,从而进入社会的各个领域。

　　振荡器的种类很多。根据所产生的波形不同,可将振荡器分成正弦波振荡器和非正弦波振荡器两大类。前者能产生正弦波,后者能产生矩形波、三角波和锯齿波等。根据产生振荡的原理不同,可以分为反馈型振荡器和负阻型振荡器。前者是利用有源器件和选频网络组成的、基于正反馈原理的振荡电路,而后者是由一个呈现负阻特性的元器件与选频网络组成的振荡电路。常用的正弦波振荡器主要由决定振荡频率的选频网络和维持振荡的正反馈放大器组成。按照选频网络所采用元件的不同,正弦波振荡器可分为 LC 振荡器、RC 振荡器和晶体振荡器等类型,其中,LC 振荡器和晶体振荡器用于产生高频正弦波,RC 振荡器用于产生低频正弦波。正反馈放大器既可以由晶体管、场效应管等分立器件组成,也可以由集成电路组成,但前者的性能可以比后者做得好些,且工作频率可以做得更高。

　　本章介绍高频振荡器时以分立器件为主,介绍低频振荡器时以集成运放为主。正弦波振荡器的主要性能指标是振荡频率、频率稳定度、振荡幅度和振荡波形等。

4.2　反馈型 LC 正弦波振荡器

4.2.1　反馈型 LC 正弦波振荡器的组成

　　反馈型 LC 正弦波振荡器是一种应用比较普遍的振荡器。正弦波振荡器的任务是在没有外加激励的条件下,产生某一频率的、等幅度的正弦波信号。要产生某个频率的正弦波信号(单频信号),必须具有决定振荡频率的选频网络。振荡器没有外加激励,电路本身也要消耗能量。因此,要从无到有输出并维持一定幅度的正弦波电压信号,必须有一个向电路提供能量的能源和一个放大器。如果补充的能量超过了消耗的能量,输出信号的振幅会增加;反过来,如果补充的能量低于消耗的能量,输出信号的振幅就会衰减。输出信号稳定的振幅,意味着补充的能量与消耗的能量相等,形成了一个动态的平衡。另外,能量的补充必须适时地进行,既不能提前,也不能滞后,因为提前或滞后都会使振荡频率发生变化。也就是说,振荡器中必须有一种能够自动地调节补充能量多少和控制补充时间早晚的机构,前一项任务由放大器来完成,而后一项任务由选频网络和正反馈网络来实现。

因此,反馈型 LC 正弦波振荡器的原理方框图如图 4-1 所示,它至少包括以下 3 个部分。

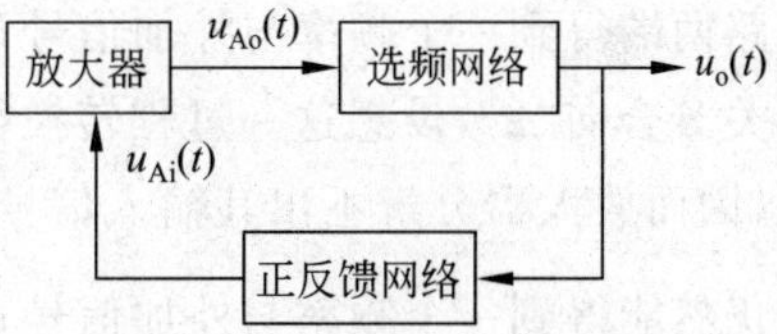

(1)一个具有一定功率增益的放大器。振荡器不但要对外输出功率,而且还要通过反馈网络,供给自身的输入功率。因此,它必须有功率增益。当然,能量的来源与放大器一样,是由直流电源供给的。

图 4-1　反馈型 LC 正弦波振荡器的原理方框图

(2)一个正反馈网络。要使电路产生振荡,必须对放大器引入正反馈,以满足自激振荡的相位条件。

(3)一个选频网络。振荡器输出频率主要由选频网络来决定。

4.2.2　起振条件和平衡条件

从接通电源开始,反馈型正弦波振荡器的输出信号从无到有,最后维持在一个比较稳定的振幅,这些都需要满足一定的条件才行;否则,要么振荡不能建立起来,要么振荡不能维持稳定的振幅。这些条件包括振荡器的起振条件、平衡条件和稳定条件。

为了说明反馈型 LC 正弦波振荡器的工作原理和讨论振荡器的起振条件、平衡条件、稳定条件,以互感耦合振荡器为例,如图 4-2 所示。其中,S 是单刀双掷开关,$\dot{U}_i$ 是外加正弦波信号源。其他电路被分成了 3 个部分:放大器、选频网络和反馈网络。放大器主

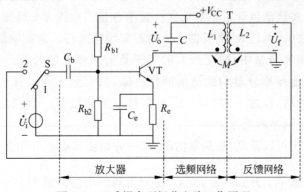

图 4-2　互感耦合型振荡电路工作原理

要由晶体管 VT,直流偏置电阻 R_{b1}、R_{b2} 和 R_e,高频耦合电容 C_b 和高频旁路电容 C_e 组成。选频网络主要由变压器 T 的原边线圈电感 L_1 和回路电容 C 组成,其谐振频率等于 $\dot{U}_i$ 的工作频率。反馈网络主要由变压器 T 的副边线圈电感 L_2 组成。如果开关 S 合向"1"点,则这个电路就是一个高频小信号放大器。如果开关 S 合向"2"点,则这个电路就是一个振荡器,反馈网络的输出信号 $\dot{U}_f$ 相当于是放大器的输入信号。

一般来说,反馈网络的输出信号 $\dot{U}_f$ 不一定等于外加正弦波信号 $\dot{U}_i$。但是,如果变压器 T 的两个线圈的耦合度和同名端调整合适,那么,可以使反馈输出信号 $\dot{U}_f$ 与外加信号 $\dot{U}_i$ 不仅幅度相等,而且相位相等,即 $\dot{U}_f = \dot{U}_i$。此时,如果开始将开关 S 合向"1",在选频回路两端得到一个频率与外加信号 $\dot{U}_i$ 的频率相等的、有一定幅度的信号 $\dot{U}_o$,然后迅速将开关 S 合向"2",设想这一过程转换得非常快,以致全部电路的工作状态没有发生任何变化,因而放大器分辨不出其输入信号是来自外加信号源还是反馈网络,这样,选频回路两端仍然能得到一个频率与外加信号 $\dot{U}_i$ 的频率相等的、有一定幅度的信号 $\dot{U}_o$,这就是振荡器的输出信号。

事实上,振荡器并不需要外加信号源和开关。在正常情况下,只要一接通电源,振荡器的输出信号很快就会自动建立起来,并且能够稳定地维持下去。

在电源开关闭合的瞬间,振荡器的各级电流从无跳变到某一数值,跳变的电流在选频网络两端产生正弦波信号电压,并通过变压器反馈到晶体管的基极,这就是放大器最初的激励信号。尽管最初的激励信号非常微弱,但是,通过不断地放大、选频、反馈、再放大、再选频、再反馈等多次循环,一个与选频网络的固有谐振频率相同的正弦波信号就由小到大增长起来,不久以后就形成了与选频网络的固有谐振频率相同的、具有一定幅度的正弦波信号。

在振荡器起振之后,输出信号的振幅不会无限制地增长,而是达到一定幅度以后,自动地稳定到某一个数值。这个自动限幅的机理将在后续的内容中阐述。

1. 起振条件

当刚接通电源时,振荡电路中总会存在各种电的扰动。例如接通电源瞬间的电流突变、内部噪声等,这些扰动包含了非常丰富的频率分量。由图 4-1 可知,这些分量经过放大、选频、反馈、再放大、再选频、再反馈……周而复始地进行。选频网络是一个窄带的带通滤波器,输出的频率分量中,幅度最大的等于其谐振频率的分量。所以,经过多次反馈、放大和选频,其他频率分量均被选频网络滤除,只有频率等于其谐振频率的分量存在。因此,接通电源后,经过一定的时间,振荡器从无建立起一个稳定的正弦波输出信号,其频率等于选频网络的谐振频率。

通过以上的分析可以看到,振荡器的起振,一方面要求必须有正反馈,另一方面要求输出信号的幅度需从零上升到一定大小。设放大器的增益向量为 $\dot{A} = \dfrac{\dot{U}_{Ao}}{\dot{U}_{Ai}} = Ae^{j\varphi_A}$,反馈

网络的反馈系数 $\dot{F} = \dfrac{\dot{U}_{\mathrm{io}}}{\dot{U}_{\mathrm{o}}} = Fe^{j\varphi_{\mathrm{F}}}$，振荡器的起振条件如下所述。

(1) 相位起振条件

$$\varphi_{\mathrm{AF}} = \varphi_{\mathrm{A}} + \varphi_{\mathrm{F}} = 2n\pi, \quad n \in Z \tag{4-1}$$

(2) 振幅起振条件

$$AF > 1 \tag{4-2}$$

式中：φ_{A}——放大器的相移；

φ_{F}——反馈网络的相移；

φ_{AF}——放大器和反馈网络的总相移；

A——放大器的起始增益幅值；

F——反馈网络的反馈系数幅值。

在实际工作中，只要判断出反馈网络属于正反馈，就可以认为电路满足了相位起振条件。一般来说，不易判断是否满足振幅起振条件，但总是可以调整三极管或场效应管的静态工作点到放大区，而且可以选择具有较高共射电流放大倍数 β 或跨导 g_{m} 的管子。

2. 平衡条件

式(4-2)中的 A 是指振荡器接通电源瞬间其放大器的电压增益模值，此时的晶体管放大器工作在小信号线性放大状态，A 为常数。起振之后的物理现象就有所不同了。放大器的电压增益不仅与工作频率有关，而且与输出正弦波信号的振幅有关。由于自给偏置的作用，振荡器起振之后，随着输出正弦波信号振幅的增大，晶体管放大器很快就由线性工作状态转换到非线性的甲、乙类，甚至丙类工作状态。此时，应该把晶体管当成非线性器件来看待。

在图 4-2 中，把负载谐振阻抗上得到的基波电压 $\dot{U}_{\mathrm{c1}}$ 与基极输入电压 $\dot{U}_{\mathrm{b}}$ 之比定义为平均电压倍数 $\dot{A}$，即

$$\dot{A} = \frac{\dot{U}_{\mathrm{c1}}}{\dot{U}_{\mathrm{b}}} = \frac{\dot{I}_{\mathrm{c1}} R_{\mathrm{p}}}{\dot{U}_{\mathrm{b}}} \tag{4-3}$$

式中：R_{p}——回路的谐振电阻。

根据第 3 章的式(3-14)和式(3-18)可得

$$I_{\mathrm{c1m}} = I_{\mathrm{CM}}\alpha_1(\theta_{\mathrm{c}}) = g_{\mathrm{c}}U_{\mathrm{bm}}(1 - \cos\theta_{\mathrm{c}})\alpha_1(\theta_{\mathrm{c}}) = g_{\mathrm{c}}U_{\mathrm{bm}}\gamma_1(\theta_{\mathrm{c}}) \tag{4-4}$$

式中：$\gamma_1(\theta_{\mathrm{c}}) = (1 - \cos\theta_{\mathrm{c}})\alpha_1(\theta_{\mathrm{c}})$——余弦脉冲分解系数的另一种表示形式。

将式(4-4)代入式(4-3)，可得

$$\dot{A} = A = g_{\mathrm{c}}R_{\mathrm{p}}\gamma_1(\theta_{\mathrm{c}}) = A_0\gamma_1(\theta_{\mathrm{c}}) \tag{4-5}$$

式中：$A_0 = g_{\mathrm{c}}R_{\mathrm{p}}$——小信号线性放大器的电压增益模值。

对于乙类工作状态，通角 $\theta_{\mathrm{c}} = 90°$，$\gamma_1(\theta_{\mathrm{c}}) = \gamma_1\left(\dfrac{\pi}{2}\right) = \dfrac{1}{2}$；对于丙类工作状态，通角 $\theta_{\mathrm{c}} = 70° \sim 80°$，$\gamma_1(\theta_{\mathrm{c}}) = 0.3 \sim 0.4$。由此可见，振荡器起振之后，随着输出正弦波信号的振幅不断增大，放大器的工作状态由甲类向乙类，甚至丙类过渡，因此，平均电压倍数 $\dot{A}$ 的

模值不断下降。至于反馈系数 $\dot{F}$，完全由无源线性网络决定，与输出正弦波信号的振幅无关。

电路起振时，$AF > 1$。电路起振后，振荡的幅度将不断增大，而放大器的电压增益由 A 不断地减小，直到一定时间后，$AF = 1$。当 $AF = 1$ 时，输出信号的振幅要稳定到某一值，在某点处于平衡状态。因此，要求振荡器在满足正反馈相位条件的同时，必须要求电路中放大器的电压增益模值 A 等于反馈网络的反馈系数幅值的倒数，即要求 $A = 1/F$，才能建立起平衡。由以上分析可以得出振荡电路的平衡条件。

（1）相位平衡条件

$$\varphi_{AF} = \varphi_A + \varphi_F = 2n\pi, \quad n \in Z \tag{4-6}$$

（2）振幅平衡条件

$$AF = 1 \tag{4-7}$$

式(4-7)表达的振幅平衡条件说明，在平衡状态时，输出正弦波信号的振幅的闭环增益（电压增益或电流增益）等于1。也就是说，在平衡状态时，反馈信号 $\dot{U}_f$ 的振幅 U_f 等于外加信号 $\dot{U}_i$ 的振幅 U_i，即 $U_f = U_i$。式(4-6)表达的相位平衡条件说明，在平衡状态时，环路的总相移为零或为 $2n\pi$。也就是说，在平衡状态时，反馈信号 $\dot{U}_f$ 的相位 φ_f 等于外加信号 $\dot{U}_i$ 的相位 φ_i，即 $\varphi_f = \varphi_i$。

只有同时满足式(4-6)和式(4-7)，振荡器才可能产生一个具有稳定输出的振荡信号。式(4-6)和式(4-7)表达的振荡器的平衡条件可以适用于任何类型的反馈振荡器，它们是研究振荡器的理论基础。同时，利用振幅平衡条件，可以确定振荡器输出信号的振幅；利用相位平衡条件，可以确定振荡器输出信号的频率。

实际上，由于晶体管少数载流子通过基区时需要一定的扩散时间，因此，晶体管集电极电流 $\dot{I}_c$ 总是滞后基极输入电压 $\dot{U}_i$。也就是说，在环路总相移中，有一部分是晶体管本身产生的，用 φ_Y 表示。这样，放大器的相移 φ_A 就可以分成晶体管本身产生的相移 φ_Y 和集电极负载回路产生的相移 φ_Z 两部分，即 $\varphi_A = \varphi_Y + \varphi_Z$。因此，式(4-6)又可以表示为

$$\varphi_Y + \varphi_Z + \varphi_F = 2n\pi, \quad n \in Z \tag{4-8}$$

由于反馈网络往往是无源线性网络，比如变压器、电阻等，产生的相移 φ_F 可以认为是零。式(4-8)也说明，如果晶体管本身产生的相移 φ_Y 等于零，那么，在平衡状态时，集电极负载回路产生的相移 φ_Z 就是零或 $2n\pi$，即振荡器输出信号的振荡频率就是集电极负载回路的固有谐振频率。但是，一般情况下，晶体管本身产生的相移 φ_Y 并不为零，而其绝对值是一个比较小的值。因此，振荡器的振荡回路总是处于微小失谐状态。由于失谐轻微，为了简化起见，在后面的讨论中，只要不是分析振荡器的相位关系，都近似地认为回路是谐振的，并且用回路的固有谐振频率来估算振荡器输出信号的频率。

3. 稳定条件

振荡器的平衡条件只能说明振荡可能平衡在某一状态，而不能说明振荡器的平衡能否稳定和持久。因此，为了让振荡器稳定地工作，只满足平衡条件是不够的，或者说，平衡条件是建立振荡的必要条件，而不是充分条件。

　　对于平衡与稳定之间的关系,可以用图 4-3 来形象地说明。在图 4-3 中,将一个小球分别放在凸面和凹面上,如图 4-3(a)和图 4-3(b)所示。在这两种情况下,都能够找到一个平衡点,使小球不会滚动离开。显然,图 4-3(a)中的平衡点在凸面的最高点,而图 4-3(b)中的平衡点在凹面的最低点。在图 4-3(a)中,只要稍有外因干扰,由于重力的作用,小球就会离开平衡点,而且,就算外因消除,小球再也回不到原来的平衡点了,所以,这是一种平衡但不稳定的情形。在图 4-3(b)中,只要有"风吹草动",小球也会暂时离开平衡点,但是,由于重力的作用,只要外因消除,它又会自动回到原来的平衡点,所以,这是一种平衡且稳定的情形。

(a) 平衡但不稳定　　　　　　　　(b) 平衡且稳定

图 4-3　平衡与稳定的关系

　　对于满足平衡条件的振荡器来说,也存在图 4-3 所示的两种情形,一种是平衡但不稳定,另一种是平衡且稳定。当振荡达到平衡状态时,电路不可避免地要受到外部因素(如电源电压、温度和湿度等)和内部因素(如噪声)变化的影响,这些因素将有可能破坏已有的平衡条件。所谓振荡器的稳定平衡,是指因某些外因或内因的变化,振荡器的原平衡条件遭到破坏,振荡器能在新的条件下建立新的平衡;当外因或内因恢复时,振荡器能自动返回原平衡状态。平衡的稳定条件包括振幅稳定条件和相位稳定条件。

1) 振幅平衡的稳定条件

　　图 4-4 所示的是反馈型正弦波振荡器中放大器的电压增益模值 A 和输出信号振幅 U_o 的关系图,Q 点是原平衡点,Q_1 和 Q_2 是新的平衡点,$U_{\text{o}Q}$、$U_{\text{o}Q1}$ 和 $U_{\text{o}Q2}$ 是它们对应的输出信号振幅。

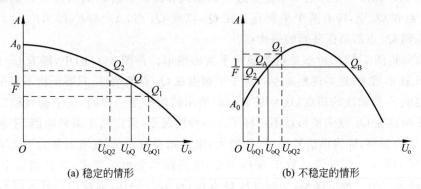

(a) 稳定的情形　　　　　　　　　　(b) 不稳定的情形

图 4-4　振荡器振幅平衡稳定条件的示意图

　　(1) 分析图 4-4(a)所示的情形。把式(4-7)表示的振幅平衡条件写成 $A=1/F$。其中,A 是放大器的电压增益模值,F 是反馈网络的反馈系数。由前面的分析知道,电压增

益模值 A 是输出信号振幅 U_o 的函数。在图 4-4(a) 中,接通电源时,$A_0 > A$,满足起振的振幅条件。起振后,随着输出信号振幅的增大,放大器的电压增益模值逐渐减小。当输出信号振幅 U_o 达到一定程度后,晶体管工作状态进入饱和区或截止区,电压增益模值 A 迅速下降。而反馈系数 F 仅取决于无源线性网络,与输出信号振幅 U_o 无关。所以,在该图中,电压增益模值 A 随输出信号振幅 U_o 的增大而减小,反馈系数 F 的倒数 $1/F$ 保持不变。电压增益模值 A 的曲线和反馈系数 F 的倒数 $1/F$ 的曲线的交点为 Q 点。在 Q 点,$A = 1/F$,即 $AF = 1$。也就是说,Q 点就是振荡器的平衡点。

虽然 Q 点是平衡点,但它是否是稳定的平衡点,还需要讨论振荡器在受到外因或内因的干扰之后,是否能够恢复原来的平衡状态。一种情况是,假定由于某种原因,平衡点从 Q 点往 Q_1 方向偏移,即输出信号振幅 U_o 增大,电压增益模值 A 减小且小于 $1/F$。也就是说,此时 $AF < 1$,而反馈系数 F 保持不变,于是振幅自动衰减且回到原平衡点(Q 点)。另一种情况是,平衡点从 Q 点往 Q_2 方向偏移,输出信号振幅 U_o 减小,电压增益模值 A 增大且大于 $1/F$。也就是说,此时 $AF > 1$,而反馈系数 F 保持不变,于是振幅会自动增大且回到原平衡点(Q 点)。因此,对于图 4-4(a) 所示的情形,无论是什么干扰因素,只要干扰消除,振荡器就会重新回到原来的平衡状态。

所以,图 4-4(a) 所示是稳定的情形。这种振荡器能够自动起振、自动维持平衡状态的现象,称为软自激。

(2) 分析图 4-4(b) 所示的情形。在图 4-4(b) 中,接通电源时 $A_0 < A$,不满足起振的振幅条件。这种情况往往是由于静态工作点取得不合适,太靠近截止区,甚至发射结反向偏置而造成的。这种振荡器不能自动起振,必须在起振时额外加一个冲击信号,使其到达 Q_A 点(平衡点)。对于这种振荡器,需要预先施加一个冲击信号才能有起振的现象,称为硬激励。起振后,随着输出信号振幅的增大,放大器的电压增益模值逐渐增大,然后又逐渐减小。而反馈系数 F 仅取决于无源线性网络,与输出信号振幅 U_o 无关。所以,在该图中,前一部分曲线属于电压增益模值 A 随输出信号振幅 U_o 增大而增大的情形,后一部分曲线属于电压增益模值 A 随输出信号振幅 U_o 增大而减小的情形。而反馈系数 F 的倒数 $1/F$ 保持不变。电压增益模值 A 的曲线和反馈系数 F 的倒数 $1/F$ 的曲线的交点为 Q_A 点和 Q_B 点,即有两个平衡点。在 Q_A 点或 Q_B 点,$A = 1/F$,即 $AF = 1$。也就是说,Q_A 点和 Q_B 点都是振荡器的平衡点。

下面分析图 4-4(b) 所示是否为稳定平衡的情形。在图 4-4(b) 中,随着 U_o 的增大,开始时 A 逐渐增大,然后逐渐减小。对于平衡点在 Q_B 点的情形,只要干扰不至于超过电压增益模值 A 的曲线的顶点,这与图 4-4(a) 所示的情形是一样的,是平衡且稳定的。但是对于平衡点在 Q_A 点的情形就不一样了。一种情况是,假定由于某种原因,平衡点从 Q 点往 Q_1 方向偏移,即输出信号振幅 U_o 增大,电压增益模值 A 也增大且大于 $1/F$。也就是说,此时 $AF > 1$,而反馈系数 F 保持不变,于是振幅会继续增大,而且离原平衡点(Q 点)越来越远。另一种情况是,平衡点从 Q 点往 Q_2 方向偏移,即输出信号振幅 U_o 减小,电压增益模值 A 也减小且小于 $1/F$。也就是说,此时 $AF < 1$,而反馈系数 F 保持不变,于是振幅会继续减小,而且离原平衡点(Q 点)越来越远。因此,对于图 4-4(b) 中平衡点在 Q_A 点的情形,无论是什么干扰因素,振荡器都不会重新回到原来的平衡状态。

所以，图 4-4(b)所示是不稳定的情形。

(3) 图 4-4(a)所示的平衡点是稳定的，而图 4-4(b)中有一个平衡点不是稳定的。能否从这正、反两个方面得到一个规律呢？答案是肯定的。由以上分析可以知道，在图 4-4(a)中，电压增益模值 A 的曲线在平衡点(Q 点)随输出信号振幅 U_o 的变化具有负斜率；在图 4-4(b)中，电压增益模值 A 的曲线在其中一个平衡点(Q_A 点)随输出信号振幅 U_o 的变化具有正斜率。这就是问题的关键所在。

综合以上分析，可以得到振幅平衡的稳定条件为

$$\frac{\partial A}{\partial U_o}\bigg|_{U_o=U_{oQ}} < 0 \tag{4-9}$$

式(4-9)说明，在反馈型振荡器中，只有放大器的电压增益模值 A 随振荡输出信号幅度 U_o 的增大而下降，输出信号的振幅才能处于稳定平衡状态。工作于大信号的非线性有源器件，比如晶体管、电子管等，具有这种特性，即具有稳定输出信号振幅的功能。如果电压增益模值 A 随输出信号振幅 U_o 的变化而变化的斜率绝对值越大，即 $\left|\frac{\partial A}{\partial U_o}\right|_{U_o=U_{oQ}}$ 越大，则稳定输出信号振幅的能力越强。

一般情况下，只要静态工作点设计得当，反馈网络设计合理，电压增益模值 A 随输出信号振幅 U_o 的变化曲线就会如图 4-4(a)所示，单调下降，并且与 $1/F$ 曲线仅有一个交点。这样，在接通电源的瞬间，$AF>1$，输出信号的振幅急剧增加，直到平衡点，最后得到一个稳定的输出。因此，设计振荡器时，一般情况下都要使其工作在软激励状态下，而应当避免其工作在硬激励状态下。

2) 相位平衡的稳定条件

所谓相位平衡的稳定条件，是指当相位平衡条件遭到破坏时，振荡器能够自动、重新建立起相位平衡点的条件。由于瞬时频率是瞬时相位的微分，因此，只有相位稳定，振荡器的输出频率才能稳定。所以，相位平衡的稳定条件也是频率平衡的稳定条件。

假设由于某种原因，相位平衡条件遭到破坏，产生了一个很小的相位增量 $\Delta\varphi$，并且是一个正的增量，即 $\Delta\varphi>0$。在这种情况下，反馈电压 $\dot{U}_f$ 超前于原来输入电压 $\dot{U}_i$(前一次反馈电压)一个相角。相位超前意味着周期缩短和频率增大。如果不断地放大、选频、反馈、再放大、再选频、再反馈……循环下去，放大器的输入电压 $\dot{U}_i$ 的相位将一次比一次超前，输出信号的周期也将越来越短，频率越来越高。反过来，如果相位平衡条件遭到破坏时，产生了一个很小的负相位增量 $\Delta\varphi$，即 $\Delta\varphi<0$，则反馈电压 $\dot{U}_f$ 滞后于原来输入电压 $\dot{U}_i$ 的一个相角。相位滞后意味着周期延长和频率减小。因此，在这种情况下，振荡器的输出频率会不断降低。

由此可见，由于某种因素引起相位平衡条件遭到破坏，相位超前导致振荡输出频率增高，而相位滞后导致振荡输出频率降低，这种相位变化与角频率变化的关系可以描述为

$$\frac{\Delta\varphi}{\Delta\omega} > 0 \tag{4-10}$$

这是一种不稳定情况。

相位变化 $\Delta\varphi$ 是外界因素变化的结果，比如温度、电源电压、负载、湿度等因素的变化。角频率的变化 $\Delta\omega$ 则是因相位的变化 $\Delta\varphi$ 所产生的。从因果关系来看，相位变化 $\Delta\varphi$ 是"因"，角频率变化 $\Delta\omega$ 是"果"。

当外界干扰因素引起相位变化 $\Delta\varphi$（或角频率变化 $\Delta\omega$）时，要想保持振荡器相位平衡的稳定，必须有一种机制来恢复或重新建立相位的平衡状态。也就是说，当振荡器相移或输出频率发生变化时，振荡电路能够产生一个与相位变化 $\Delta\varphi$ 的符号相反的新的相位变化，以削弱或抵消外界因素引起的相位变化 $\Delta\varphi$。因此，如果振荡电路具有保持振荡器相位平衡稳定的能力，则振荡电路能够产生的相位变化与频率变化的关系应该是

$$\frac{\Delta\varphi}{\Delta\omega} < 0$$

如果把相位变化 $\Delta\varphi$ 看成是由晶体管相移 φ_Y、选频网络相移 φ_Z 和反馈网络相移 φ_F 的变化 3 个部分组成，写成偏微分的形式为

$$\frac{\partial(\varphi_Y + \varphi_Z + \varphi_F)}{\partial\omega} < 0$$

由于 φ_Y 和 φ_F 对于频率的变化的敏感性一般远远小于 φ_Z 对于频率的变化的敏感性，即

$$\left|\frac{\partial\varphi_Y}{\partial\omega}\right| \ll \left|\frac{\partial\varphi_Z}{\partial\omega}\right|, \quad \left|\frac{\partial\varphi_F}{\partial\omega}\right| \ll \left|\frac{\partial\varphi_Z}{\partial\omega}\right|$$

因此，上式可以近似表示为

$$\frac{\partial\varphi}{\partial\omega} \approx \frac{\partial\varphi_Z}{\partial\omega} < 0 \tag{4-11}$$

式(4-11)就是振荡器的相位（频率）平衡的稳定条件。式(4-11)说明，只有当选频网络的阻抗相频特性曲线 $\varphi_Z = y(f)$ 在工作频率附近具有负的斜率的时候，振荡电路才具有保持振荡器相位平衡稳定的能力。这种阻抗相频特性曲线具有负斜率的网络可以比较容易地找到，比如 R、L、C 并联谐振回路等。

图 4-5 所示的是某并联谐振回路的相频特性曲线。对于 φ_Z 来说，它是工作频率 f 的函数，所以它是二维平面图；对于 $\varphi_{YF} = \varphi_Y + \varphi_F$ 来说，它与工作频率无关，所以它是一维坐标。其中，考虑到振荡器中的有源器件分布参数和其他电路的参数，实际输出频率 f_c 与选频网络的谐振频率 f_0 会不一致，所以 φ_{YFQ} 与 φ'_{YFQ} 表示放大器和反馈网络的相移之和偏移平衡点前后的相移，f'_c 表示偏离后的输出频率。把放大器看成有源器件（比如三极管）和并联谐振回路的串联，所以放大器的相移 φ_A 可以分解成有源器件相移 φ_Y 和并联谐振回路相移 φ_Z 之和。相位平衡条件可写成另一种形式：$\varphi_Y + \varphi_F + \varphi_Z = 2n\pi$，再把前两项组合在一起，就是 $\varphi_{YF} + \varphi_Z = 2n\pi$。为了方便讨论，不妨表示成 $\varphi_{YF} + \varphi_Z = 0$，即 $\varphi_Z = -\varphi_{YF}$。也就是说，在平衡时，由于 $\varphi_{YF} \neq 0$，所以振荡器的输出信号的频率会偏离选频网络的谐振频率。

如果由于某种原因，使振荡器相位发生变化（假设增大），破坏了原来的平衡，例如 φ_{YFQ} 增大到 φ'_{YFQ}，振荡器的输出信号的频率平衡点从 f_c 变到 f'_c，即振荡器输出频率升高。由图 4-5 中 φ_Z 的相频特性曲线可知，振荡器输出频率升高后，并联谐振回路的相移会有

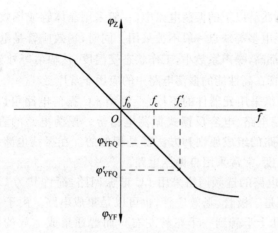

图 4-5 某并联谐振回路的相频特性曲线

一个负增长,即 $\varphi'_Z < \varphi_Z$,则 $\varphi'_{YFQ} + \varphi'_Z = 2n\pi$。也就是说,振荡器的相位平衡重新建立起来。但是,新的平衡点对应的输出频率 f'_c 与原来的频率 f_c 是不相等的,即 $f'_c \neq f_c$。类似地,振荡器相位减小时,也能够重新建立新的相位平衡,新的频率与原来的频率也不相等。

由此可见,振荡器的选频网络采用并联谐振回路后,能够让被破坏的相位平衡重新建立起来。但是,振荡器的输出频率是变化的。对于振荡器来说,频率稳定度是一个非常重要的技术指标,因此,一方面,应该尽量削弱放大器相移 φ_{YF} 的变化量 $\Delta\varphi_{YF}$;另一方面,应该提高 φ_Z 的相频特性曲线在平衡点斜率的绝对值 $\left|\dfrac{\partial\varphi_Z}{\partial f}\right|$。平衡点斜率的绝对值 $\left|\dfrac{\partial\varphi_Z}{\partial f}\right|$ 的提高,意味着比较小的频率波动,将引起比较大的并联谐振回路相移,即振荡器能够以更小的频率波动重新建立起相位平衡状态。显然,要提高平衡点斜率的绝对值 $\left|\dfrac{\partial\varphi_Z}{\partial f}\right|$,可以采用提高并联谐振回路的有载品质因数 Q_L 的值的方法。

综上所述,并联谐振回路的相频特性曲线是满足相位平衡的稳定条件的。相位平衡的稳定条件就是

$$\frac{\partial\varphi_Z}{\partial f} < 0 \tag{4-12}$$

4.3 反馈型 LC 正弦波振荡电路

4.2 节以互感耦合 LC 正弦波振荡器为例,讨论了反馈型振荡器的工作原理及其起振条件、平衡条件和稳定条件。其实,由于振荡器的几个组成部分的实现方式不同,反馈型振荡器的具体电路形式也是多种多样的。比如,有源器件可以采用电子管、晶体管、场效应管和高频集成电路放大器等。选频网络可以是电感 L、电容 C 组成的并联谐振回路,或者是电感 L、电容 C、晶体管组成的并联谐振回路。反馈网络可以由变压器、电感或电容组成。目

前,在振荡频率为几百兆赫以下的振荡电路中,一般采用晶体管或场效应管来做有源器件,而电子管因体积大、耗电多等缺点一般不被采用。同时,场效应管是电压控制型器件,具有输入阻抗和输出阻抗都高,噪声系数小,工作状态受温度、核辐射等外界因素的影响比较小等优点,所以,场效应管在高性能的振荡电路中的应用非常广泛。

根据反馈耦合网络采用元器件的不同,反馈型 LC 振荡电路可以分为互感耦合振荡电路、电感反馈式振荡电路、电容反馈式振荡电路等。振荡电路的直流馈电电路与高频功率放大器的馈电电路的组成原则和方法都是相似的。在振荡电路中,为了提高输出信号振幅和频率的稳定度,常常采用自偏压电路。

反馈型 LC 振荡电路的选频网络采用 LC 谐振回路,简称其为 LC 振荡器。LC 振荡器中的有源器件可以是三极管、场效应管,也可以是集成电路。由于 LC 振荡器产生的正弦信号的频率较高(几十千赫到一千兆赫左右),而普通集成运放的频带较窄,高速集成运放的价格又较贵,所以 LC 振荡器常用分立元件组成。按照反馈耦合网络的不同,LC 振荡器可分为互感耦合型振荡器和三点式振荡器。

下面分别介绍互感耦合振荡电路、电感三点式振荡电路和电容三点式振荡电路,然后介绍 LC 三点式振荡器相位平衡条件的判断准则。

4.3.1 互感耦合型振荡器

互感耦合型振荡器又称为变压器反馈式振荡器,其典型电路如图 4-6 所示。图 4-6(a)所示的是共基调集型,图 4-6(b)所示的是共射调基型,图 4-6(c)所示的是共基调射型。在图 4-6(b)和图 4-6(c)中,基极和发射极之间的输入阻抗比较低,为了不把选频回路的品质因数降低太多而影响起振,三极管与选频回路之间采用部分接入。这些振荡电路能否满足相位起振条件和相位平衡条件,取决于变压器同名端如何连接。按照图 4-6 所示的同名端的连接形式,实现了正反馈,就能够满足相位起振条件和相位平衡条件。所谓共基调集,是指交流通路中基极是接地的,集电极接并联谐振回路,调整该回路的参数就可以改变振荡器输出信号的频率。共射调基和共基调射的意义与共基调集类似。

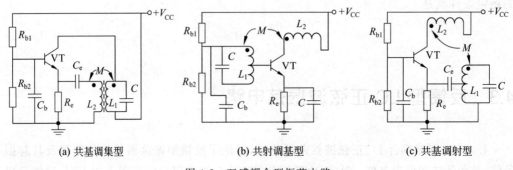

(a) 共基调集型　　　　(b) 共射调基型　　　　(c) 共基调射型

图 4-6　互感耦合型振荡电路

电阻 R_{b1} 和 R_{b2} 组成分压式偏置电路,电阻 R_e 构成自给偏置电路;选频网络由变压器初级线圈 L_1 和电容 C 组成,反馈电压则由变压器提供;C_b 和 C_e 为高频旁路电容。

采用瞬时极性法,不难判断图 4-6 中的 3 个电路都有正反馈网络,是可能起振的。振荡频率主要由选频网络决定,所以,可以估算出这 3 个电路的振荡频率都是

$$f_c \approx \frac{1}{2\pi\sqrt{L_1 C}} \tag{4-13}$$

共基调集型电路在振荡频率比较高时,其输出比其他两个电路稳定,而且输出幅度比较大,谐波成分比较小。共射调基型电路在输出频率改变比较宽的范围内,其输出信号的幅度比较稳定。

变压器反馈式振荡器具有结构简单、易起振、输出幅度较大、调节频率方便、调节频率时输出幅度变化不大和调整反馈时基本上不影响振荡频率等优点。频率较高时,由于分布电容较大,频率稳定性较差。因此这种电路适用于振荡频率不太高的场合,一般为中短波段。

4.3.2　电容三点式振荡器

三点式振荡器是指 LC 回路的 3 个端点与晶体管的 3 个电极分别连接组成的一种振荡器。三点式振荡电路用电感耦合或电容耦合代替变压器耦合,可以克服变压器耦合振荡器适宜于振荡频率比较低的缺点,是一种广泛应用的振荡电路,其工作频率可从几兆赫到几百兆赫。三点式振荡器可以分为电容三点式(也叫电容反馈振荡电路或考比兹振荡器)和电感三点式振荡器(也叫电感反馈振荡电路或哈特莱振荡器)。

电容三点式振荡器的原理电路如图 4-7 所示,图 4-7(a) 所示的是原理电路,图 4-7(b) 所示的是交流等效电路,图 4-7(c) 所示的是向量图。C_b 和 C_c 是高频耦合电容,C_e 是高频旁路电容,它们对于交流信号来说,相当于短路;ZL 是高频扼流线圈,它对于交流信号来说,相当于断路;R_L 是负载电阻;电容 C_1 和 C_2 组成反馈网络;电阻 R_{b1} 和 R_{b2} 组成分压式偏置电路,电阻 R_e 构成自给偏置电路。在这个电路中,集电极负载是一个 LC 谐振回路,利用电容 C_2 将反馈电压输入基极,故被称为电容反馈式振荡电路,也被称为考比兹(Colpitts)振荡电路。从图 4-7(b) 所示的交流等效电路图中可以看到,晶体管的 3 个电极分别与选频网络的 3 个节点相连,所以又被称为电容三点式振荡器。这种电路不能利用瞬时极性法直接判断是否构成了正反馈,但可以利用向量图的方法来判断。

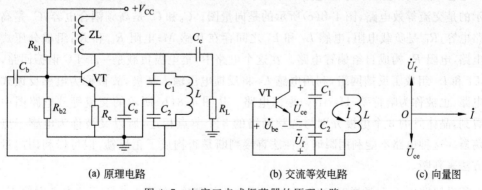

(a) 原理电路　　　　　　(b) 交流等效电路　　　　(c) 向量图

图 4-7　电容三点式振荡器的原理电路

假设回路电流 $\dot{I}$ 是逆时针的，根据电路分析的理论，在图示参考方向的情况下，以回路电流 $\dot{I}$ 作为基准向量，$\dot{U}_f$ 超前 $90°$，而 $\dot{U}_{ce}$ 滞后 $90°$，所以 $\dot{U}_{ce}$ 与 $\dot{U}_f$ 是反向的；由于 $\dot{U}_{be} = \dot{U}_f$，即它们是同相的；$\dot{U}_{be}$ 与 $\dot{U}_{ce}$ 是反相的。利用瞬时极性法，可以判断出该电路满足相位的起振条件和平衡条件。方法如下：设 U_{be} 增大，则引起 U_{ce} 减小，从而引起 U_f 增大，最后反过来引起 U_{be} 继续增大，即形成一个正反馈。

图 4-7 所示电路的反馈系数 F 为

$$F = \frac{C_1}{C_2}$$

显然，选频网络是由电容 C_1、C_2 和电感 L 组成的，可以估算出它们的振荡频率是

$$f_c \approx \frac{1}{2\pi\sqrt{L_1 C_\Sigma}} \tag{4-14}$$

式中：$C_\Sigma = \dfrac{C_1 C_2}{C_1 + C_2}$。

与电感三点式振荡器相比，电容三点式振荡器的主要优点是输出波形好。这是因为反馈信号是取自电容两端的电压，电容对高次谐波呈很低的阻抗，可以减小高次谐波的反馈。电容三点式振荡器的输出信号的谐波成分少，波形失真就小。再有，晶体管的极间分布电容都与回路电容相并联，适当加大回路电容，可以削弱晶体管的极间分布电容（属于不稳定电容）对回路的影响，从而提高频率的稳定度。还有，当工作频率比较高时，可以用元器件的分布电容作为回路的电容，因此电容三点式振荡器适用于工作频率很高的场合。一般来说，在甚高频波段，常常采用电容三点式振荡电路。

改变回路电容来调整输出频率时，影响了电路的反馈系数，即调整输出频率比较不方便，有可能使电路停振，这是电容三点式振荡器的缺点。所以，电容三点式振荡器的振荡频率适合于作为固定工作频率。但是，后面将要讨论的克拉泼振荡电路和西勒振荡电路可以改掉这个缺点。

4.3.3　电感三点式振荡器

电感三点式振荡器的原理电路如图 4-8 所示，图 4-8(a) 所示的是原理电路，图 4-8(b) 所示的是交流等效电路，图 4-8(c) 所示的是向量图。C_b 和 C_c 是高频耦合电容，C_e 是高频旁路电容；R_L 是负载电阻；电感 L_1 和 L_2 之间存在互感 M；电阻 R_{b1} 和 R_{b2} 组成分压式偏置电路，电阻 R_e 构成自给偏置电路。在这个电路中，集电极负载是一个 LC 谐振回路，电感 L_1 和 L_2 组成了反馈网络，利用电感 L_2 将反馈电压输入基极，故被称为电感反馈式振荡电路，也被称为哈特莱（Hartley）振荡电路。从图 4-8(b) 所示的交流等效电路图中可以看到，晶体管的 3 个电极分别与选频网络的 3 个节点相连，所以又被称为电感三点式振荡器。这种电路不能利用瞬时极性法直接判断是否构成了正反馈，但可以利用向量图的方法来判断。

假设回路电流 $\dot{I}$ 是逆时针的，根据电路分析的理论，在图 4-8 所示的参考方向下，以

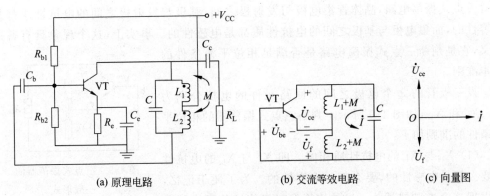

(a) 原理电路　　　　　　　　(b) 交流等效电路　　　　(c) 向量图

图 4-8　电感三点式振荡器的原理电路

回路电流 $\dot{I}$ 作为基准向量，$\dot{U}_f$ 滞后 $90°$（在关联参考方向的条件下，电容两端的电压滞后通过它的电流 $90°$），而 $\dot{U}_{ce}$ 超前 $90°$，所以 $\dot{U}_{ce}$ 与 $\dot{U}_f$ 是反向的；$\dot{U}_{be} = \dot{U}_f$，即它们是同相的；$\dot{U}_{be}$ 与 $\dot{U}_{ce}$ 是反相的。利用瞬时极性法，可以判断出该电路满足相位的起振条件、平衡条件和稳定条件。方法如下：设 U_{be} 增大，则引起 U_{ce} 减小，从而引起 U_f 增大，最后反过来引起 U_{be} 继续增大，即形成一个正反馈。

　　电感 L_1 和 L_2 去耦后的电感值分别为 $L_1 + M$ 和 $L_2 + M$，所以图 4-8 所示电路的反馈系数 F 为

$$F = \frac{L_2 + M}{L_1 + M}$$

　　显然，选频网络是由电感 L_1、L_2 和电容 C 组成的，可以估算出其振荡频率 f_c 为

$$f_c \approx \frac{1}{2\pi \sqrt{L_\Sigma C}} \tag{4-15}$$

式中：$L_\Sigma = L_1 + L_2 + 2M$。

　　电感三点式振荡器的主要优点是，容易起振，改变回路电容来调整输出频率时，基本上不影响电路的反馈系数，即调整输出频率比较方便。与电容三点式振荡器相比，电感三点式振荡器的主要缺点是输出信号波形不够好。这是由于反馈网络对高次谐波的反馈信号比较强烈，所以输出信号的谐波成分大、波形失真比较大。还有一个缺点是当工作频率比较高时，由于电感 L_1 和 L_2 上的分布电容和晶体管的极间电容并联在电感 L_1 和 L_2 两端，所以显得比较突出。此时，反馈系数 F 随工作频率的改变而改变。工作频率越高，分布参数对 F 的影响就越严重，甚至可能使反馈系数 F 太小而不能满足振幅起振条件。所以，电感三点式振荡器的振荡频率不能太高。

4.3.4　LC 三点式振荡器相位平衡条件的判断准则

　　比较图 4-7 所示的电容三点式振荡电路和图 4-8 所示的电感三点式振荡电路，发现这样一种现象：晶体管集电极与发射极之间、基极与发射极之间的电抗性质相同，要么都是电感性的，要么都是电容性的；集电极与基极之间的电抗性质与它们相反。比如，对于

电容三点式振荡电路,晶体管集电极与发射极之间、基极与发射极之间的电抗性质都是电容性的,而集电极与基极之间的电抗性质都是电感性的。事实上,这个现象具有普遍意义,它是判断三点式振荡电路是否满足相位平衡条件的基本准则。

设三极管的 3 个电极之间的回路元件的电抗分别为 X_{ce}、X_{bc} 和 X_{be},如图 4-9 所示。判断三点式振荡器的相位平衡条件的准则如下:

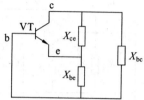

图 4-9　三点式振荡器的
一般形式

(1) X_{ce} 与 X_{be} 的电抗性质相同。即 X_{ce} 与 X_{be} 的电抗性质要么都是电感性的,要么都是电容性的。为了便于记忆,可以把这个准则描述为:与晶体管发射极连接的两个回路元件的电抗性质必须相同。

(2) X_{bc} 与 X_{ce}、X_{be} 的电抗性质相反。即 X_{bc} 与 X_{ce}、X_{be} 的电抗性质,一个为电感性,另一个就必须为电容性。为了便于记忆,可以把这个准则描述为:没有与晶体管发射极连接的一个回路元件的电抗性质必须与另外两个元件的电抗性质相反。

对于振荡频率,满足

$$X_{ce} + X_{bc} + X_{be} = 0$$

4.4　振荡器的频率稳定度

4.4.1　频率稳定度的定义

振荡器输出信号的频率稳定度是一个非常重要的指标。通信设备、电子测量仪器与仪表、电子对抗设备等各种电子设备中,都需要振荡器。振荡器输出信号的频率稳定度会影响通信质量和效率、测量的精度、电子对抗的效果等。特别是空间技术中,对振荡器输出信号的频率稳定度要求更为严格。比如,要实现地球与火星通信,频率的相对偏差必须优于 10^{-11} 数量级。给距离地球 5600 万千米的金星定位,需要频率的相对偏差必须优于 10^{-12} 数量级。因此,振荡器输出信号的频率稳定度是无线电技术领域中的一个十分重要的问题。下面讨论衡量振荡器输出信号的频率稳定度的主要技术指标和测量方法。

频率稳定度在数量上通常用频率偏差表示。频率偏差是指实际振荡频率和标称频率之间的偏差,可分为绝对偏差和相对偏差。设实际振荡频率为 f,f_c 为标称频率,则绝对偏差为

$$\Delta f = |f - f_c| \tag{4-16}$$

相对偏差是指绝对频偏与标称频率的比值,即

$$\frac{\Delta f}{f_c} = \frac{|f - f_c|}{f_c} \tag{4-17}$$

频率稳定度通常定义为在一定的时间间隔内,振荡频率的相对偏差的最大值用 δ 表示:

$$\delta = \left. \frac{|f - f_c|_{\max}}{f_c} \right|_{\text{时间间隔}} \tag{4-18}$$

式中：$|f - f_c|_{\max}$——在某间隔时间内的最大频率偏差。

δ 值越小，频率稳定度越高。按照间隔时间的长短不同，通常可以分为下面 3 种频率稳定度。

(1) 长期频率稳定度。它一般指在一天以上，甚至几个月的时间间隔内的频率稳定度。长期频率稳定度主要用来评价天文台或计量单位的高精度频率标准以及计时设备的稳定指标。

(2) 短期频率稳定度。它一般指一天以内的，以小时、分或秒计算的时间间隔的频率稳定度。短期频率稳定度一般是用来评价测量仪器和通信设备中，主振器的频率稳定指标。

(3) 瞬时频率稳定度。它一般指在秒或毫秒的时间间隔内的频率稳定度。瞬时频率稳定度通常被称为振荡器的相位抖动或相位噪声。

虽然这 3 种频率稳定度直到现在还没有统一的规定，但是，这种大致的区别还是有一定实际意义的。长期频率稳定度主要取决于有源器件、电路元件等的老化特性，与瞬间频率变化无关。短期频率稳定度主要与温度变化、电源波动以及电路元件的参数不稳定等因素有关。瞬时频率稳定度主要是由于振荡器内部噪声引起的频率起伏，它与外界因素和长期或短期频率变化无关。

目前，一般的短波、超短波发射机的相对频率稳定度为 $10^{-4} \sim 10^{-5}$ 量级，一些军用的或大型发射机及精密仪器的相对频率稳定度可达 10^{-6} 量级，甚至更高。

4.4.2 振荡器的频率稳定度的表达式

振荡器的振荡频率是由相位平衡条件决定的。根据相位平衡条件 $\varphi_Y + \varphi_F + \varphi_Z = 0$ 和并联谐振回路的相角公式 $\varphi_Z = \arctan \dfrac{2Q_L \Delta f}{f_0}$，可得

$$\varphi_{YF} + \arctan \frac{2Q_L \Delta f}{f_0} = 0$$

即

$$\Delta f = \frac{f_0}{2Q_L} \tan \varphi_{YF} \tag{4-19}$$

式中：Q_L——并联谐振回路的有载品质因数；

f_0——并联谐振回路的谐振频率；

Δf——瞬时频率 f 与频率 f_0 的偏差，即 $\Delta f = f - f_0$。

由式(4-19)可知，由于 φ_{YF} 的存在，振荡频率 f_c 与谐振回路的谐振频率 f_0 的关系为

$$f_c = f_0 + \Delta f = f_0 + \frac{f_0}{2Q_L} \tan \varphi_{YF} = f_0 \left(1 + \frac{\tan \varphi_{YF}}{2Q_L} \right) \tag{4-20}$$

由此可见，振荡频率 f_c 是 f_0、Q_L 和 φ_{YF} 的函数，它们的不稳定，都会引起振荡频率的不稳定。振荡频率的绝对偏差为

$$\Delta f_c = \frac{\partial f_c}{\partial f_0} \Delta f_0 + \frac{\partial f_c}{\partial \varphi_{YF}} \Delta \varphi_{YF} + \frac{\partial f_c}{\partial Q_L} \Delta Q_L \qquad (4\text{-}21)$$

由式(4-20)可得

$$\frac{\partial f_c}{\partial f_0} = 1 + \frac{\tan\varphi_{YF}}{2Q_L}, \quad \frac{\partial f_c}{\partial \varphi_{YF}} = \frac{f_0}{2Q_L \cos^2\varphi_{YF}}, \quad \frac{\partial f_c}{\partial Q_L} = -\frac{f_0 \tan\varphi_{YF}}{2Q_L^2}$$

把它们代入式(4-21),考虑到 Q_L 较大,φ_{YF} 较小,$\frac{\tan\varphi_{YF}}{2Q_L} \ll 1$ 的实际情况,可以把偏导数进行近似处理,即

$$\Delta f_c \approx \Delta f_0 + \frac{f_0}{2Q_L \cos^2\varphi_{YF}} \Delta \varphi_{YF} - \frac{f_0 \tan\varphi_{YF}}{2Q_L^2} \Delta Q_L$$

这就是绝对频偏的表达式。根据这个表达式,可以得到如下相对频偏的表达式:

$$\frac{\Delta f_c}{f_0} \approx \frac{\Delta f_0}{f_0} + \frac{\Delta \varphi_{YF}}{2Q_L \cos^2\varphi_{YF}} - \frac{\tan\varphi_{YF}}{2Q_L^2} \Delta Q_L$$

考虑到 $f_c \approx f_0$,振荡频率的相对偏差为

$$\frac{\Delta f_c}{f_c} \approx \frac{\Delta f_c}{f_0} \approx \frac{\Delta f_0}{f_0} + \frac{\Delta \varphi_{YF}}{2Q_L \cos^2\varphi_{YF}} - \frac{\tan\varphi_{YF}}{2Q_L^2} \Delta Q_L \qquad (4\text{-}22)$$

式(4-22)是 LC 振荡器频率稳定度的一般表达式。该式说明,振荡频率的相对偏差主要与回路品质因数 Q_L 及其偏差 ΔQ_L、放大器相移 φ_{YF} 及其偏差 $\Delta\varphi_{YF}$、回路固有振荡频率 f_0 及其偏差 Δf_0 有关。同时可以看到,增大回路品质因数 Q_L、减小 $|\varphi_{YF}|$ 以及提高电路元件的稳定性,可以降低振荡频率的相对偏差。

4.4.3　振荡器的稳频措施

由上面的分析可知,凡是影响回路固有振荡频率 f_0、回路品质因数 Q_L 和放大器相移 φ_{YF} 的因素,都是振荡器频率不稳定的原因。这些因素包括温度变化、电源波动、负载变动、机械振动、湿度变化、气压变化以及外界电磁波的变化等。

频率的变化有缓慢变化和突然变化之分。缓慢变化的主要原因是温度变化、电路元件老化、湿度变化、气压变化等。突然变化主要是由于电源电压的波动、机械振动等因素的影响。

振荡器的稳频方法主要有下面 3 种。

(1) 减小外因的变化。针对上述不利因素,采取对应的措施,以减小外因的变化。比如,恒温措施,电源稳压,负载前采用射随器,将电感线圈密封或固化,减震措施,电磁屏蔽措施,等等。

(2) 提高振荡电路本身的稳频能力。根据式(4-22),增大回路品质因数 Q_L、减小 $|\varphi_{YF}|$ 以及提高电路元件的稳定性,可以降低振荡频率的相对偏差,提高频率稳定度,同时以减小晶体管极间的分布电容的不稳定量,也就是将晶体管极间的分布电容通过部分接入方式连接到选频网络,以减小它们对电容变化量的影响。这一点是提高频率稳定度的主要措施。另外,选用高品质因数的电感和参数稳定的电容,也是常用的措施。

(3) 使电路元件的参数变化互相抵消。回路固有振荡频率 f_0 的偏差 Δf_0 取决于回

路的电容变化量和电感变化量,因此,可以选用正温度系数的电感和负温度系数的电容进行温度补偿,以减小 Δf_0。

4.5　高稳定度的 LC 振荡器

前面介绍的互感耦合型振荡电路、电感三点式振荡电路和电容三点式振荡电路中,振荡频率都与晶体管参数和负载谐振阻抗有关。这些参数的不稳定是影响振荡器频率稳定度的主要内因。在减小外因的影响的同时,减小内因的影响是一个非常重要而有效的措施。

三极管的极间分布电容直接并联到回路的电容两端,这些分布电容受温度、电源、湿度等的影响较大,所以,一般的电容三点式振荡器的频率稳定度不可能太高,约在 10^{-3} 量级。减小谐振回路元件参数的不稳定的有效方法就是削弱有源器件与谐振回路之间的耦合,使三极管的极间分布电容折算到谐振回路时有所下降。这个方法的本质就是减小谐振回路的接入系数。

下面就来讨论根据上述方法对一般的电容三点式振荡器进行改进的振荡电路,改进的电容三点式振荡电路包括克拉泼(Clapp)振荡电路和西勒(Seiler)振荡电路。

4.5.1　克拉泼振荡电路

克拉泼振荡电路如图 4-10 所示,其特点是在振荡回路中加入了一个与电感 L 串联的小电容 C_3,并且满足 $C_3 \ll C_1$、$C_3 \ll C_2$。其中,C_b 和 C_c 是高频耦合电容,C_e 是高频旁路电容,它们对于交流信号来说,相当于短路;ZL 是高频扼流线圈,它对于交流信号来说,相当于断路;R_L 是负载电阻;电容 C_1 和 C_2 组成反馈网络;电阻 R_{b1} 和 R_{b2} 组成分压式偏置电路,电阻 R_e 构成自给偏置电路。在这个电路中,集电极负载是一个 LC 谐振回路,利用电容 C_2 将反馈电压输入基极。

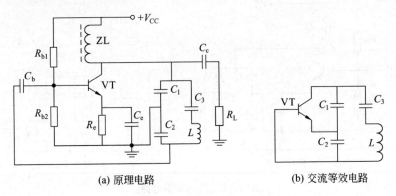

(a) 原理电路　　　　　　　　　　(b) 交流等效电路

图 4-10　克拉泼振荡电路

回路总电容为

$$C_{\Sigma} = \frac{1}{\dfrac{1}{C_1} + \dfrac{1}{C_2} + \dfrac{1}{C_3}} \approx C_3$$

因此,振荡频率为

$$f_c \approx \frac{1}{2\pi \sqrt{LC_{\Sigma}}} \approx \frac{1}{2\pi \sqrt{LC_3}} \tag{4-23}$$

从式(4-33)可以看出,振荡频率主要由回路的电感 L 和电容 C_3 决定。和 C_1、C_2 的电容值比起来,C_3 的电容值很小,所以,三极管的极间分布电容的影响比一般的电容三点式振荡器小得多。也就是说,晶体管极间分布电容与谐振回路的耦合比一般的电容三点式振荡器弱得多,从而提高了频率稳定度。不过,电路的反馈系数的幅度有所降低,对起振的要求会更严格,即不易起振。

调节谐振回路中的电容 C_3,可以改变振荡频率。但是,在振荡频率变化范围内,输出信号的幅度不均匀,而且为了保证振荡频率的稳定度,即满足 $C_3 \ll C_1$ 和 $C_3 \ll C_2$ 的先决条件,频率可调范围有限。除了不易起振的缺点外,这也是克拉泼振荡电路的缺点。当需要频率稳定度高、输出信号幅度比较均匀、频率调整范围比较宽、起振容易的高稳定度振荡电路时,可以采用西勒振荡电路。

4.5.2　西勒振荡电路

西勒振荡电路如图 4-11 所示,可以认为它是在克拉泼振荡电路的基础上的改进。西勒振荡电路的特点是在振荡回路中加入了一个与电感支路串联的小电容 C_3,在电感 L 两端并联一个电容 C_4,并且满足 $C_3 \ll C_1$、$C_3 \ll C_2$。其中,C_b 是高频耦合电容,C_e 是高频旁路电容,它们对于交流信号来说,相当于短路;ZL 是高频扼流线圈,它对于交流信号来说,相当于断路;电容 C_1 和 C_2 组成反馈网络;电阻 R_{b1} 和 R_{b2} 组成分压式偏置电路,电阻 R_e 构成自给偏置电路。在这个电路中,集电极负载是一个 LC 谐振回路,利用电容 C_2 将反馈电压输入基极。

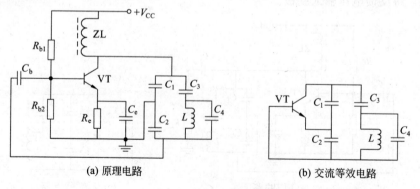

(a) 原理电路　　　　　　　　　　(b) 交流等效电路

图 4-11　西勒振荡电路

回路总电容为

$$C_{\Sigma} = \cfrac{1}{\cfrac{1}{C_1} + \cfrac{1}{C_2} + \cfrac{1}{C_3}} + C_4 \approx C_3 + C_4$$

因此,振荡频率为

$$f_c \approx \frac{1}{2\pi\sqrt{LC_{\Sigma}}} \approx \frac{1}{2\pi\sqrt{L(C_3 + C_4)}} \tag{4-24}$$

从式(4-24)可以看出,振荡频率主要由回路的电感 L 和电容 C_3、C_4 决定。三极管的极间分布电容的影响比一般的电容三点式振荡器小得多,从而提高了频率稳定度。另外,由于 C_4 的存在,通过改变 C_4 来调整振荡频率是非常方便的,而且不影响电路的反馈系数。所以,在整个频段内,振幅比较平稳。

对于西勒振荡电路来说,振荡频率越高,越有利于起振。因此,西勒振荡电路适用于工作频率比较高的振荡电路。

4.6 场效应管振荡电路

上面所讨论的振荡电路都可以采用场效应管来作为有源器件。场效应管具有输入阻抗高、噪声系数小的特点,场效应管振荡电路的应用也是比较广泛的。下面以结型场效应管西勒振荡电路为例,简要介绍场效应管振荡电路。

图 4-12 所示的是场效应管电容三点式振荡电路,电路要求满足 $C_3 \ll C_1$、$C_3 \ll C_2$。其中,C_g 是高频耦合电容,它对于交流信号来说,相当于短路;ZL 是高频扼流线圈,它对于交流信号来说,相当于断路;电容 C_1 和 C_2 组成反馈网络;电阻 R_g 组成偏置电路。在这个电路中,漏极负载是一个 LC 谐振回路,利用电容 C_2 将反馈电压输入栅极。

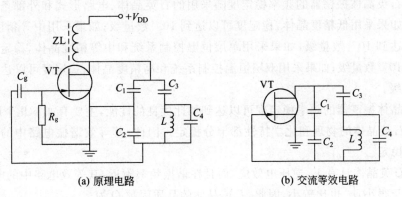

(a) 原理电路　　　　　　(b) 交流等效电路

图 4-12　场效应管电容三点式振荡电路

回路总电容为

$$C_{\Sigma} = \cfrac{1}{\cfrac{1}{C_1} + \cfrac{1}{C_2} + \cfrac{1}{C_3}} + C_4 \approx C_3 + C_4$$

因此,振荡频率为

$$f_c \approx \frac{1}{2\pi\sqrt{LC_\Sigma}} \approx \frac{1}{2\pi\sqrt{L(C_3+C_4)}} \tag{4-25}$$

对于这个结型场效应管西勒振荡电路,除了其有源器件具有结型场效应管的特点外,其他特性与晶体管西勒振荡电路是一样的,这里不再赘述。

4.7 晶体振荡器

在前面有关的 LC 振荡器频率稳定度的讨论中,得到了一个结论:振荡频率的相对偏差主要与回路品质因数 Q_L 及其偏差 ΔQ_L、放大器相移 φ_{YF} 及其偏差 $\Delta \varphi_{YF}$、回路固有振荡频率 f_0 及其偏差 Δf_0 有关。其中,回路品质因数 Q_L 是提高振荡频率稳定度的一个关键因素。对于回路品质因数 Q_L 来说,一方面,应该提高电感 L 的空载品质因数 Q_0;另一方面,应该尽量弱化负载与回路的耦合,即提高回路的谐振电阻 R_p。考虑输出信号的幅度要求,负载与回路之间的弱化耦合也有一个限度,同时,普通电感 L 的空载品质因数 Q_0 要想超过 300 是相当困难的。所以,对于三点式振荡电路,就算是改进了的克拉泼振荡电路和西勒振荡电路,也很难获得优于 10^{-4} 数量级的频率稳定度。然而,在通信设备、电子测量仪器仪表、电子对抗等应用中,对频率稳定度的要求往往优于 10^{-4} 数量级。比如,广播发射机的频率稳定度一般要求优于 10^{-5} 数量级;单边带发射机的频率稳定度一般要求优于 10^{-6} 数量级;用于频率标准的振荡器的频率稳定度一般要求优于 10^{-8} 数量级。对于这些应用,前面所述的振荡器都达不到频率稳定度的要求。

克拉泼振荡电路和西勒振荡电路的频率稳定度只能达到 10^{-4} 数量级,而石英晶体数振荡器具有极高的品质因数和良好的稳定参数,它的频率稳定度可以高达 $10^{-4} \sim 10^{-11}$ 数量级。石英晶体振荡器的频率稳定度随采用的石英晶体、电路形式和外部条件的不同而不同。如果采用低精度晶体,稳定度可以达到 10^{-4} 数量级;如果采用中等精度晶体,稳定度可以达到 10^{-6} 数量级;如果采用单层恒温控制系统和中等精度晶体,稳定度可以达到 $10^{-7} \sim 10^{-8}$ 数量级;如果采用双层恒温控制系统和高精度晶体,稳定度可以达到 $10^{-9} \sim 10^{-11}$ 数量级。

石英晶体振荡器的频率稳定度可以达到如此优良的性能,主要有如下几个原因。

(1)石英晶体的物理和化学特性都十分稳定。因此,其等效谐振电路中的元件参数也都非常稳定。

(2)石英晶体具有正、逆压电效应,而且在谐振频率附近,其等效电路中的电感 L_q 很大,电容 C_q 很小,r_q 也比较小,因此,石英晶体的品质因数 Q 为

$$Q = \frac{2\pi f_0 L_q}{r_q} = \frac{1}{2\pi f_0 C_q r_q}$$

它可以达到 10^6 数量级。

(3)石英晶体既有串联谐振频率,又有并联谐振频率。在它们之间的狭窄频带内,具有特别陡峭的电抗特性曲线,这种特性对于频率变化具有非常灵敏的补偿能力。

(4)虽然石英晶体可以等效为一个比较复杂的谐振回路,但是它的体积很小,引脚也

少(一般为两个),这些都有利于提高石英晶体振荡器的频率稳定度。

下面首先介绍石英晶体的工作原理及其等效电路,然后分析它的阻抗特性,最后介绍石英晶体振荡电路,包括串联型晶体振荡电路和并联型晶体振荡电路。

4.7.1　石英晶体的等效电路

石英晶体具有压电效应的特点。所谓压电效应,是指当晶片受某一个方向施加的机械力(如压力和张力)时,会在晶片的两个面上产生异号电荷,这被称为正压电效应。当在晶片的两个面上施加交变电压时,晶体会发生形变,这被称为逆压电效应。这两种效应会同时产生。因此,如果在晶体两端加上交变电压,晶体会发生周期振动,同时由于电荷的周期变化,又会有交流电流流过晶体。不同型号的晶体,具有不同的机械自然谐振频率。当外加电信号频率等于晶体固有的机械谐振频率时,感应的电压幅度最大,表现出电谐振的状态。

图 4-13 所示的是石英晶体的电路图符号和等效电路,其等效电路包括两条并联支路,其中一条支路是电感 L_q、电容 C_q 和电阻 r_q 的串联,另一条支路是一个电容 C_o。其中,L_q、C_q 和 r_q 分别被称为晶体的动态电感、动态电容和动态电阻,C_o 被称为晶体的静态电容。晶体的动态电感一般可以从几十毫亨到几亨,甚至几百亨;动态电容很小,一般为 10^{-3} pF 数量级;动态电阻也比较小,一般为几欧姆至几百欧姆;静态电容约为 $2 \sim 5$ pF。因此,品质因数可达 $10^5 \sim 10^6$ 数量级。

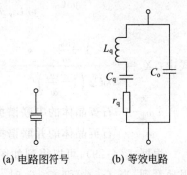

(a) 电路图符号   (b) 等效电路

图 4-13　石英晶体的电路图
符号和等效电路

根据电路分析的理论,晶体的等效电路有两个谐振频率,即串联谐振角频率 ω_q 和并联谐振角频率 ω_p,而且 $\omega_q < \omega_p$。

首先,石英晶体等效电路中的串联支路有一个串联谐振频率,这个串联谐振角频率 ω_q 的表达式为

$$\omega_q = \frac{1}{\sqrt{L_q C_q}} \tag{4-26}$$

其次,如果把晶体的等效电路中的串联支路等效为并联形式,再与另一条支路一起构成一个并联谐振回路,该谐振回路必然有一个固有谐振频率,它就是晶体的并联谐振频率 ω_p,其表达式为

$$\omega_p = \frac{1}{\sqrt{L_q \dfrac{C_q C_o}{C_q + C_o}}} \tag{4-27}$$

因为 $C_q \ll C_o$,所以式(4-27)可以展开成幂级数,忽略高次项,可得

$$\omega_p = \omega_q \sqrt{1 + \frac{C_q}{C_o}} \approx \omega_q \left(1 + \frac{C_q}{2C_o}\right) \tag{4-28}$$

由式(4-28)可见,并联谐振角频率 ω_p 比串联谐振角频率 ω_q 稍大一些,但是它们之间

的差距很小,即

$$\omega_{p} - \omega_{q} \approx \frac{\omega_{q} C_{q}}{2 C_{o}}$$

此值很小。

4.7.2 石英晶体的阻抗特性

石英晶体既有串联谐振频率,又有并联谐振频率的特性,还可以从其等效电路的阻抗特性得到证实。由于石英晶体的等效电路比较复杂,所以其等效电路的阻抗表达式也显得繁杂。

为了简化起见,忽略动态电阻 r_{q}。利用电路分析的理论,并由式(4-27)、式(4-28)和图(4-13)可得石英晶体的等效电路的总阻抗为

$$Z_{e} = \frac{1}{j\omega C_{o}} \cdot \frac{j\omega L_{q} + \dfrac{1}{j\omega C_{q}}}{j\omega L_{q} + \dfrac{1}{j\omega C_{o}} + \dfrac{1}{j\omega C_{q}}} = -j \frac{1 - \dfrac{\omega_{q}^{2}}{\omega^{2}}}{\omega C_{o}\left(1 - \dfrac{\omega_{p}^{2}}{\omega^{2}}\right)} = jX_{e} \qquad (4\text{-}29)$$

式中: $X_{e} = -\dfrac{1 - \dfrac{\omega_{q}^{2}}{\omega^{2}}}{\omega C_{o}\left(1 - \dfrac{\omega_{p}^{2}}{\omega^{2}}\right)}$ ——等效电路的总阻抗的虚部;

ω_{q}——石英晶体的串联谐振角频率;

ω_{p}——石英晶体的并联谐振角频率。

根据式(4-29),可以得到如图 4-14 所示的晶体的阻抗特性曲线。由图 4-14 可以直观地看到,当 $f < f_{q}$ 和 $f > f_{p}$ 时,$X_{e} < 0$,晶体呈容性;当 $f_{q} < f < f_{p}$ 时,$X_{e} > 0$,晶体呈感性;$f = f_{q}$ 时,晶体串联谐振;当 $f = f_{p}$ 时,晶体并联谐振。因此,石英晶体作为一个电子元件时,是非常特别的,既可以相当于一个电感,又可以相当于一个电容。这一点,在晶体振荡电路中得到了体现。在串联谐振角频率 ω_{q} 和并联谐振角频率 ω_{p} 之间,阻抗特性

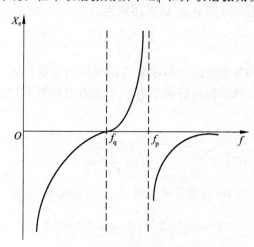

图 4-14 晶体的阻抗特性曲线

曲线非常陡峭,它是晶体振荡电路的频率稳定度非常优良的主要原因之一。也就是说,在晶体振荡电路中,振荡频率一般介于串联谐振 ω_q 和并联谐振频率 ω_p 之间。

例 4-1　某石英晶体的动态电感 $L_q=20$H,动态电容 $C_q=2\times10^{-4}$ pF,动态电阻 $r_q=60\Omega$,静态电容 $C_o=5$pF。试求:该石英晶体的串联谐振频率 f_q 和并联谐振频率 f_p;品质因数 Q;串联谐振频率 f_q 和并联谐振频率 f_p 之差 Δf。

解:

(1) 求串联谐振频率 f_q 和并联谐振频率 f_p

分别由式(4-26)和式(4-27)可以得到串联谐振频率 f_q 和并联谐振频率 f_p 为

$$f_q=\frac{1}{2\pi\sqrt{L_qC_q}}=\frac{1}{2\times3.14\times\sqrt{20\times2\times10^{-4}\times10^{-12}}}$$
$$=2.517\,737\times10^6\,(\text{Hz})$$

$$f_p=\frac{1}{2\pi\sqrt{L_q\dfrac{C_qC_o}{C_q+C_o}}}=\frac{1}{2\pi}\sqrt{\frac{C_q+C_o}{L_qC_qC_o}}$$

$$=\frac{1}{2\times3.14}\times\sqrt{\frac{2\times10^{-16}+5\times10^{-12}}{20\times2\times10^{-16}\times5\times10^{-12}}}=2.517\,787\times10^6\,(\text{Hz})$$

(2) 求品质因数 Q

$$Q=\frac{1}{r_q}\sqrt{\frac{L_q}{C_q}}=\frac{1}{60}\sqrt{\frac{20}{2\times10^{-4}\times10^{-12}}}=5.27\times10^6$$

(3) 求串联谐振 f_q 和并联谐振频率 f_p 之差 Δf

$$\Delta f=f_p-f_q=2.517\,787\times10^6-2.517\,737\times10^6=50\,(\text{Hz})$$

4.7.3　晶体振荡电路

尽管晶体振荡电路的形式多种多样,但是,从工作原理来看,与 LC 振荡电路一样,可以分为负阻型晶体振荡电路和反馈型晶体振荡电路两大类。一般的,晶体振荡电路都采用反馈型。

反馈型晶体振荡电路又分为串联型晶体振荡电路和并联型晶体振荡电路两类。串联型晶体振荡电路是指晶体与正反馈网络串联,把石英晶体作为串联谐振支路来使用,并工作在石英晶体的串联谐振频率上。并联型晶体振荡电路是指晶体与选频网络并联,把石英晶体作为等效电感元件来使用。下面分别介绍它们的工作原理。

1. 串联型晶体振荡电路

串联型晶体振荡电路的特点是晶体工作在串联谐振频率上,并作为交流短路元件串联在反馈支路中,如图 4-15 所示。其中,C_b 是高频耦合电容,它对于交流信号来说,相当于短路;L 是谐振回路线圈;石英晶体 JT、电容 C_1 和 C_2 组成反馈网络;电阻 R_{b1} 和 R_{b2} 组成分压式偏置电路,电阻 R_e 构成自给偏置电路。与一般的电容三点式振荡电路的等效电路相比,串联型晶体振荡电路的等效电路在选频网络和晶体管发射极之间多了一个石英晶体 JT。

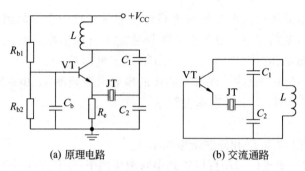

(a) 原理电路　　　　　　　　　(b) 交流通路

图 4-15　串联型晶体振荡电路

显然,只有频率等于晶体的串联谐振频率 f_q 的分量,才能形成强烈的正反馈,所以这种振荡器的输出信号的频率 f_c 的估算值就是 f_q,即

$$f_c \approx f_q \qquad\qquad (4\text{-}30)$$

当然,也不能说 C_1、C_2 和 L 的参数可以为任何值。实际上,如果 $\dfrac{1}{2\pi\sqrt{L\dfrac{C_1 C_2}{C_1+C_2}}}$ 与

f_q 之间的偏差太大,则这个振荡器将不能起振。所以,应该合理选择 C_1、C_2 和 L 的参

数,尽量让 $\dfrac{1}{2\pi\sqrt{L\dfrac{C_1 C_2}{C_1+C_2}}}$ 与 f_q 相等。

串联型晶体振荡电路的谐振频率由石英晶体的串联谐振频率 f_q 决定,其频率稳定度是由石英晶体来决定,而不是由选频网络来决定。

2. 并联型晶体振荡电路

并联型晶体振荡电路又叫皮尔斯晶体振荡器、密勒晶体振荡器,其工作原理与一般的电容三点式振荡器相同,只是将电感用石英晶体代替。在并联型晶体振荡电路中,石英晶体等效为一个电感元件,并与选频网络的其他元件一起,按照三端电路的基本准则组成三点式振荡电路。因此,并联型晶体振荡电路的振荡频率应该在石英晶体的串联谐振频率 f_q 和并联谐振频率 f_p 之间,而且石英晶体的工作频率在它们之间时,具有很强的电抗补偿能力,这有利于提高频率稳定度。

图 4-16 所示的是并联型晶体振荡电路,石英晶体接在晶体管集电极与地之间,虚线

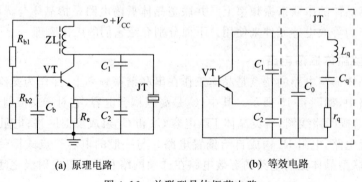

(a) 原理电路　　　　　　　　　(b) 等效电路

图 4-16　并联型晶体振荡电路

框内的两条并联支路就是晶体的等效电路。其中,C_b 是高频耦合电容,它对于交流信号来说,相当于短路;ZL 是高频扼流线圈,对直流短路,而对交流信号断路;石英晶体 JT、电容 C_1 和 C_2 组成选频网络;电阻 R_{b1} 和 R_{b2} 组成分压式偏置电路,电阻 R_e 构成自给偏置电路;电容 C_1 和 C_2 组成反馈网络,反馈信号从晶体管 VT 的发射结输入放大器。

　　从等效电路的形式上看,并联型晶体振荡电路与西勒振荡电路是一致的。所以,其振荡频率的估算也是用相同的方法。设 C_1 和 C_2 的串联值是 C_L,即 $C_L = \dfrac{C_1 C_2}{C_1 + C_2}$,则回路总电容为

$$C_\Sigma = \frac{C_q (C_o + C_L)}{C_q + C_o + C_L} \approx C_q$$

振荡角频率为

$$\omega_c \approx \frac{1}{\sqrt{L_q C_\Sigma}} = \omega_q \tag{4-31}$$

4.8　文氏电桥振荡器

　　LC 正弦波振荡电路不适宜产生频率较低的正弦波信号,因为制造损耗小的大电感和大电容是非常困难的。事实上,要求振荡频率较低时,往往采用 RC 振荡器。文氏电桥振荡器就是一个应用广泛的 RC 振荡器,它可以产生频率从几赫到几百千赫范围内的正弦波,而且可调范围大,调整方便;但是,稳定性较差,容易失去平衡。

　　图 4-17 所示的是文氏电桥振荡器的原理电路,其中的选频网络是由电阻和电容组成的。在运算放大器的反向输入端,R_3 和 R_4 组成了负反馈;在同相输入端,R_1、C_1、R_2 和 C_2 组成了正反馈,并有选频功能。下面讨论选频功能的实现。

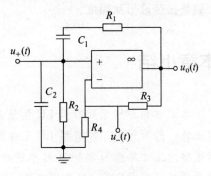

图 4-17　文氏电桥振荡器的原理电路

　　根据图 4-17,负反馈系数为

$$\dot{F}_- = \frac{\dot{U}_-}{\dot{U}_o} = \frac{R_4}{R_3} \tag{4-32}$$

正反馈系数为

$$\dot{F}_+ = \frac{\dot{U}_+}{\dot{U}_o} = \frac{\dfrac{1}{\dfrac{1}{R_2} + j\omega C_2}}{R_1 + \dfrac{1}{j\omega C_1} + \dfrac{1}{\dfrac{1}{R_2} + j\omega C_2}}$$

一般情况下,为了便于分析,设 $R_1=R_2=R$,$C_1=C_2=C$(工程实践中也是这样处理的),则正反馈系数又可以表示为

$$\dot{F}_+ = \frac{1}{3 + j\omega CR - \dfrac{j}{\omega CR}} \qquad (4\text{-}33)$$

由式(4-33)可得相移为零的角频率为

$$\omega_c = \frac{1}{RC} \qquad (4\text{-}34)$$

式(4-34)说明,当工作角频率 $\omega_c = \dfrac{1}{RC}$ 时,正反馈系数为一个实数,即正反馈信号 $u_+(t)$ 与输出信号 $u_o(t)$ 同相位,并且对应的正反馈系数为 1/3。1/3 为其模值的最大值。

从以上分析可知,当输入 RC 网络的信号角频率 $\omega_c = \dfrac{1}{RC}$ 时,正反馈系数的模值最大,而且运算放大器的同相输入端电压 $u_+(t)$ 与输出端电压 $u_o(t)$ 同相位。显然,$u_-(t) = \dfrac{R_4}{R_3} u_o(t)$,即反向输入端的电压 $u_-(t)$ 与输出端电压 $u_o(t)$ 同相位。也就是说,只要运算放大器的同相比例放大系数大于 3,就可以产生角频率 $\omega_c = \dfrac{1}{RC}$ 的正弦波。实际上,运算放大器的同相比例放大系数为 $1+\dfrac{R_3}{R_4}$,可以设计成远大于 3。所以在文氏电桥振荡器中,必须满足 $1+\dfrac{R_3}{R_4}>3$,即 $R_3>2R_4$,才能振荡。

在工程实践中,可以把电阻 R_3 或 R_4 用一个固定电阻和一个电位器串联起来,以便于调整振荡波形和幅度。

本章小结

本章首先介绍了反馈型 LC 振荡器的工作原理,以及振荡的起振条件、平衡条件、稳定条件。然后讨论了反馈型 LC 正弦波振荡电路、电容反馈式振荡电路和电感反馈式振荡电路的工作原理及其振荡频率的估算方法。接着介绍了振荡器的频率稳定度原理。最后分析了高稳定度 LC 振荡电路、晶体振荡电路和文氏电桥振荡电路。

通过本章的学习,读者可以掌握各种振荡电路的分析、计算和设计,了解提高振荡电路的频率稳定度的方法。

思考题与习题

4.1　什么是振荡器的起振条件、平衡条件和稳定条件? 各有什么物理意义? 它们与振荡器电路的参数有何关系?

4.2 反馈型 LC 振荡器从起振到平衡,放大器的工作状态是怎样变化的? 它与电路的哪些参数有关?

4.3 为了满足电路起振的相位条件,给题 4.3 图中的互感耦合线圈标注正确的同名端。

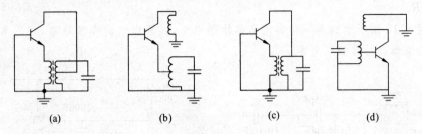

(a)   (b)   (c)   (d)

题 4.3 图

4.4 试从振荡器的相位条件出发,判断题 4.4 图所示的高频等效电路中,哪些可能振荡? 哪些不可能振荡? 能振荡的线路属于哪种振荡电路?

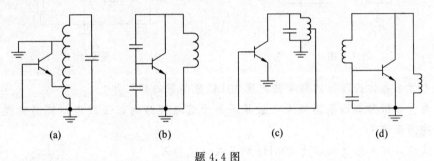

(a)   (b)   (c)   (d)

题 4.4 图

4.5 题 4.5 图所示为有 L_1 与 C_1、L_2 与 C_2、L_3 与 C_3 三回路的振荡器的等效电路,设有以下 6 种情况。

(1) $L_1C_1 > L_2C_2 > L_3C_3$;

(2) $L_1C_1 < L_2C_2 < L_3C_3$;

(3) $L_1C_1 > L_3C_3 > L_2C_2$;

(4) $L_1C_1 < L_3C_3 < L_2C_2$;

(5) $L_2C_2 > L_1C_1 > L_3C_3$;

(6) $L_2C_2 < L_1C_1 < L_3C_3$。

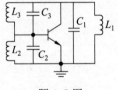

题 4.5 图

试分析上述 6 种情况是否可能振荡,振荡频率 f_0 与 3 个回路谐振频率有何关系?

4.6 在 LC 振荡器中,LC 回路的谐振频率为 $f_0 = 15\text{MHz}$,晶体管在 15MHz 时的相移 $\varphi_Y = -18°$,反馈电路的相移 $\varphi_F = 3°$。试求当 LC 回路的有载品质因数 $Q_L = 60$ 及 $Q_L = 20$ 时,振荡电路的振荡频率 f_c,并分析有载品质因数 Q_L 对振荡电路的性能有什么影响。

4.7 晶体管的极间电容的变化量分别为 $\Delta C_{ce} = 0.3\text{pF}$,$\Delta C_{be} = 2\text{pF}$,$\Delta C_{cb} = 0.2\text{pF}$。试求考必兹电路和克拉泼电路在中心频率处的频率稳定度。其中,$C_1 = 100\text{pF}$,$C_2 = 300\text{pF}$,$C_3 = 25\text{pF}$,设振荡器的振荡频率 $f_c = 12\text{MHz}$。

4.8 在如题 4.8 图所示的 LC 振荡器中,若电感 $L = 2\mu\text{H}$,要使振荡频率为 48MHz,试求

C_4 的值。

4.9   若晶体的参数 $L_q=20H$，$C_q=0.0002pF$，$C_o=4pF$，$r_q=100\Omega$。试求：串联谐振频率 f_q 和并联谐振频率 f_p 以及它们的差值，晶体的品质因数 Q 和等效并联谐振电阻 R_p。

4.10   题 4.10 图所示的是一种实用晶体振荡电路，试画出它的交流通路，指出它是哪种振荡器并估算振荡频率。

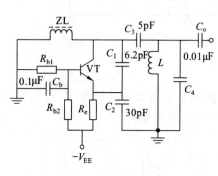

题 4.8 图

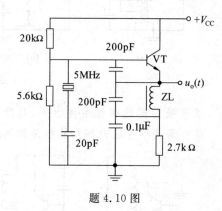

题 4.10 图

4.11   为什么晶体振荡器的频率稳定度比 LC 振荡器的高一些？

4.12   为什么振荡器的振荡频率一般并不等于选频回路的谐振频率？其偏离程度与哪些因素有关？

4.13   试设计一个振荡频率为 500Hz 的正弦波振荡器。

CHAPTER 5

第 5 章

振幅调制电路

5.1 概述

在通信时,需要传输的信息是多种多样的,如符号、文字、音乐、数据、图片、活动图像等。实现信息传输的手段也很多,比如书本和图片的运输,语音交流,磁性材料记录与回放,CD、VCD、DVD 等碟片的刻录与读取,等等。利用电这种手段,特别是无线电,进行信息传输,在当今信息社会越来越重要。无线电通信、广播、电视、雷达、遥控遥测、卫星通信、移动通信等,都是利用无线电技术传输各种信息的方式。这些方式都离不开调制技术与解调技术。

从信息变换过来的原始电信号被称为基带信号,大量的通信系统中都要通过"调制"将基带信号变换为更适合在信道中传输的信号。调制就是用基带信号(也称为调制信号)去控制载波的某一参数,使该参数随调制信号的变化而变化,一般用于发送设备中。如果被控制的是载波的振幅,则称为振幅调制,简称调幅;如果被控制的是载波的瞬时频率,则称为频率调制,简称为调频;如果被控制的是载波的瞬时相位,则称为相位调制,简称调相。

调制的反过程就是解调,一般用于接收设备中。在接收设备中,从接收到的已调波信号中恢复出原来的基带信号是接收设备的基本功能。接收设备采用的解调技术必须与发送设备中的调制技术相适应。调幅的解调过程被称为检波,调频的解调过程被称为鉴频,调相的解调过程被称为鉴相。事实上,调制与解调都是一种频谱变换过程,因此,调制与解调的实现都必须采用非线性电路。

为什么不能直接发射基带信号,而必须先调制后发射呢? 这是由于直接发射基带信号在工程实践上很难实现。采用调制技术的优点主要表现在以下几个方面。

1. 便于发射与接收

在无线电通信系统中,发射机利用天线向空间辐射电磁波的方式来传输信号,接收机也利用天线来感应被传输的无线电波。根据天线理论可知,只有当辐射天线和接收天线的尺寸大于信号波长的 1/10(或可以与信号波长相比拟的尺寸)时,信号才能被天线有效地辐射出去或感应进来。也就是说,工作频率越高,波长越短,辐射天线和接收天线的尺寸越小。一个笨大的天线在移动、运输、调整、存放时都不方便。比如,频率为 2000Hz 的电磁波的波长为 1.5×10^5 m,即 150km。如果采用 1/4 波长的天线,其天线的长度应该为 3.75×10^4 m,即 37.5km。显然,这种尺寸的天线是非常昂贵的,而且是没有实用价值的,也很难实现。只有把这个信号的频谱搬移到一个比较高的频率上,才能缩小天线的尺寸,工程实践上才便于操作。调制可以将基带信号的频谱搬移到任何需要的频率范围,使其易于以电磁波的形式辐射出去。

2. 便于实现信道复用

一般来说,每个被传输的信号所占用的带宽小于信道带宽。比如,在电视信号传输中,每个节目占用的频率带宽为 8MHz,而用于传输电视信号的整个频谱是 49～300MHz,频谱宽度约为 251MHz。在整个频谱内,传输一路信号太的浪费,因此,通过调制,可以把不同信号的频谱搬移到不同的位置,互不重叠,即一个信道里同时传输多路信号。这样,就能提高频谱的利用率。由于这是在频率域内实现信道的多路复用,故称为频分复用(FDMA)。同样地,在时间域里,利用脉冲调制或编码可使各路信号交错传输,也可实现信道复用,称为时分复用(TDMA)。除了 FDAM 和 TDMA 之外,还有码分复用(CDMA)等技术。

3. 便于改善系统性能

通过调制,可以将基带信号变换为更宽的频带信号。通信系统的输出信噪比是信号带宽的函数,增加信号带宽,可以提高它的抗干扰能力,从而改善通信系统的性能。

不同的调制技术有不同的特点。振幅调制适用于长波、中波、短波和超短波。振幅调制最大的优点是接收设备简单,因而广泛应用于无线电广播。

实现调幅的方法主要有以下两种。

1) 低电平调幅

低电平调幅是指调制过程在低电平级进行,对调制信号的功率需求比较小。在发送设备中,高频功率放大电路的前级电路,比如高频电压放大器,就属于低电平级。低电平调幅又可以分为平方律调幅、斩波调幅和模拟乘积调幅 3 种。平方律调幅是指利用有源器件的伏安特性曲线平方律部分的非线性作用来实现调幅的方法。场效应管的伏安特性曲线非常接近平方律。在忽略高次项后,晶体管和电子管的伏安特性曲线在部分段近似满足平方律。斩波调幅是指将基带信号按照载波信号的频率来斩波,然后通过中心频率等于载波频率的带通滤波器进行滤波,最后得到的信号也是调幅信号。模拟乘积调幅是指利用模拟乘法器来实现基带信号和载波信号之乘积,乘法器的输出信号也是一种调幅信号。

2) 高电平调幅

高电平调幅是指调制过程在高电平级进行,对调制信号的功率需求比较大。在发送设备中,高频功率放大电路就属于高电平级。高电平调幅又可以分为集电极(阳极)调幅、基极(栅极)调幅两种。

下面首先介绍调幅波的基本概念,再进行调幅波的功率分析,最后简要介绍双边带调幅(DSB)和单边带调幅(SSB)。

5.1.1 调幅波的概念

幅度调制包括调幅(AM)(也叫普通调幅或标准调幅)、双边带调幅(DSB)、残留边带调幅(VSB)和单边带调幅(SSB)4 种。这 4 种调幅都是用基带信号去控制载波信号的振幅,但是在具体的实现环节上有些差异,因此,每种调幅都有各自的特点。

设调制信号为 $u_\Omega(t)=U_{\Omega m}\cos(\Omega t)$,载波信号为 $u_c(t)=U_{cm}\cos(\omega_c t)$,$U_o$ 为直流电平,调幅信号的定义就是

$$u_{AM}(t) = U_{cm}[U_o + k_a u_\Omega(t)]\cos(\omega_c t) \tag{5-1}$$

把式(5-1)进行变形,可得

$$\begin{aligned} u_{AM}(t) &= U_{cm}U_o[1+m_a\cos(\Omega t)]\cos(\omega_c t) \\ &= U_m(t)\cos(\omega_c t) \end{aligned} \tag{5-2}$$

式中:$u_m(t)=U_{cm}U_o[1+m_a\cos(\Omega t)]$——包络函数;

$m_a = \dfrac{k_a U_{\Omega m}}{U_o}$——调幅指数(调幅度),其中 k_a 为比例系数。

显然,调幅波的包络函数的最大值和最小值分别为 $u_{mmin}=U_{cm}U_o(1-m_a)$,$u_{mmax}=U_{cm}U_o(1+m_a)$。故可得调幅度 m_a 的另一种表达式为

$$m_a = \frac{u_{mmax}-u_{mmin}}{u_{mmax}+u_{mmin}} \tag{5-3}$$

当调幅度 $m_a \leqslant 100\%$ 时,调幅为不失真调制;当调幅度 $m_a > 100\%$ 时,调幅为失真调制,也被称为过量调幅,应该尽量避免这种情况出现。调幅信号的波形如图 5-1 所示。

从式(5-1)和式(5-2)中可以看到,对于标准调幅信号,实际上是用调制信号去直接控制载波信号的振幅,而且已调波信号的振幅是由直流分量和调制信号叠加而成的,直流分量不能为零。从图 5-1 可以看到,已调波信号不是一个等幅波,其包络正好就是调制信号(非过量调幅)。

下面从频域的角度来分析 AM 信号的特点。把式(5-2)展开,可以得到 AM 信号的另一种表达式为

$$\begin{aligned} u_{AM}(t) = &U_{cm}U_o\cos(\omega_c t) \\ &+ 0.5 m_a U_{cm}U_o\cos[(\omega_c+\Omega)t] \\ &+ 0.5 m_a U_{cm}U_o\cos[(\omega_c-\Omega)t] \end{aligned} \tag{5-4}$$

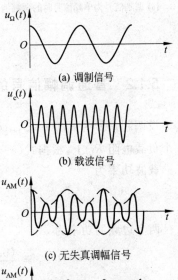

(a) 调制信号

(b) 载波信号

(c) 无失真调幅信号

(d) 过量调制的调幅信号

图 5-1 调幅信号的波形

由此可见,当调制信号为单频信号时,调幅信号中有 3 个单频信号:载波信号、上边频信号(角频率为 $\omega_c+\Omega$)和下边频信号(角频率为 $\omega_c-\Omega$)。当调制信号为有一定带宽的信号时,调幅信号中除了载波信号外,还有频带宽度与调制信号一样的上边带信号和下边带信号,如图 5-2 所示。由图 5-2 可以看出,调幅实际上是对调制信号频谱的线性搬移,而且分别搬移到以载波频率为中心、上下对称的上边带和下边带。

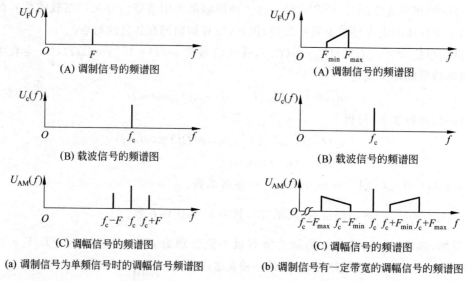

(A) 调制信号的频谱图

(A) 调制信号的频谱图

(B) 载波信号的频谱图

(B) 载波信号的频谱图

(C) 调幅信号的频谱图

(C) 调幅信号的频谱图

(a) 调制信号为单频信号时的调幅信号频谱图

(b) 调制信号有一定带宽的调幅信号的频谱图

图 5-2 调幅信号的频谱图

5.1.2 普通调幅信号的功率分析

设调制信号为 $u_\Omega(t) = U_{\Omega m}\cos(\Omega t)$，载波信号为 $u_c(t) = U_{cm}\cos(\omega_c t)$，调幅电压加在一个负载电阻 R_L 上，根据式(5-4)可以得到各个分量的功率。

载波功率为

$$P_c = \frac{(U_{cm}U_o)^2}{2R_L} \tag{5-5}$$

两个边频的功率为

$$P_{\omega_c+\Omega} = P_{\omega_c-\Omega} = \frac{(0.5m_a U_{cm}U_o^2)^2}{2R_L} = \frac{0.25m_a^2 U_{cm}^2 U_o^2}{2R_L} = 0.25m_a^2 P_c \tag{5-6}$$

总功率为

$$P_T = P_c + P_{\omega_c+\Omega} + P_{\omega_c-\Omega} = (1 + 0.5m_a^2)P_c \tag{5-7}$$

式(5-7)表明，调幅波的输出功率随着调幅度的增大而增大，且增大的部分只是两个边频功率，载波信号的功率不变。特别是当调幅度 $m_a = 100\%$ 时，上、下两个边频的功率共占总功率的 1/3，载波分量的功率却占总功率的 2/3 之多。因此，虽然调幅信号的解调电路简单，但从能量角度看是比较浪费的。因此，由于信号包含在边频带内，应该尽量提高调幅度 m_a 的值，以增强边频带功率，提高传输信号的能力。不过，调幅度 m_a 的值不要超过 100%，否则，会使接收设备复杂化。

在实际传输语音或音乐时，平均调幅度 m_a 的值是很低的。在语音或音乐最强时，调幅度 m_a 的值能够达到 100%；语音或音乐最弱时，也许调幅度 m_a 的值只有 5% 左右。因此，平均调幅度 m_a 的值可能只有 30% 左右，发射机的功率用于有用信号的部分太少，大部分功率都用在发射与传输有用信号无关的载波信号上了，整机的效率很低。这是标准调幅的缺点之一。

另外,标准调幅信号中包含上、下两个完全对称的边频带,每个边频带都含有基带信号的所有信息。也就是说,在频带占用上,有一半是重复的。因此,频谱利用率不高也是标准调幅的缺点之一。

尽管如此,标准调幅的接收设备比较简单的优点还是非常突出的,这就是标准调幅还能够得到广泛应用的主要原因。

5.1.3　DSB 和 SSB

从上面的分析可以看到,标准调幅具有能量利用率低和频谱利用率不高两个主要缺点。为了提高能量的利用率,可以采用 DSB 和 SSB。DSB 的特点是其仅含有上、下两个边带,无载波信号,发射机发射的功率全部用于传输两个边频带信号。因此,DSB 比起标准调幅来,提高了能量的利用率。但是,DSB 信号仍然含有上、下两个边频带,也就是说,频谱利用率还是不高。SSB 的特点是只有一个边带,理论上无载波信号,分为上边带调制和下边带调制。因此,SSB 信号既具有能量利用率高的优点,又具有频谱利用率高的优点。但是,SSB 信号的最大缺点是,与 AM 信号和 DSB 信号相比,它的接收设备是最复杂的。因为 SSB 信号一般只能采用相干解调,而载波信号提取就是最大的难点。在实际应用中,为了降低接收机的难度,可以插入导频。

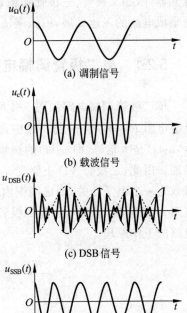

设调制信号为 $u_\Omega(t)=U_{\Omega m}\cos(\Omega t)$,载波信号为 $u_c(t)=U_{cm}\cos(\omega_c t)$,DSB 的时域表达式为(调制信号中无直流分量)

$$u_{DSB}(t) = u_\Omega(t)u_c(t) = 0.5U_{\Omega m}U_{cm}[\cos(\omega_c t + \Omega t) + \cos(\omega_c t - \Omega t)] \tag{5-8}$$

DSB 信号的波形如图 5-3(c)所示。

SSB 信号的时域表达式为

$$\begin{cases} u_{SSBU}(t) = 0.5U_{\Omega m}U_{cm}\cos(\omega_c t + \Omega t) \\ u_{SSBD}(t) = 0.5U_{\Omega m}U_{cm}\cos(\omega_c t - \Omega t) \end{cases} \tag{5-9}$$

其波形图就是一个余弦波,如图 5-3(d)所示。

从上面的分析可见,DSB 信号就是无直流分量的调制信号与载波信号的乘积。这里要注意的是,调制信号中不能有直流分量;否则,产生的调幅信号中含有载波分量,是一种调准调幅信号,而不是 DSB 信

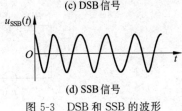

图 5-3　DSB 和 SSB 的波形

号。有些调制信号本身没有直流分量,比如语音信号,但是在实际电路中,麦克风的输出可能含有直流分量,此时,只要用一个电容值比较大的隔直电容与调制器输入端串联即可。SSB 信号是在得到 DSB 信号的前提下,利用一个带通滤波器取出上边带或下边带。事实上,SSB 信号的这种产生方法的难点在于带通滤波器,尤其是载波信号频率很高,上

边带信号的频率下限或下边带信号的频率上限与载波信号频率相差不大时,带通滤波器的物理实现是相当困难的。

　　下面仅以标准调幅信号为例,介绍两种振幅调制电路:低电平调幅电路和高电平调幅电路。

5.2　低电平调幅电路

　　低电平调幅的调制过程是在低电平级进行的,因而所需的调制信号的输入功率小,但是输出的调幅波的功率也小。在需要大功率调幅波的场合,低电平调幅电路产生的小功率调幅波必须经过线性功率放大器的放大才行。高电平调幅的调制过程是在高电平级进行的,因此所需的调制信号的输入功率大,而输出的调幅波功率也大,可满足发射机输出功率的要求,故常置于发射机的最后一级。由于高电平调幅电路不需要采用效率较低的线性功率放大器,因此调幅发射机常采用这种调幅电路。

　　调幅电路需要产生新的频率分量,是一种非线性电路,也就是说,电路中必须有非线性元器件,如二极管、三极管和场效应管等,本质上完成调制信号与载波信号的乘积。随着集成电路的飞速发展,模拟乘法器已经广泛应用于调幅电路中。

5.2.1　单二极管调幅电路

　　单二极管调幅电路如图 5-4 所示,二极管 VD、调制信号 $u_1(t)$、载波信号 $u_2(t)$ 以及负载电阻 R_L 串联在一起。其中,二极管 VD 处于开关状态。一般情况下,$u_1(t)$ 是小信号,$u_2(t)$ 是大信号,即 $u_2(t)$ 的振幅 U_{2m} 远远大于 $u_1(t)$ 的振幅 U_{1m},U_{2m} 足以让二极管 VD 导通。因此,二极管 VD 主要受 $u_2(t)$ 的控制,处于开关状态。在图 5-4(b)中,把二极管等效为一个电子开关,如虚线框内的电子元件所示,具体等效为一个单刀单掷开关 S 和电阻 r_d 的串联。其中,r_d 是二极管的导通等效电阻。下面定性地分析一下单二极管调幅电路的工作原理。

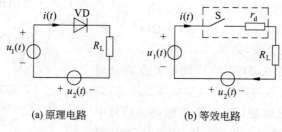

(a) 原理电路　　　　　　(b) 等效电路

图 5-4　单二极管调幅电路

　　设 $u_1(t) = U_{1m}\cos(\omega_1 t)$,$u_2(t) = U_{2m}\cos(\omega_2 t)$,且 $U_{2m} \gg U_{1m}$。在 $u_2(t)$ 的正半周,由图 5-4 中所标注的参考极性可知,二极管 VD 导通,电流 $i(t)$ 为

$$i(t) = \frac{1}{r_d + R_L}[u_1(t) + u_2(t)]$$

式中：r_d——二极管的导通等效电阻。

在 $u_2(t)$ 的负半周，二极管 VD 截止，电流 $i(t)$ 为零。电流 $i(t)$ 可以完整地表示为

$$i(t) = \begin{cases} \dfrac{u_1(t) + u_2(t)}{r_d + R_L}, & u_2(t) > 0 \\ 0, & u_2(t) \leqslant 0 \end{cases} \tag{5-10}$$

如果把二极管 VD 的开关作用以开关函数来表示，即

$$k(\omega_2 t) = \begin{cases} 1, & u_2(t) > 0 \\ 0, & u_2(t) \leqslant 0 \end{cases} \tag{5-11}$$

则式(5-10)可以表示为

$$i(t) = k(\omega_2 t) \frac{u_1(t) + u_2(t)}{r_d + R_L} \tag{5-12}$$

这个开关函数是角频率为 ω_2 的周期函数，可以将其展开为傅里叶级数，即

$$k(\omega_2 t) = \frac{1}{2} + \frac{2}{\pi}\cos(\omega_2 t) + \cdots + \frac{2(-1)^{n+1}}{(2n-1)\pi}\cos[(2n-1)\omega_2 t]$$

$$= \frac{1}{2} + \sum_{n=1}^{+\infty} \frac{2(-1)^{n+1}}{(2n-1)\pi}\cos[(2n-1)\omega_2 t] \tag{5-13}$$

由式(5-13)可见，开关函数中只含有直流分量和奇次谐波分量。将式(5-13)代入式(5-12)得

$$i(t) = \left\{ \frac{1}{2} + \sum_{n=1}^{+\infty} \frac{2(-1)^{n+1}}{(2n-1)\pi}\cos[(2n-1)\omega_2 t] \right\} \frac{U_{1m}\cos(\omega_1 t) + U_{2m}\cos(\omega_2 t)}{r_d + R_L}$$

$$= \frac{U_{1m}\cos(\omega_1 t) + U_{2m}\cos(\omega_2 t)}{2(r_d + R_L)}$$

$$+ \frac{1}{r_d + R_L} \sum_{n=1}^{+\infty} \frac{2(-1)^{n+1}\cos[(2n-1)\omega_2 t]}{(2n-1)\pi}[U_{1m}\cos(\omega_1 t) + U_{2m}\cos(\omega_2 t)]$$

其中的频率成分非常丰富，具体有 ω_2 和 ω_1；$\omega_2 - \omega_1$ 和 $\omega_2 + \omega_1$；$(2n-1)\omega_2 \pm \omega_1$；$2n\omega_2$。如果用一个带通滤波器把 ω_2、$\omega_2 - \omega_1$ 和 $\omega_2 + \omega_1$ 3 个频率分量取出来，得到的信号就是调幅信号。也就是说，如果用一个中心角频率为 ω_2 的带通滤波器代替负载电阻 R_L，则带通滤波器两端的电压信号 $u_o(t)$ 就是调幅信号，即（为了简化起见，忽略工作频率等于 $\omega_2 - \omega_1$ 和 $\omega_2 + \omega_1$ 时通过带通滤波器的相移）

$$u_o(t) = \frac{U_{2m}R_p}{2(r_d + R_p)}\cos(\omega_2 t) + \frac{2U_{1m}R_z}{\pi(r_d + R_z)}\cos(\omega_2 t)\cos(\omega_1 t)$$

$$= \frac{U_{2m}R_p}{2(r_d + R_p)}\left[1 + \frac{4U_{1m}R_z(r_d + R_p)}{\pi U_{2m}R_p(r_d + R_z)}\cos(\omega_1 t)\right]\cos(\omega_2 t)$$

$$= \frac{U_{2m}R_p}{2(r_d + R_p)}[1 + m_a\cos(\omega_1 t)]\cos(\omega_2 t)$$

式中：$\dfrac{4U_{1m}R_z(r_d + R_p)}{\pi U_{2m}R_p(r_d + R_z)} = m_a$——调幅度；

R_z——工作角频率等于 $\omega_2+\omega_1$ 和 $\omega_2-\omega_1$ 时,带通滤波器的阻抗幅值;

R_p——工作角频率等于 ω_2 时,带通滤波器的阻抗幅值。

由此可见,单二极管调幅电路的调幅度 m_a 除了与带通滤波器的特性有关,还与载波信号的电压振幅 U_{2m} 成反比。也就是说,在其他参数确定的情况下,要想提高调幅度,必须减小载波信号的电压振幅 U_{2m}。

单二极管调幅电路具有电路简单的优点。它要求载波电压信号的振幅 U_{2m} 足够大,但是,为了调幅度 m_a 不至于太低,振幅 U_{2m} 也不能太大。另外,单二极管调幅电路中的频率分量太多,对系统本身和其他系统造成的干扰可能会比较严重。

5.2.2 二极管平衡调幅电路

由以上分析可以看到,虽然单二极管调幅电路具有电路简单的优点,但是它所附加的谐波分量太多,可能对系统本身和其他系统造成比较严重的干扰。减小调幅电路中的谐波分量,是调幅的重要技术指标之一。二极管平衡调幅电路所产生的谐波分量就比单二极管调幅电路产生的谐波分量少。

二极管平衡调幅电路如图 5-5 所示,二极管 VD_1 和 VD_2 是同型号的开关二极管,它们在电路图中上、下对称分布,所以这个电路叫作二极管平衡调幅电路。调制信号 $u_1(t)$ 通过低频变压器 T_1 耦合输入,其原边线圈匝数与副边线圈匝数之比为 1∶2,副边有一个中心抽头,所以,副边的上、下两组线圈的匝数与原边的线圈匝数相等。因此,变压器 T_1 副边的上、下两组线圈两端的电压都是 $u_1(t)$,参考极性如图 5-5(a)所示。载波信号 $u_2(t)$ 通过高频变压器 T_3 耦合输入,变压器 T_3 的副边电压为 $u_2(t)$。输出高频变压器 T_2 的原边线圈匝数与副边线圈匝数之比为 2∶1,原边有一个中心抽头,所以,原边的上、下两组线圈的匝数与原边的线圈匝数相等。负载电阻 R_L 从变压器 T_2 的副边等效到原边的上、下两组线圈两端的电阻就应该为 $2R_L$,如图 5-5(b)所示。变压器 T_2 的原边与一个电容并联,构成了一个中心频率等于载波信号 $u_2(t)$ 的频率 f_2 的并联谐振回路。

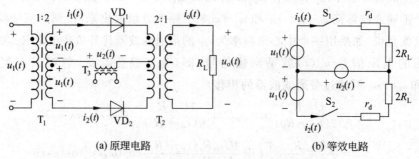

(a) 原理电路　　　　　　　　　(b) 等效电路

图 5-5　二极管平衡调幅电路

二极管 VD_1 和 VD_2 都处于开关状态。一般情况下,$u_1(t)$ 是小信号,$u_2(t)$ 是大信号,即 $u_2(t)$ 的振幅 U_{2m} 远远大于 $u_1(t)$ 的振幅 U_{1m},U_{2m} 足以让二极管 VD_1 和 VD_2 导通。因此,二极管 VD_1 和 VD_2 主要受 $u_2(t)$ 的控制,处于开关状态,等效为一个单刀单掷开关

S_1 或 S_2 和电阻 r_d 的串联。其中，r_d 是二极管的导通等效电阻。

设 $u_1(t) = U_{1m}\cos(\omega_1 t)$，$u_2(t) = U_{2m}\cos(\omega_2 t)$，且 $U_{2m} \gg U_{1m}$。由图 5-5 所示的参考极性可以看到，在载波信号 $u_2(t)$ 的控制之下，二极管 VD_1 和 VD_2 同步导通或截止。因此，当 $u_2(t) > 0$ 时（忽略二极管的导通电压 U_{bz}），二极管 VD_1 和 VD_2 导通；当 $u_2(t) < 0$ 时，二极管 VD_1 和 VD_2 截止。在 $u_2(t)$ 的正半周，二极管 VD_1 和 VD_2 导通，通过二极管 VD_1 和 VD_2 的电流 $i_1(t)$ 和 $i_2(t)$ 分别为

$$i_1(t) = \frac{1}{r_d + 2R_L}[u_1(t) + u_2(t)], \quad i_2(t) = \frac{1}{r_d + 2R_L}[-u_1(t) + u_2(t)]$$

在 $u_2(t)$ 的负半周，二极管 VD_1 和 VD_2 截止，通过二极管 VD_1 和 VD_2 的电流 $i_1(t)$ 和 $i_2(t)$ 都为零。

由以上分析，可以把电流 $i_1(t)$ 和 $i_2(t)$ 完整地表示为

$$i_1(t) = k(\omega_2 t)\frac{u_1(t) + u_2(t)}{r_d + 2R_L} \tag{5-14}$$

$$i_2(t) = k(\omega_2 t)\frac{-u_1(t) + u_2(t)}{r_d + 2R_L} \tag{5-15}$$

根据输出变压器的同名端及假设的电流参考方向，可得输出电流 $i_o(t)$ 为

$$i_o(t) = i_1(t) - i_2(t) = \frac{2u_1(t)}{r_d + 2R_L}k(\omega_2 t)$$

$$= \frac{2U_{1m}\cos(\omega_1 t)}{r_d + 2R_L}\left\{\frac{1}{2} + \sum_{n=1}^{+\infty}\frac{2(-1)^{n+1}}{(2n-1)\pi}\cos[(2n-1)\omega_2 t]\right\}$$

$$= \frac{1}{r_d + 2R_L}\left\{U_{1m}\cos(\omega_1 t) + 4\sum_{n=1}^{+\infty}\frac{(-1)^{n+1}}{(2n-1)\pi}\cos[(2n-1)\omega_2 t]U_{1m}\cos(\omega_1 t)\right\}$$

其中，角频率分量有 ω_1、$\omega_2 - \omega_1$、$\omega_2 + \omega_1$ 和 $(2n-1)\omega_2 \pm \omega_1$，比单二极管调幅电路中的频率分量有所减少。如果输出回路是一个谐振角频率为 ω_2、带宽为 $2\omega_1$ 的带通滤波器，就可以把 $\omega_2 - \omega_1$ 和 $\omega_2 + \omega_1$ 两个角频率分量取出来，得到的信号就是双边带调幅信号。为了简化起见，忽略带通滤波器的相移，输出电压 $u_o(t)$ 为

$$u_o(t) = \frac{4R_z}{\pi(r_d + 2R_L)}U_{1m}\cos(\omega_1 t)\cos(\omega_2 t)$$

$$= \frac{4R_z}{\pi(r_d + 2R_L)}u_1(t)\cos(\omega_2 t)$$

$$= \frac{4R_z}{\pi U_{2m}(r_d + 2R_L)}u_1(t)u_2(t)$$

式中：R_z——工作频率为 $f_2 - f_1$ 或 $f_2 + f_1$ 时，带通滤波器的阻抗幅值。

输出信号的幅度除了与二极管的参数 r_d 以及带通滤波器的 R_z 有关外，还与调制信号的振幅 U_{1m} 成正比，但是与载波信号的振幅 U_{2m} 无关。

二极管平衡调幅电路具有电路比较简单的优点。它要求载波电压信号的振幅 U_{2m} 足够大，能够使两个开关二极管导通。另外，比起单二极管调幅电路来说，二极管平衡调幅电路中的频率分量有所减少，对系统本身和其他系统造成的干扰也就稍微减轻了。

5.2.3　二极管环形调幅电路

与单二极管调幅电路相比,二极管平衡调幅电路多用了一个二极管,使得电路中的谐波分量有所减少。事实上,二极管平衡调幅电路相当于两个单二极管调幅电路,只是输出电流是两个开关二极管的电流之差,所以,相减的结果就是抵消了部分谐波分量。二极管环形调幅电路可以进一步减少谐波分量。

二极管环形调幅电路如图 5-6 所示,二极管 VD_1、VD_2、VD_3 和 VD_4 是同型号的开关二极管。调制信号 $u_1(t)$ 通过低频变压器 T_1 耦合输入,其原边线圈匝数与副边线圈匝数之比为 1：2,副边有一个中心抽头,所以,副边的上、下两组线圈的匝数与原边的线圈匝数相等。因此,变压器 T_1 副边的上、下两组线圈两端的电压都是 $u_1(t)$,参考极性如图 5-6(a)所示。载波信号 $u_2(t)$ 通过高频变压器 T_3 耦合输入,变压器 T_3 的副边电压为 $u_2(t)$。输出高频变压器 T_2 的原边线圈匝数与副边线圈匝数之比为 2：1,原边有一个中心抽头,所以,原边的上、下两组线圈的匝数与副边的线圈匝数相等。负载电阻 R_L 从变压器 T_2 的副边等效到原边的上、下两组线圈两端的电阻就应该为 $2R_L$,如图 5-6(b)所示。变压器 T_2 的原边与一个电容并联,构成了一个中心频率等于载波信号 $u_2(t)$ 的频率 f_2 的并联谐振回路。

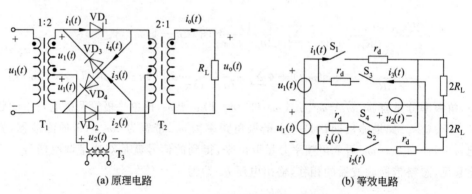

(a) 原理电路　　　　　　　　　　(b) 等效电路

图 5-6　二极管环形调幅电路

其中,二极管处于开关状态,信号 $u_1(t)$ 和 $u_2(t)$ 分别是调制信号和载波信号,负载电阻 R_L 从输出变压器的次级等效到初级的上、下对称的 $2R_L$。一般情况下,$u_1(t)$ 是小信号,$u_2(t)$ 是大信号,二极管主要受 $u_2(t)$ 的控制,处于开关状态。

设 $u_1(t)=U_{1m}\cos(\omega_1 t)$,$u_2(t)=U_{2m}\cos(\omega_2 t)$。在 $u_2(t)$ 的正半周,VD_1 和 VD_2 导通,VD_3 和 VD_4 截止,电流 $i_3(t)$ 和 $i_4(t)$ 为零,电流 $i_1(t)$ 和 $i_2(t)$ 为

$$i_1(t) = \frac{1}{r_d + 2R_L}\big[u_1(t) + u_2(t)\big], \quad i_2(t) = \frac{1}{r_d + 2R_L}\big[-u_1(t) + u_2(t)\big]$$

式中：r_d——二极管的导通等效电阻。

在 $u_2(t)$ 的负半周,VD_1 和 VD_2 截止,VD_3 和 VD_4 导通,电流 $i_1(t)$ 和 $i_2(t)$ 为零,电流 $i_3(t)$ 和 $i_4(t)$ 为

$$i_3(t) = \frac{1}{r_d + 2R_L}[-u_1(t) - u_2(t)], \quad i_4(t) = \frac{1}{r_d + 2R_L}[u_1(t) - u_2(t)]$$

如果 VD_1 和 VD_2 对应的开关函数为式(5-13),则 VD_3 和 VD_4 对应的开关函数在相位上延迟了半个周期,即

$$k_3(\omega_2 t) = k_4(\omega_2 t) = k(\omega_2 t - \pi)$$

$$= \frac{1}{2} - \frac{2}{\pi}\cos(\omega_2 t) + \cdots + \frac{2(-1)^n}{(2n-1)\pi}\cos[(2n-1)\omega_2 t]$$

$$= \frac{1}{2} + \sum_{n=1}^{+\infty}\frac{2(-1)^n}{(2n-1)\pi}\cos[(2n-1)\omega_2 t] \tag{5-16}$$

根据式(5-13)和式(5-16),电流 $i_1(t)$ 和 $i_2(t)$、$i_3(t)$ 和 $i_4(t)$ 可以表示为

$$i_1(t) = k(\omega_2 t)\frac{u_1(t) + u_2(t)}{r_d + 2R_L} \tag{5-17}$$

$$i_2(t) = k(\omega_2 t)\frac{-u_1(t) + u_2(t)}{r_d + 2R_L} \tag{5-18}$$

$$i_3(t) = k_3(\omega_2 t)\frac{-u_1(t) - u_2(t)}{r_d + 2R_L} \tag{5-19}$$

$$i_4(t) = k_4(\omega_2 t)\frac{u_1(t) - u_2(t)}{r_d + 2R_L} \tag{5-20}$$

根据输出变压器的同名端及假设的电流参考方向,可得输出电流 $i_o(t)$ 为

$$i_o(t) = i_1(t) - i_2(t) + i_3(t) - i_4(t) = \frac{2u_1(t)}{r_d + 2R_L}k(\omega_2 t) - \frac{2u_1(t)}{r_d + 2R_L}k_3(\omega_2 t)$$

$$= \frac{2U_{1m}\cos(\omega_1 t)}{r_d + 2R_L}\left\{\frac{1}{2} + \sum_{n=1}^{+\infty}\frac{2(-1)^{n+1}}{(2n-1)\pi}\cos[(2n-1)\omega_2 t]\right.$$

$$\left. - \frac{1}{2} - \sum_{n=1}^{+\infty}\frac{2(-1)^n}{(2n-1)\pi}\cos[(2n-1)\omega_2 t]\right\}$$

$$= \frac{8}{r_d + 2R_L}\sum_{n=1}^{+\infty}\frac{(-1)^{n+1}}{(2n-1)\pi}\cos[(2n-1)\omega_2 t]U_{1m}\cos(\omega_1 t)$$

其中,角频率分量有: $\omega_2 - \omega_1$ 和 $\omega_2 + \omega_1$;$(2n-1)\omega_2 \pm \omega_1$,比二极管平衡调幅电路中的频率分量还有所减少,而且剩下的频率分量的振幅加倍。如果输出回路是一个谐振角频率为 ω_2、带宽为 $2\omega_1$ 的带通滤波器,可以把 $\omega_2 - \omega_1$ 和 $\omega_2 + \omega_1$ 两个角频率分量取出来,得到的信号就是双边带调幅信号。

5.2.4 模拟乘法器调幅电路

模拟乘法器是一种完成两个模拟信号相乘的有源器件,其电路图符号如图 5-7 所示,它有两个输入端和一个输出端,属于一种非线性有源器件,其传输特性方程为

$$u_o(t) = K_M u_x(t)u_y(t) \tag{5-21}$$

式中:K_M——增益系数。

模拟乘法器型号很多,参数不一,特别是工作频率相差比较大。在用模拟乘法器设

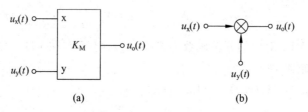

图 5-7　模拟乘法器符号

计电子线路时,一定要仔细查阅芯片的技术参数,尤其是工作频率,然后再选定某个型号的乘法器。常用的模拟乘法器有 MC1596、XCC、BG314、AD630 等。下面介绍一种利用高频模拟乘法器 MC1596 构成的双边带调幅电路。

图 5-8 所示的是高频模拟乘法器 MC1596 构成的双边带调幅电路,它采用双电源供电,分别为 +12V 和 -8V;电阻 R_1、R_2、R_3、R_4 和 R_5 提供合适的偏置;调制信号与载波信号分别从第 1 端和第 8 端输入,从第 6 端输出。图中,R_p 是载波调零电位器,即调节 MC1596 的第 4 端与第 1 端的直流电位差为零,使得输出信号中不含有载波分量,产生一个双边带调幅信号(DSB)。如果第 4 端与第 1 端的直流电位差不为零,则输出信号中必定含有载波分量,此时输出的信号是一个标准调幅信号(AM)。而且,调整电位器 R_p,可以控制调幅度 m_a。MC1596 的第 6 端与第 9 端分别是一对差分对管的集电极,所以电阻 R_4 和 R_5 的阻值一般是一样大的。该电路采用的是单端输出形式。改变输出选频网络中的电感 L 或电容 C,可以调整输出带通滤波器的中心频率,这个频率应该等于载波信号的频率;改变输出选频网络中的电阻 R,可以调整输出带通滤波器的通频带。在实际工程中,往往用一个固定电容并联一个可调或半可调电容,来代替输出选频网络中的电容 C,或者用一个可调电感来代替输出选频网络中的电感 L。

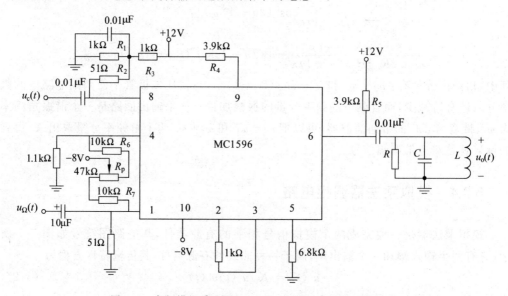

图 5-8　高频模拟乘法器 MC1596 构成的双边带调幅电路

模拟乘法器调幅电路具有电路简洁、调试方便、性能稳定、电压增益比较大等优点。因此,模拟乘法器调幅电路的应用比较广泛。

5.3　高电平调幅电路

5.3.1　集电极调幅电路

二极管调幅电路具有电路简洁的优点,而且对于二极管环形调幅电路来说,无用的频率分量也比较少,但是,电压增益是小于 1 的(二极管没有放大能力)。模拟乘法器调幅电路具有电路简洁、调试方便、性能稳定、电压增益比较大等优点,但是,它一般用于低电平调幅电路。对于高电平调幅来说,虽然对信号源的输出功率要求比较高,但是,调幅电路可以用工作在丙类的放大器实现调幅,不但调幅电路效率高,而且具有比较大的电压增益和功率增益。

图 5-9 所示的是集电极调幅原理电路。该电路采用双电源供电,即直流电源 V_{CC} 和 V_{BB};C_b 和 C_c 是高频旁路电容,对于高频信号,相当于短路,对于低频信号,相当于断路;电阻 R_L、电容 C 和变压器 T_3、原边电感 L 组成了谐振负载电路;晶体管工作在丙类状态;调制信号 $u_\Omega(t)$ 通过低频变压器 T_2 耦合到晶体管集电极,载波信号 $u_c(t)$ 通过高频变压器 T_1 耦合到晶体管发射结,调幅信号 $u_o(t)$ 从集电极回路的变压器 T_3 耦合输出。与高频功率放大器相比,该电

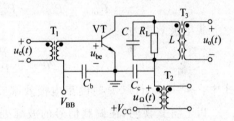

图 5-9　集电极调幅原理电路

路增加了一个通过低频变压器 T_2 耦合到晶体管集电极的控制晶体管集电极电位的信号源,即调制信号 $u_\Omega(t)$。

由第 3 章的分析可知,当丙类高频功率放大器工作在过压区时,在其他参数不变的条件下,改变集电极电源的大小,输出信号的幅度随集电极电压的变化而变化。因此,当调制信号通过变压器 T_2 控制晶体管集电极的直流电位时,只要该电路工作在过压区,输出信号必定是调幅波,而且其中必定含有载波频率分量。所以,集电极调幅电路必须工作在过压区,而且只能产生普通调幅波。

下面定性地分析集电极调幅电路的技术指标。

设调制信号为 $u_\Omega(t)=U_{\Omega m}\cos(\Omega t)$,载波信号为 $u_c(t)=U_{cm}\cos(\omega_c t)$。为了简化,再设变压器 T_1、T_2 和 T_3 都是理想的 $1:1$ 变压器,则发射极电压为

$$u_{BE}(t) = V_{BB} + U_{cm}\cos(\omega_c t)$$

集电极电源电压为

$$V_c(t) = V_{CC} + U_{\Omega m}\cos(\Omega t) = V_{CC}[1 + m_a\cos(\Omega t)]$$

式中：$m_a = \dfrac{U_{\Omega m}}{V_{CC}}$——调幅度。

在过压区，集电极脉冲电流的直流分量和基波分量的振幅与集电极电源电压成正比，即

$$I'_{C0} = I_{C0}[1 + m_a\cos(\Omega t)] \tag{5-22}$$

$$I'_{c1m} = I_{c1m}[1 + m_a\cos(\Omega t)] \tag{5-23}$$

式中：I_{C0}——$u_\Omega(t) = 0$ 时，集电极电流脉冲的直流分量；

I_{c1m}——$u_\Omega(t) = 0$ 时，集电极电流脉冲的基波分量振幅。

在集电极脉冲电流的直流分量和基波分量的振幅为最大值的情况下，直流电源 V_{CC} 输出的功率为

$$\begin{aligned}P'_{=\max} &= V_{CC}(1+m_a)I_{C0}(1+m_a) = V_{CC}I_{C0}(1+m_a)^2\\ &= P_=(1+m_a)^2\end{aligned} \tag{5-24}$$

输出功率为

$$P'_{o\max} = 0.5I'^2_{c1m}R_p = 0.5I^2_{c1m}(1+m_a)^2R_p = P_o(1+m_a)^2 \tag{5-25}$$

集电极损耗为

$$P'_{c\max} = P'_{=\max} - P'_{o\max} = (P_= - P_o)(1+m_a)^2 \tag{5-26}$$

集电极效率为

$$\eta'_{c\max} = \frac{P'_{o\max}}{P'_{=\max}} = \frac{P_o}{P_=} = \eta_c \tag{5-27}$$

式中：η_c——$u_\Omega(t) = 0$ 时的集电极效率。

以上各式说明，在调制信号的波峰处，输出功率仅为有载波信号时的 $(1+m_a)^2$ 倍，而效率不变。

现在，从另一个角度来分析集电极调幅电路的技术指标，也就是调制信号一个周期内的平均值。集电极电源 V_{CC} 提供的平均功率为

$$\begin{aligned}P_{=av} &= \frac{1}{2\pi}\int_{-\pi}^{\pi}V_{CC}(t)I'_{C0}\,\mathrm{d}(\Omega t)\\ &= \frac{1}{2\pi}\int_{-\pi}^{\pi}V_{CC}[1+m_a\cos(\Omega t)]I_{C0}[1+m_a\cos(\Omega t)]\,\mathrm{d}(\Omega t)\\ &= V_{CC}I_{C0} + 0.5m_a^2V_{CC}I_{C0} = (1+0.5m_a^2)P_=\end{aligned} \tag{5-28}$$

调制信号 $u_\Omega(t)$ 提供的平均功率为

$$P_\Omega = P_{=av} - P_= = 0.5m_a^2P_= \tag{5-29}$$

平均输出功率为

$$\begin{aligned}P_{oav} &= \frac{1}{2\pi}\int_{-\pi}^{\pi}0.5I'^2_{c1m}R_p\,\mathrm{d}(\Omega t) = \frac{1}{2\pi}\int_{-\pi}^{\pi}0.5I^2_{c1m}[1+m_a\cos(\Omega t)]^2R_p\,\mathrm{d}(\Omega t)\\ &= 0.5I^2_{c1m}R_p(1+0.5m_a^2) = P_o(1+0.5m_a^2)\end{aligned} \tag{5-30}$$

集电极平均耗散功率为

$$P_{cav} = P_{=av} - P_{oav} = (P_= - P_o)(1+0.5m_a^2) = P_c(1+0.5m_a^2) \tag{5-31}$$

集电极平均效率为

$$\eta_{\mathrm{cav}} = \frac{P_{\mathrm{oav}}}{P_{=\mathrm{av}}} = \frac{P_{\mathrm{o}}}{P_{=}} = \eta_{\mathrm{c}} \tag{5-32}$$

式中：η_{c}——$u_{\Omega}(t)=0$ 时的集电极效率。

综上所述，得出以下结论。

(1) 在调制信号的一个周期内，平均功率都是仅有载波信号时的 $(1+0.5m_{\mathrm{a}}^2)$ 倍，而且效率不变。

(2) 总输入功率分别由 V_{CC} 和 $u_{\Omega}(t)$ 供给，V_{CC} 是产生载波信号的功率的来源，$u_{\Omega}(t)$ 是产生边带信号的功率的来源。

(3) 集电极平均耗散功率等于仅有载波信号时的 $(1+0.5m_{\mathrm{a}}^2)$ 倍，可以根据这个值来选择晶体管，使集电极耗散功率参数 $P_{\mathrm{cm}} > P_{\mathrm{av}}$。

(4) 需要调制信号提供一定量的输入功率，所以集电极调幅需要大功率的调制信号源，这是集电极调幅的主要缺点。

(5) 输出功率比较大，效率高，线性调幅的范围比较大，即调幅可以设置得比较大。

5.3.2　基极调幅

图 5-10 所示的是基极调幅原理电路。该电路采用双电源供电，即直流电源 V_{CC} 和 V_{BB}；C_{b1} 和 C_{c} 是高频旁路电容，对于高频信号，相当于短路，对于低频信号，相当于断路；电容 C_{b2} 是低频滤波电容；电阻 R_{L}、电容 C 和变压器 T_3 的原边电感 L 组成了谐振负载电路；晶体管工作在丙类状态；调制信号和载波信号分别通过变压器 T_2 和变压器 T_1 耦合到晶体管发射结回路，调幅信号 $u_{\mathrm{o}}(t)$ 从集电极回路的变压器 T_3 耦合输出。

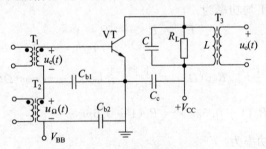

图 5-10　基极调幅原理电路

基极调幅的基本原理是利用丙类功率放大器，在电源电压 V_{CC}、输入信号振幅 U_{bm}、谐振电阻 R_{p} 和晶体管 VT 不变的条件下，集电极脉冲电流中的基波分量的振幅 I_{c1m} 随 V_{BB} 的变化而变化这一特点来实现调幅的，如图 3-11 所示。由于基波分量的振幅 I_{c1m} 随 V_{BB} 的变化而变化的线性范围较小，因而调制度受到一定的限制。

设调制信号为 $u_{\Omega}(t)=U_{\Omega\mathrm{m}}\cos(\Omega t)$，载波信号为 $u_{\mathrm{c}}(t)=U_{\mathrm{cm}}\cos(\omega_{\mathrm{c}}t)$。为了简化，再设变压器都是理想的 1:1 变压器。由于调制信号 $u_{\Omega}(t)$ 相对于载波来说是一个缓慢变化的信号，可以把它看成对直流电源 V_{BB} 的控制，那么，根据电路分析的知识和图 5-10 所示的参考极性，基极电源电压为

$$V_{\mathrm{BB'}}(t) = V_{\mathrm{BB}} + U_{\mathrm{bm}}\cos(\Omega t) = V_{\mathrm{BB}}[1 + m_{\mathrm{a}}\cos(\Omega t)]$$

式中：$m_a = \dfrac{U_{\Omega m}}{V_{BB}}$——调幅度。

在欠压区，集电极脉冲电流的直流分量和基波分量振幅与基极电源电压近似成正比，即

$$I'_{C0} = I_{C0}[1 + m_a\cos(\Omega t)] \tag{5-33}$$

$$I'_{clm} = I_{clm}[1 + m_a\cos(\Omega t)] \tag{5-34}$$

式中：I_{C0}——$u_\Omega(t) = 0$ 时，集电极电流脉冲的直流分量；

　　　I_{clm}——$u_\Omega(t) = 0$ 时，集电极电流脉冲的基波分量振幅。

显然，电路的功率和效率随调制信号的变化而变化。在集电极脉冲电流的直流分量和基波分量的振幅为最大值的情况下，直流电源 V_{CC} 输出的功率为

$$P'_{=\max} = V_{CC}I_{C0}(1 + m_a) = V_{CC}I_{C0}(1 + m_a) = P_=(1 + m_a) \tag{5-35}$$

输出功率为

$$P'_{o\max} = 0.5I'^2_{clm}R_p = 0.5I^2_{clm}(1 + m_a)^2R_p = P_o(1 + m_a)^2 \tag{5-36}$$

集电极损耗为

$$P'_{c\max} = P'_{=\max} - P'_{o\max} = (1 + m_a)(P_c - P_o m_a) \tag{5-37}$$

集电极效率为

$$\eta'_{c\max} = P'_{o\max}/P'_{=\max} = (1 + m_a)\eta_c \tag{5-38}$$

现在，从另一个角度来分析基极调幅电路的技术指标，也就是调制信号一个周期内的平均值。集电极电源提供的平均功率为

$$P_{=av} = \dfrac{1}{2\pi}\int_{-\pi}^{\pi} V_{CC}I'_{C0}\,\mathrm{d}(\Omega t) = \dfrac{1}{2\pi}\int_{-\pi}^{\pi} V_{CC}I_{C0}[1 + m_a\cos(\Omega t)]\mathrm{d}(\Omega t)$$

$$= V_{CC}I_{C0} = P_= \tag{5-39}$$

调制信号提供的平均功率为

$$P_\Omega = P_{=av} - P_= = 0 \tag{5-40}$$

平均输出功率为

$$P_{oav} = \dfrac{1}{2\pi}\int_{-\pi}^{\pi} \dfrac{1}{2}I'^2_{clm}R_p\,\mathrm{d}(\Omega t) = \dfrac{1}{2\pi}\int_{-\pi}^{\pi} \dfrac{1}{2}I^2_{clm}[1 + m_a\cos(\Omega t)]^2R_p\,\mathrm{d}(\Omega t)$$

$$= \dfrac{1}{2}I^2_{clm}R_p(1 + 0.5m_a^2) = P_o(1 + 0.5m_a^2) \tag{5-41}$$

集电极平均耗散功率为

$$P_{cav} = P_{=av} - P_{oav} = P_c - \dfrac{1}{2}m_a^2 P_o \tag{5-42}$$

集电极平均效率为

$$\eta_{cav} = \dfrac{P_{oav}}{P_{=av}} = \left(1 + \dfrac{1}{2}m_a^2\right)\eta_c \tag{5-43}$$

式中：η_c——$u_\Omega(t) = 0$ 时的集电极的效率。

综上所述，基极调幅电路的特点如下。

(1) 必须工作在欠压区。

(2) 载波功率和边带功率都由集电极电源 V_{CC} 提供，不要求调制信号源有较大的输出功率。

(3) 调制过程中，效率是变化的。

（4）选取晶体管时，只要集电极耗散功率 $P_{cM} > P_c$ 即可。

（5）输出功率比较大，效率高，但是线性调幅的范围比较小，即调幅度不能设置得太大。

5.4 单边带调制

5.4.1 单边带通信的优点与缺点

由于单边带调制的频带宽度是标准调幅和双边带调幅所占用的频带宽度的一半，因此，单边带调制的频谱利用率比标准调幅和双边带调幅的都高，意味着在相同的频带内，频道的数目可以增加一倍。这对于日益拥挤的短波波段来说，单边带调制的高频谱利用率具有重大现实意义。在载波电话和短波通信中，单边带调制得到广泛应用。频带利用率高是单边带调制的主要优点。

对于标准调幅，发射机所发送的功率的绝大部分用于载波信号，每个边带占用的发射功率仅占整个调幅波功率的少部分。但是，载波信号只能让接收机便于采用非相干方法解调，而没有携带任何所要传输的信息。双边带调幅虽然没有载波信号，但是，从频域上讲，两个边带含有信息冗余。而单边带调制仅传输双边带调幅的一个边带信号，因此，在收、发地点相同，接收机获得信噪比相同的条件下，在 4 种振幅调制中，单边带调制需要的发射功率最小。所以，功率利用率高是单边带调制的另一个优点。

在短波通信中，存在着多径衰落现象。这种衰落会引起信号失真、信噪比下降等不良后果。相比较而言，多径衰落对单边带调制的影响比较小。因此，受多径衰落影响较小也是单边带调制的另一个优点。

当然，单边带调制存在着严重的缺点。单边带接收机必须首先恢复与发射机的载波信号同频同相的正弦波信号（由本地振荡电路提供），才能解调出原来的信号。恢复与发射机载波信号同频同相的正弦波信号是一件相当不容易的事情，所以，必须恢复载波信号，但不易实现，这是单边带调制的一个主要缺点。普通接收机不能解调出原来的调制信号，所以这种通信方式具有一定的保密性。但是，无论是发射机的载波振荡电路，还是接收机的本地载波振荡电路，频率的稳定性显得至关重要，稍有偏差过大，接收信号的信噪比就会下降。因此，当频率稳定性达不到要求时，就需要增加自动频率控制技术来弥补。这就使得接收设备和发送设备更加复杂，技术要求提高，成本相应增加。采用自动频率控制技术时，发射的单边带信号中保留有少许载波信号，也就是所谓的插入导频。这种处理方法，是以牺牲功率利用率来换取系统复杂性的降低。还可以在接收机和发射机中采用频率稳定性很高的石英晶体振荡器和频率合成器的综合电路来做载波振荡电路。

5.4.2 单边带信号的产生方法

对于单边带信号的产生方法，常用的是滤波法和移相法。滤波法实现单边带调制的原理框图如图 5-11 所示，其中的平衡调幅电路输出双边带调幅波，再通过一个带通滤波器取出上边带或下边带信号。

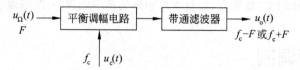

图 5-11　滤波法实现单边带调制的原理框图

在图 5-11 中,对带通滤波器的要求很高。双边带信号中,上、下边带的频率间隔为 $2F_{\min}$(一般为几百赫兹)。一般来说,载波频率 $f_c \gg 2F_{\min}$,相对频率间隔 $2F_{\min}/f_c$ 很小,要求带通滤波器的矩形系数非常接近于 1,这实现起来很困难。其中,$F_{\min}$ 表示基带信号的最低频率分量。

例如,设最低频率分量 $F_{\min}=200\mathrm{Hz}$,载波频率 $f_c=20\mathrm{MHz}$,则上、下边带的频率间隔为 $2F_{\min}=400\mathrm{Hz}$,相对频率间隔 $2F_{\min}/f_c=400/(20\times10^6)=2\times10^{-5}=0.002\%$。在这种情况下,要滤除一个边带、保留另一个边带,这对带通滤波器的矩形系数的要求非常高。如果载波频率降低为 $f_c=20\mathrm{kHz}$,则相对频率间隔为 $2F_{\min}/f_c=400/(20\times10^3)=2\times10^{-2}=2\%$。此时,对带通滤波器的矩形系数的要求就低得多。

在实际应用中,采用多次级联的方法,提高每级的相对频率间隔,从而可降低对带通滤波器的矩形系数的要求,如图 5-12 所示,其中 BM 表示双边带调幅,BPF 表示带通滤波器,OSC 表示正弦波振荡器。在该图中,以调制信号为单频信号、三级双边带调幅为例来说明。设调制信号的频率为 F,第一级双边带调幅的载波信号频率为 f_{c1},第二级双边带调幅的载波信号频率为 f_{c2},第三级双边带调幅的载波信号频率为 f_{c3},显然,3 个载波信号频率的大小关系应该为 $f_{c1}<f_{c2}<f_{c3}$。在第一级双边带调幅中,相对频率间隔为 $2F/f_{c1}$,在第二级双边带调幅中,相对频率间隔为 $2(f_{c1}+F)/f_{c2}$,在第三级双边带调幅中,相对频率间隔为 $2(f_{c1}+f_{c2}+F)/f_{c3}$。现在举一个实际例子来说明。设调制信号频率 $F=200\mathrm{Hz}$,载波频率 $f_{c1}=0.2\mathrm{MHz}$,$f_{c2}=2\mathrm{MHz}$,$f_{c3}=20\mathrm{MHz}$,则第一级双边带调幅的相对频率间隔为 $2F/f_{c1}=2\times10^{-3}=0.3\%$,第二级双边带调幅的相对频率间隔为 $2(f_{c1}+F)/f_{c2}=0.2=20\%$,第三级双边带调幅的相对频率间隔为 $2(f_{c1}+f_{c2}+F)/f_{c3}=0.22=22\%$。这样比一步就实现单边带调制的电路要容易得多。

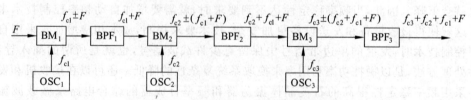

图 5-12　级联实现单边带调制的原理框图

相移法实现单边带调制的原理框图如图 5-13 所示。设调制信号为 $u_\Omega(t)=U_{\Omega m}\cos(\Omega t)$,载波信号为 $u_c(t)=U_{cm}\cos(\omega_c t)$,则 SSB 信号的时域表达式为

$$u_{\mathrm{SSBU}}(t)=0.5u_\Omega(t)\cos(\omega_c t)-0.5\hat{u_\Omega}(t)\sin(\omega_c t) \quad (上边带) \qquad (5\text{-}44)$$

$$u_{\mathrm{SSBD}}(t)=0.5u_\Omega(t)\cos(\omega_c t)+0.5\hat{u_\Omega}(t)\sin(\omega_c t) \quad (下边带) \qquad (5\text{-}45)$$

式中：$u_{\hat{\Omega}}(t)$——调制信号 $u_\Omega(t)$ 的 Hilbert 变换。

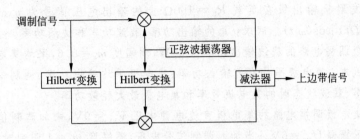

图 5-13 相移法实现单边带调制的原理框图

本章小结

本章首先介绍了振幅调制的基本概念、数学表达式及其频谱。然后重点讨论了低电平调幅电路和高电平调幅电路的工作原理。最后介绍了单边带信号的产生方法。

通过本章的学习，读者可以掌握二极管调幅电路、晶体管调幅电路和模拟乘法器调幅电路的分析、计算和设计，了解单边带信号的产生方法。

思考题与习题

5.1 已知载波信号为 $u_c(t) = U_{cm}\cos(\omega_c t)$，调制信号 $u_\Omega(t)$ 为如题 5.1 图所示的两种波形，$\omega_c \gg \dfrac{2\pi}{T}$，分别画出在调幅度 $m_a = 0.5$ 及 $m_a = 1$ 的两种情况下所对应的 AM 波的波形。

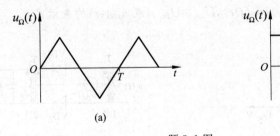

题 5.1 图

5.2 设某 AM 信号电压 $u_{AM}(t) = 2[1 + 0.6\cos(4000\pi t)]\cos(6\pi \times 10^6 t)$，其载波频率是多少？调制信号频率是多少？调幅度为多少？

5.3 为什么调制必须利用电子元器件的非线性特性才能实现？它和小信号放大在本质上有什么不同？

5.4 有一个调幅波，其载波功率为 100W，试求调幅度 $m_a = 1$ 与 $m_a = 0.2$ 时的总功率、载波功率和每一边带的功率。

5.5   某调幅发射机输出级在负载 $R_L = 100\Omega$ 上的输出电压信号为 $u_{AM}(t) = 5[1 + 0.8\cos(\Omega t)]\cos(\omega_c t)$。试求：总的输出功率、载波功率和边频功率。

5.6   某集电极调幅电路的载波输出功率为 50W，调幅度 $m_a = 0.6$，平均集电极效率 $\eta_c = 50\%$。试求：集电极平均直流输入功率、集电极平均输出功率、调制信号源提供的输入功率、载波状态时的集电极效率和集电极最大耗散功率。

5.7   已知某集电极调幅电路的集电极直流电源电压 $V_{CC} = 9\text{V}$，未加调制信号时的高频载波电压振幅 $U_{cm} = 6\text{V}$。当加入调制信号电压，调幅度 $m_a = 1$ 调制时，求输出电压的最大值和此时的集电极瞬时电压。

5.8   有一个调幅信号 $u_{AM}(t) = 2[1 + 0.7\cos(6800\pi t)]\cos(4\pi \times 10^7 t)$。试求：各个频率分量的频率和振幅。

5.9   当非线性元器件分别为以下的伏安特性时，试判断它们能否实现调幅，其中 $a_i(i = 0,1,2,3,4)$ 表示系数。

(1) $i = a_1 u + a_2 u^2 + a_3 u^3$；

(2) $i = a_0 + a_2 u^2 + a_4 u^4$；

(3) $i = a_0 + a_1 u + a_3 u^3$。

5.10   某集电极调制电路的静态调制特性如题 5.10 图所示，设输出信号的振幅为最大值时，集电极效率 $\eta_{cmax} = 80\%$，调幅度 $m_a = 1$。试求：

(1) 平均输出功率 P_{oav}；

(2) 调制信号源供给的平均输入功率 $P_{\Omega av}$；

(3) 直流电源的平均输入功率 $P_{=av}$；

(4) 集电极平均耗散功率 P_{cav}；

(5) 负载电阻 R_L 及集电极电压利用系数 ξ。

5.11   二极管平衡调制器电路如题 5.11 图所示，变压器 T_1 的副边和 T_2 的原边有一中心抽头，输出调谐回路的中心角频率为 ω_c，其中载波信号为 $u_1(t) = U_{1m}\cos(\omega_c t)$，调制信号为 $u_2(t) = U_{2m}\cos(\Omega t)$，$U_{1m} \gg U_{2m}$。求 $u_{DSB}(t)$ 的表示式。

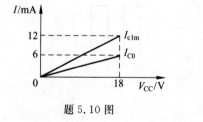

题 5.10 图

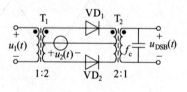

题 5.11 图

5.12   某调幅电路如题 5.12 图所示，变压器的原边有一中心抽头，其中 VD_1、VD_2 的伏安特性相同，导通时理想化为自原点出发、斜率为 g_d 的直线。设载波信号为 $u_1(t) = U_{1m}\cos(\omega_c t)$，调制信号为 $u_2(t) = U_{2m}\cos(\Omega t)$，$U_{1m} \gg U_{2m}$，$\omega_c \gg \Omega$。

(1) 试问这两个电路能否实现振幅调制？为什么？

(2) 在能实现振幅调制的电路中，试分析其输出电流的频谱。

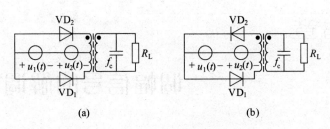

题 5.12 图

5.13 如题 5.13 图所示的电路中,图(b)中变压器原边有一中心抽头,VD_1、VD_2 的伏安特性相同,导通时理想化为自原点出发、斜率为 g_d 的直线。设载波信号为 $u_1(t) = U_{1m}\cos(\omega_c t)$,调制信号为 $u_2(t) = U_{2m}\cos(\Omega t)$,$U_{1m} \gg U_{2m}$,$\omega_c \gg \Omega$。试问: 这两个电路能否实现双边调制? 为什么?

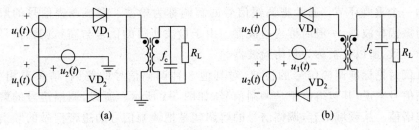

题 5.13 图

5.14 二极管环形调制器如题 5.14 图所示,变压器原边有一中心抽头,其中,4 个二极管的伏安特性相同,导通时理想化为自原点出发、斜率为 g_d 的直线。设调制信号为 $u_2(t) = U_{2m}\cos(\Omega t)$,载波电压为题 5.14(b) 图所示的对称方波,其角频率为 ω_c,并且有 $U_{1m} \gg U_{2m}$。求输出电流 $i_o(t)$ 的各个频率分量。

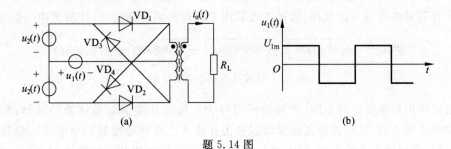

题 5.14 图

CHAPTER 6

第6章

调幅信号的解调电路

6.1 概述

调幅信号的解调是指从调幅信号中提取出原调制信号,是与调制相反的过程,是信息传输的一个重要环节。通常把调幅信号的解调称为检波。完成调幅信号的解调的电路被称为振幅检波器,一般简称为检波器。由于检波所得的信号与高频调幅信号的包络变化规律一致,所以又被称为包络检波器。

本章仅讨论标准调幅信号的检波,对其他3种调幅信号的解调,请参看相关书籍。对于调幅信号来说,其包络值正是调制信号,如图 5-1 所示。所以,调幅信号的解调就是提取其包络值。从频域来看,调幅信号的解调就是把调幅信号的边带信号的频谱线性搬移到原调制信号的频谱处,其过程正好与振幅调制的频谱搬移过程相反。

根据输入的调幅信号的不同特点,检波器可以分为两类:包络检波(非相干解调)和同步检波。对于标准调幅来说,这两类检波器都可以使用。

检波器的基本组成框图如图 6-1 所示,包括输入回路、非线性器件和低通滤波器。输入回路的谐振频率应该等于调幅信号的载波频率,用于取出有用信号而抑制噪声和无用的信号;非线性器件主要实现乘积功能,完成频谱的线性搬移,可以采用二极管、晶体管、场效应管和乘法器等有源器件;低通滤波器用于提取出原调制信号,抑制无用的信号。

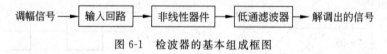

图 6-1　检波器的基本组成框图

根据所用有源器件的不同,检波器可以分为二极管检波器和晶体管检波器;根据电路连接形式的不同,二极管检波器又可以分为并联式二极管检波器和串联式二极管检波器;根据信号幅度大小的不同,检波器可以分为小信号检波器和大信号检波器;根据信号特点的不同,检波器可以分为连续波检波器和脉冲检波器;根据工作特点的不同,检波器可以分为包络检波器和乘积检波器;等等。

本章主要讨论连续波串联式二极管大信号检波器,也对连续波乘积检波器作一般的讨论。

检波器的主要技术指标包括电压传输系数 K_d、等效输入电阻 R_{id}、非线性失真系数 K_f 和高频滤波系数 F 等。

1. 电压传输系数（或检波效率）K_d

检波器的电压传输系数 K_d 是指检波器的输出电压与输入高频电压振幅之比。当输入高频等幅信号，即 $u_{AM}(t)=U_{im}\cos(\omega_c t)$ 时，K_d 的定义就是检波器的输出直流电压 U_o 与输入高频电压振幅 U_{im} 之比，即

$$K_d = \frac{U_o}{U_{im}} \tag{6-1}$$

当输入高频非等幅信号，即 $u_{AM}(t)=U_{im}[1+m_a\cos(\Omega t)]\cos(\omega_c t)$ 时，K_d 的定义就是检波器输出的角频率为 Ω 的振幅电压 $U_{\Omega m}$ 与输入高频电压包络变化的振幅 $m_a U_{im}$ 之比，即

$$K_d = \frac{U_{\Omega m}}{m_a U_{im}} \tag{6-2}$$

式中：m_a——调幅度。

在同样的输入情况下，检波器的电压传输系数 K_d 越大，可以得到的直流电压或低频电压输出越大，也就是检波效率越高。一般来说，二极管检波器的电压传输系数 K_d 的值总是小于 1。显然，希望检波器的电压传输系数 K_d 越大越好。

2. 等效输入电阻 R_{id}

一般的，检波器的前一级电路是高频电压放大器，也就是说，检波器相当于是高频电压放大器的负载。所以，检波器的输入阻抗会直接影响高频电压放大器的参数和性能。实际上，检波器的输入阻抗是复数，可以看成是电阻与电容的并联，而且，此电容可以看成高频电压放大器的谐振回路的一部分，可以只考虑等效输入电阻 R_{id} 对高频电压放大器的影响。

由于检波器是一种非线性电路，等效输入电阻 R_{id} 的定义与线性电路的输入阻抗的定义是不同的。等效输入电阻 R_{id} 的定义为输入高频等幅电压的振幅 U_{im} 与输入高频电流中的基波分量振幅 I_{1m} 之比，即

$$R_{id} = \frac{U_{im}}{I_{1m}} \tag{6-3}$$

等效输入电阻 R_{id} 越大，检波器对前一级高频电压放大电路的影响越小；反之，则越大。一般来说，希望等效输入电阻 R_{id} 越大越好。

3. 非线性失真系数 K_f

非线性失真的大小，一般用非线性系数 K_f 来表示。当调制信号是角频率为 Ω 的单频信号时，非线性失真系数 K_f 定义为

$$K_f = \frac{\sqrt{U_{2\Omega}^2 + U_{3\Omega}^2 + \cdots + U_{n\Omega}^2}}{U_\Omega} \tag{6-4}$$

式中：U_Ω——检波器输出电压中的基波分量有效值；

$\quad\quad U_{2\Omega}$——检波器输出电压中的二次谐波分量有效值；

$\quad\quad U_{n\Omega}$——检波器输出电压中的 n 次谐波分量有效值。

显然，当二次谐波分量和 n 次谐波分量的有效值都为零时，非线性系数 K_f 为零，此

时无非线性失真。非线性系数 K_f 越小，表示检波器的非线性失真越小；反之，非线性系数 K_f 越大，表示检波器的非线性失真越大。

4. 高频滤波系数 F

检波器输出电压中的高频分量应该尽量滤除，以免产生高频寄生反馈，导致接收机工作的不稳定。简单的 RC 低通滤波器很难达到要求，所以需要用高频滤波系数 F 来衡量滤除高频分量的能力。

高频滤波系数 F 的定义是输入高频等幅电压的振幅 U_{im} 与输出高频电压振幅 $U_{\omega_c m}$ 之比，即

$$F = \frac{U_{im}}{U_{\omega_c m}} \tag{6-5}$$

在输入高频电压一定的情况下，高频滤波系数 F 越大，则检波器输出的高频电压越小，也就是说，对高频信号的滤波效果越好。

通常要求 $F \geqslant 50 \sim 100$。当载波频率和调制信号频率相差很大时，这个要求容易达到，一般不做定量分析。

6.2 二极管大信号包络检波器

如果高频输入信号的电压较大(大于 0.5V)，则可以利用二极管两端加正向电压时导通，加反向电压时截止这一特性进行检波，它与整流特性相似。由于二极管要么工作在截止状态，要么工作在导通状态，所以不必从二极管特性曲线的幂级数表达式入手来分析二极管大信号包络检波器的工作原理。首先，用折线分析法来定性地分析二极管大信号包络检波器的工作原理，然后再定量地分析其技术指标。

6.2.1 二极管大信号包络检波器的工作原理

图 6-2 所示的是二极管大信号包络检波器的工作原理。该电路由输入回路、检波二极管 VD 和 RC 低通滤波器组成，检波二极管 VD 工作在开关状态。输入回路一般是接收机中频放大电路末级的输出谐振回路。检波二极管 VD 应该具有良好的单向导电性。RC 低通滤波器作为检波器的负载电路。R 为负载电阻，一般数值比较大，低频电流通过它时，在它的两端产生低频电压输出。C 为负载电容，一般数值为 $0.1\mu F$ 左右，

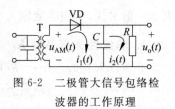

图 6-2　二极管大信号包络检波器的工作原理

它一方面使中频信号完全加到检波二极管 VD 两端，有利于提高检波效率；另一方面起着滤除高频分量、提取低频分量的作用。

由于电容 C 的值较大，所以输入的调幅信号 $u_{AM}(t)$ 全部加到了二极管 VD 两端。当 $u_{AM}(t) > 0$ 时，可以认为 VD 导通，并对电容 C 进行充电。由于二极管 VD 的等效导通电阻 r_d 很小，所以充电电流 $i_1(t)$ 很大，充电的方向如图 6-2 所示，充电时间常数 $\tau_1 = r_d C (\ll RC)$

很小,电容 C 两端的电压(上正下负)很快达到高频输入信号的极大值。这个电压建立后,通过信号源电路,又反向地加到二极管 VD 两端。此时,二极管导通与否,由电容 C 两端的电压和调幅信号 $u_{AM}(t)$ 的电压共同决定。当高频电压由极大值下降到小于电容器 C 两端的电压时,二极管 VD 截止,电容器 C 两端的电压通过负载电阻 R 放电。由于放电时间常数 $\tau_2 = RC$ 远大于高频电压的周期,故放电相对很慢。当电容器 C 两端的电压下降不多时,高频电压的第二个正半周电压又超过二极管上的负压,使二极管又导通。这样不断地重复,就得到图 6-3 所示的波形图。只要适当地选择电容器 C、电阻 R 和二极管 VD,就能使充电时间常数足够小,充电很快;放电时间常数足够大,放电很慢,就可使电容器两端电压的幅度与输入高频电压的幅度相当接近,即传输系数接近 1。另外,电容器两端的电压虽然有些起伏不平(锯齿状),但因充电时间相对很短,而放电时间相对很长,所以电容器两端的电压起伏很小,可以看成与高频调幅波的包络基本一致,所以又叫峰值包络检波。

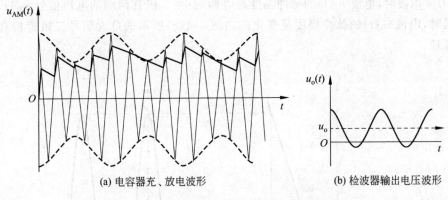

(a) 电容器充、放电波形　　　　　　　　(b) 检波器输出电压波形

图 6-3　振幅检波器工作原理波形

　　由此可见,二极管大信号包络检波器主要是利用二极管的单向导电性和检波负载电容 C 的充、放电过程来实现的。

　　从通过检波二极管 VD 的电流 $i_1(t)$ 来看,情况也是一样的。二极管 VD 的电流 $i_1(t)$ 取决于输入调幅电压 $u_{AM}(t)$ 和输出电压 $u_o(t)$,并为脉冲状,其幅度随输入调幅电压 $u_{AM}(t)$ 的幅度的变化而变化。如果脉冲状的二极管 VD 的电流 $i_1(t)$ 分解成直流分量、低频分量和高频分量,则低频分量的变化与输入调幅电压 $u_{AM}(t)$ 的包络变化是一致的,它在负载电阻 R 两端产生的低频电压就是期望得到的检波器输出电压;高频分量是一个无用的信号,由负载电容滤除;直流分量可以用一个隔直电容剔除。

6.2.2　振幅检波器的折线分析法

　　由上面的分析可知,二极管大信号包络检波器主要是利用二极管的单向导电性和检波负载电容 C 的充、放电过程来实现的。因此,在分析检波器时,检波二极管伏安特性曲线的弯曲部分可以忽略不计,并且可以用两段折线来近似表示。这就是所谓的折线分析法。

对于大信号检波,检波二极管的伏安特性可以近似用折线表示,其表达式为

$$i_D = \begin{cases} g_d(u_D - U_{bz}), & u_D > U_{bz} \\ 0, & u_D \leqslant U_{bz} \end{cases} \tag{6-6}$$

式中:g_d——检波二极管导通时的等效电阻 r_d 的倒数,即 $g_d = 1/r_d$;

　　　i_D——通过检波二极管的电流;

　　　u_D——检波二极管两端的电压;

　　　U_{bz}——检波二极管的导通电压。

大信号二极管检波器的原理电路图及其折线分析原理图如图 6-4 所示。图 6-4(a)所示的是检波二极管 VD 的折线化后的伏安特性曲线图和输入二极管两端的电压信号 $u_D(t)$ 及电流信号 $i_D(t)$ 的波形图。为了便于分析,输入二极管两端的电压信号 $u_D(t)$ 的波形图顺时针旋转90°,让这两个图中的二极管两端的电压信号 $u_D(t)$ 轴平行。图 6-4(b)所示的是通过检波二极管的电流 $i_D(t)$ 的波形示意图,呈脉冲状。当二极管两端的电压信号 $u_D(t)$ 为等幅波时,电流 $i_D(t)$ 的脉冲幅度是等幅的;当二极管两端的电压信号 $u_D(t)$ 为调幅信号时,电流 $i_D(t)$ 的脉冲幅度是变化的。图 6-4(c)所示的是大信号二极管检波器的工作原理。

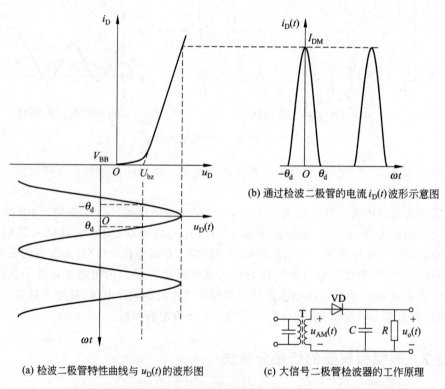

(b) 通过检波二极管的电流 $i_D(t)$ 波形示意图

(a) 检波二极管特性曲线与 $u_D(t)$ 的波形图　　(c) 大信号二极管检波器的工作原理

图 6-4　大信号二极管检波器的原理电路图及其折线分析原理图

首先来分析一个简单的情况。当调幅波为等幅波,即相当于调制信号等于一个直流电压时,二极管两端的电压为

$$u_D(t) = u_{AM}(t) - u_o(t) = -u_o(t) + U_{im}\cos(\omega_c t) \qquad (6\text{-}7)$$

通过二极管 $i_D(t)$ 的电流为一个角频率为 ω_c 的周期余弦脉冲,其通角为 θ_d,最大值为 I_{DM}。同高频功率放大器折线分析法一样,可以将其分解成傅里叶级数:

$$u_D(t) = I_0 + I_{1m}\cos(\omega_c t) + I_{2m}\cos(2\omega_c t) + \cdots + I_{nm}\cos(n\omega_c t) \qquad (6\text{-}8)$$

式中:直流分量、基波分量的振幅和谐波分量的振幅分别为

$$I_0 = \frac{\sin\theta_d - \theta_d\cos\theta_d}{\pi(1 - \cos\theta_d)}I_{DM} = \alpha_0 I_{DM} \qquad (6\text{-}9)$$

$$I_{1m} = \frac{\theta_d - \sin\theta_d\cos\theta_d}{\pi(1 - \cos\theta_d)}I_{DM} = \alpha_1 I_{DM} \qquad (6\text{-}10)$$

$$I_{nm} = \frac{2[\sin(n\theta_d)\cos\theta_d - n\cos(n\theta_d)\sin\theta_d]}{\pi n(n^2 - 1)(1 - \cos\theta_d)}I_{DM} = \alpha_n I_{DM}, \quad n > 1 \qquad (6\text{-}11)$$

由此可知,直流分量、基波分量的振幅和谐波分量的振幅由通角 θ_d 和最大值 I_{DM} 确定。当 $u_D(t) > U_{bz}$ 时,

$$i_D(t) = g_d[-u_o(t) + U_{im}\cos(\omega_c t) - U_{bz}] \qquad (6\text{-}12)$$

当 $\omega_c = \theta$ 时,$i_D(t) = 0$,即 $g_d[-u_o(t) + U_{im}\cos\theta_d - U_{bz}] = 0$,因此

$$\cos\theta_d = \frac{u_o(t) + U_{bz}}{U_{im}} \qquad (6\text{-}13)$$

当 $\omega_c t = 0$ 时,$i_d(t) = I_{DM}$,即 $g_d[-u_o(t) + U_{im} - U_{bz}] = I_{DM}$,因此

$$I_{DM} = g_d U_{im}\left[1 - \frac{u_o(t) + U_{bz}}{U_{im}}\right] = g_d U_{im}(1 - \cos\theta_d) \qquad (6\text{-}14)$$

把式(6-14)代入式(6-9)和式(6-10),可得

$$I_0 = \frac{U_{im}(\sin\theta_d - \theta_d\cos\theta_d)}{\pi r_d} \qquad (6\text{-}15)$$

$$I_{1m} = \frac{U_{im}(\theta_d - \sin\theta_d\cos\theta_d)}{\pi r_d} \qquad (6\text{-}16)$$

输出电压就是

$$u_o(t) = I_o R = \frac{R(\sin\theta_d - \theta_d\cos\theta_d)}{\pi r_d}U_{im} \qquad (6\text{-}17)$$

将式(6-13)代入式(6-17),可得

$$\frac{U_{im}u_o(t)}{u_o(t) + U_{bz}} = \frac{R}{\pi r_d}U_{im}(\tan\theta_d - \theta_d)$$

并且在 $U_{bz} = 0$ 或 $u_o(t) \gg U_{bz}$ 的条件下,可得

$$\tan\theta_d - \theta_d \approx \frac{\pi r_d}{R} \qquad (6\text{-}18)$$

当 $\theta_d < \frac{\pi}{6}\text{rad}$ 时,$\tan\theta_d$ 可展开成如下的级数:

$$\tan\theta_d = \theta_d + \frac{1}{3}\theta_d^3 + \frac{2}{15}\theta_d^5 + \cdots \qquad (6\text{-}19)$$

把式(6-19)代入式(6-18),并忽略高阶项,可得

$$\theta_d \approx \sqrt[3]{\frac{3\pi r_d}{R}}\text{rad} \qquad (6\text{-}20)$$

由式(6-20)可知,在 $U_{bz}=0$ 或 $\theta_d<\dfrac{\pi}{6}\,$rad 的条件下,通角 θ_d 只与 R、r_d 有关,而与输入高频信号的振幅无关。当检波二极管 VD 和负载电阻 R 选定后,通角 θ_d 就为定值。也就是说,在检波器电路确定以后,无论输入的是等幅波还是调幅波,其通角 θ_d 均保持不变。事实上,当输入高频信号的振幅变大或变小时,负载电阻两端的电压 $u_o(t)$ 也相应地变大或变小,使得通角 θ_d 几乎不变。

实际上,由于 r_d 比 R 小得多,$\theta_d<\dfrac{\pi}{6}\,$rad 是容易满足的。对于条件 $U_{bz}=0$,可以采用给检波二极管加固定偏压的方法实现,如图 6-5 所示。

当 $U_{bz}\approx 0$ 时,由式(6-13)可得检波器输出电压近似为

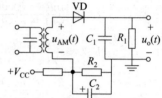

图 6-5　加固定偏压的检波器的原理电路

$$u_o(t)=U_{im}\cos\theta_d-U_{bz}\approx U_{im}\cos\theta_d \qquad (6\text{-}21)$$

当输入调幅波为 $u_{AM}(t)=U_{im}[1+m_a\cos(\Omega t)]\cos(\omega_c t)$ 时,在高频电压一周内,由角频率为 Ω 的调制信号引起的调幅波振幅变化可以认为是不变的,由式(6-21)可得

$$u_o(t)\approx U_{im}[1+m_a\cos(\Omega t)]\cos\theta_d \qquad (6\text{-}22)$$

式(6-22)中,输出信号包含直流分量和低频分量,其中,直流分量为 $U_{im}\cos\theta_d$,它分别与输入载波电压的振幅 U_{im} 和通角 θ_d 的余弦成正比;低频分量为 $U_{im}m_a\cos\theta_d\cos(\Omega t)$,它分别与输入电压的包络变化的振幅 m_aU_{im} 和通角 θ_d 的余弦成正比,这就是期望得到的检波输出低频电压,显然,它就是原来的调制信号。

6.2.3　大信号二极管检波器的技术指标

大信号二极管检波器的主要技术指标是电压传输系数 K_d、等效输入电阻 R_{id} 和失真。下面将分别讨论。

1. 电压传输系数 K_d

当输入信号为 $u_{AM}(t)=U_{im}\cos(\omega_c t)$ 的等幅波时,根据式(6-1)和式(6-21)可以得到电压传输系数 K_d 为

$$K_d\approx\frac{U_{im}\cos\theta_d}{U_{im}}=\cos\theta_d \qquad (6\text{-}23)$$

当输入信号为 $u_{AM}(t)=U_{im}[1+m_a\cos(\Omega t)]\cos(\omega_c t)$ 的调幅波时,根据式(6-2)和式(6-22)可以得到电压传输系数 K_d 为

$$K_d\approx\frac{m_aU_{im}\cos\theta_d}{m_aU_{im}}=\cos\theta_d \qquad (6\text{-}24)$$

通过以上分析,得到以下结论。

(1) 大信号二极管检波器中,输出信号中的低频分量为 $U_{im}m_a\cos\theta_d\cos(\Omega t)$,与输入电压的包络变化的振幅 m_aU_{im} 成正比。因此,大信号二极管检波器又称为线性检波器。

(2) 大信号二极管检波器中,无论输入信号是等幅波还是调幅波,它的电压传输系数

K_d 都是 $\cos\theta_d$,不随输入电压的变化而变化,仅仅取决于检波二极管的导通等效电阻 r_d 和负载电阻 R。当 $R \gg r_d$ 时,电压传输系数 K_d 为

$$K_d = \cos\left(\sqrt[3]{\frac{3\pi r_d}{R}}\right) \approx \cos 0 = 1$$

即电压传输系数 K_d 近似为 1。

例如,某检波二极管的导通等效电阻 $r_d = 80\Omega$,负载电阻 $R = 5.6\mathrm{k}\Omega$,根据式(6-20)可以得到导通角 θ_d 为

$$\theta_d = \sqrt[3]{\frac{3\pi r_d}{R}} = \sqrt[3]{\frac{3 \times 3.14 \times 80}{5600}} = 0.512\mathrm{rad} = 29.4^\circ$$

根据式(6-24)得到电压传输系数 K_d 为

$$K_d = \cos\theta_d = \cos 29.4^\circ = 0.86$$

2. 等效输入电阻 R_{id}

根据式(6-3)和式(6-16)可以得到检波器的等效输入阻抗 R_{id} 为

$$R_{id} = \frac{U_{im}}{I_{1m}} = \frac{\pi r_d}{\theta_d - \sin\theta_d \cos\theta_d} \tag{6-25}$$

把式(6-18)代入式(6-25),可得

$$R_{id} = \frac{(\tan\theta_d - \theta_d)R}{\theta_d - \sin\theta_d \cos\theta_d} \tag{6-26}$$

当 $|\theta_d| < \frac{\pi}{6}\mathrm{rad}$ 时,三角函数 $\sin\theta_d$、$\cos\theta_d$ 和 $\tan\theta_d$ 可以展开成如下幂级数:

$$\sin\theta_d = \theta_d - \frac{1}{3!}\theta_d^3 + \frac{1}{5!}\theta_d^5 - \cdots$$

$$\cos\theta_d = 1 - \frac{1}{2!}\theta_d^2 + \frac{1}{4!}\theta_d^4 - \cdots$$

$$\tan\theta_d = \theta_d + \frac{1}{3}\theta_d^3 + \frac{2}{15}\theta_d^5 + \cdots$$

把它们带入式(6-25),忽略高阶项,并整理得

$$R_{id} \approx \frac{\left(\theta_d + \frac{1}{3}\theta_d^3\right) - \theta_d}{\theta_d - \left(\theta_d - \frac{1}{3!}\theta_d^3\right)\left(1 - \frac{1}{2!}\theta_d^2\right)}R \approx \frac{\frac{\theta_d^3}{3}}{\frac{\theta_d^3}{6} + \frac{\theta_d^3}{2}}R = \frac{1}{2}R \tag{6-27}$$

由以上分析可知,大信号二极管检波器中,如果检波二极管 VD 与负载电阻 R 和电容 C 采用串联形式,那么,当 $R \gg r_d$ 时,大信号二极管检波器的等效输入阻抗 R_{id} 大约等于负载电阻 R 的一半。因此,负载电阻 R 越大,大信号二极管检波器的等效输入阻抗 R_{id} 越大,大信号二极管检波器对前级电路的影响就越小。

3. 失真

在检波器的实际电路中,往往需要用隔直电容完成从检波器输出电压中排除直流分量、提取低频电压信号的任务,如图 6-6 所示,电容 C_c 的作用就是阻断直流分量、耦合低

频交流信号。在该图中,在 A 点,电阻 R 两端的电压包括直流分量和低频电压信号;而在 B 点,电阻 R_L 两端的电压仅仅包括低频电压信号。

所以,在检波器的实际电路中,交流负载电阻是电阻 R 和电阻 R_L 的并联。对于大信号二极管检波器的失真,就在图 6-6 的基础上进行讨论。

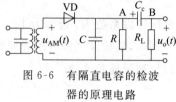

图 6-6　有隔直电容的检波器的原理电路

检波器的失真主要有频率失真、非线性失真、惰性失真和负峰切割失真等。

1) 频率失真

在图 6-6 中,隔直电容 C_c 主要影响检波器的下限频率;而负载电容 C 主要影响检波器的上限频率。

当调制信号的角频率范围是 $\Omega_{min} \sim \Omega_{max}$ 时,检波器输出端 A 点的电压的频谱为直流分量和 $\Omega_{min} \sim \Omega_{max}$,而 B 端的电压的频谱为 $\Omega_{min} \sim \Omega_{max}$。设载波信号的角频率为 ω_c,显然,为了不引起频率失真,检波器电路的相关元件的参数应该满足下列约束式:

$$\frac{1}{\omega_c C} \ll R \tag{6-28}$$

$$\frac{1}{\Omega_{max} C} \gg R \tag{6-29}$$

$$\frac{1}{\Omega_{min} C_c} \ll R_L \tag{6-30}$$

就算是在检波电路中,电子元件的参数满足以上约束式,也会或多或少地产生频率失真,即不同频率分量的电压传输系数不一致。因此,在检波器的实际电路中,不能杜绝频率失真,但是可以把频率失真减小到一定的程度。

2) 非线性失真

实际上,检波二极管的伏安特性是一个指数函数,曲线上每一点的导数都不同。折线分析法是建立在检波二极管的伏安特性为理想的基础上的。也就是说,在实际情况下,由于检波二极管是一个非线性元件,检波器的输出信号的频谱中除了有调制信号的频谱和载波信号、直流分量外,还有其他新产生的频率分量,检波器的低通滤波器很难把这些分量都滤除,从而产生了非线性失真。

值得注意的是,检波器的输出电压是检波二极管的反向电压,具有负反馈的作用。输出电压越大,负反馈越强;反之,则越弱。这个负反馈电压将使二极管电流的动态范围减小,有利于减小非线性失真。另外,检波负载电阻越大,反向电压越大,非线性失真越小。一般来说,大信号检波器的非线性失真较小。

3) 惰性失真

前面的分析说明了负载电阻 R 越大,大信号二极管检波器的电压传输系数 K_d 越接近于 1,等效输入阻抗 R_{id} 越大,非线性失真越小。因此,应该尽量选用阻值比较大的负载电阻 R。但是,负载电阻 R 的阻值太大,放电时间常数 RC 就会太大,可能会引起惰性失真。

事实上,如果电容器 C 的值太大,放电时间常数 RC 也就太大,放电的速度就会变慢,电容器 C 两端的电压变化不能反映输入高频信号的包络变化,就会产生惰性失真,如

图 6-7 所示。

正常情况下,在输入高频电压一周内,检波二极管导通和截止各一次。检波二极管导通时,输入高频电压通过检波二极管导通等效电阻 r_d 向电容 C 快速充电;检波二极管截止时,电容 C 通过负载电阻 R 放电。在电容 C 两端,因充电、放电产生的锯齿波电压的平均值与输入高频电压信号的包络一致。但是,在放电时间常数 RC 太大的情况下,放电的速度很慢,以致在高频信号电压的振幅下降时,电容 C 两端的电压不能很快减小,在某段

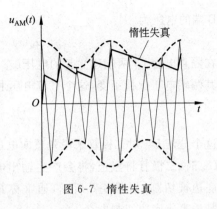

图 6-7　惰性失真

时间内,检波二极管一直处于截止状态,输出电压不受输入高频电压信号的控制。只有当输入高频电压值超过电容 C 两端的电压值时,检波二极管才重新导通。这种非线性失真是由于电容 C 的惰性太大引起的,所以被称为惰性失真。

当调制度为 m_a,调制信号的角频率范围是 $\varOmega_\mathrm{min}\sim\varOmega_\mathrm{max}$ 时,检波器不产生惰性失真的条件是(详细推导请参看参考文献[2]130、131 页)

$$\frac{RC\varOmega_\mathrm{max}m_\mathrm{a}}{\sqrt{1-m_\mathrm{a}^2}}\leqslant 1\quad 或 \quad RC\varOmega_\mathrm{max}\leqslant\frac{\sqrt{1-m_\mathrm{a}^2}}{m_\mathrm{a}} \tag{6-31}$$

式(6-31)说明,在调制信号角频率范围一定的情况下,调制度 m_a 越大,检波器放电时间常数 RC 就应该选择得越小;在调制度 m_a 一定的情况下,调制信号角频率的最大值 $\varOmega_\mathrm{max}$ 越大,检波器放电时间常数 RC 应该选择得越小。如果调制度 m_a 增大,意味着输入高频电压信号的包络变化率加快,只有降低检波器放电时间常数 RC,缩短放电时间,电容 C 两端的电压才可能跟得上输入高频电压信号的包络变化。同样的道理,如果调制信号角频率的最大值 $\varOmega_\mathrm{max}$ 增大,输入高频电压信号的包络变化率会加快,就必须降低检波器放电时间常数 RC。

4)负峰切割失真或底边切割失真

一般而言,检波器输出信号是低频电压放大电路的输入电压,即检波电路是低频电压放大电路的前一级电路。由式(6-30)可知,为了在调制信号的最低角频率 $\varOmega_\mathrm{min}$ 处不产生频率失真,隔直电容 C_c 必须足够大,且 $C_\mathrm{c}\gg\dfrac{1}{\varOmega_\mathrm{min}R_\mathrm{L}}$。检波器的直流负载电阻为 R,交流负载电阻 $R_\varOmega$ 应该为直流负载电阻 R 与负载电阻 R_L 的并联(隔直电容 C_c 足够大,对于交流信号来说,可以看成短路),即 $R_\varOmega=\dfrac{R_\mathrm{L}R}{R_\mathrm{L}+R}$,显然,交流负载电阻 $R_\varOmega$ 总是小于直流负载电阻 R。

由于交流负载电阻 $R_\varOmega$ 与直流负载电阻 R 不同,有可能产生失真。这通常使检波器的低频输出电压信号的负峰被切割,因此被称为负峰切割失真。

在图 6-6 中,当输入高频信号为 $u_\mathrm{AM}(t)=U_\mathrm{im}[1+m_\mathrm{a}\cos(\varOmega t)]\cos(\omega_\mathrm{c}t)$ 的调幅波时,检波器 A 点的电压为

$$u_\mathrm{A}(t)=U_\mathrm{im}[1+m_\mathrm{a}\cos(\varOmega t)]\cos\theta_\mathrm{d}$$

B 端的电压为

$$u_B(t) = U_{im} m_a \cos\theta_d \cos(\Omega t)$$

在隔直电容 C_c 两端建立起的电压(左正右负)为直流电压 $U_{im} \cos\theta_d$。由于 C_c 的容量大,其两端电压保持不变,这个直流电压通过电阻 R 和 R_L,在 R 两端建立起分压 U_R,即

$$U_R = \frac{R}{R + R_L} U_{im} \cos\theta_d$$

这个分压 U_R 对二极管来说是反向电压。当输入调幅信号振幅的最小值附近的电压小于

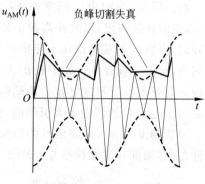

图 6-8   负峰切割失真

U_R 时,二极管将截止,将会产生输出电压波形的底边被切割,如图 6-8 所示,通常称其为负峰切割失真或底边切割失真。

当输入调幅信号的调幅度 m_a 比较小时,R 两端的分压 U_R 引起负峰切割失真的可能性比较小;当输入调幅信号的调幅度 m_a 比较大时,输入调幅信号包络的负半周可能低于 R 两端的分压 U_R,在此期间,检波二极管始终工作在截止状态,直到输入调幅信号包络的正半周电压高于 R 两端的分压 U_R。由此可见,负载电阻 R_L 越大,R 两端的分压 U_R 值越小,产生这种负峰切割失真的可能性就越小;反之,负载电阻 R_L 越小,产生这种负峰切割失真的可能性就越大。调幅度 m_a 越大,输入调幅信号包络的振幅越大,这也会越容易产生负峰切割失真;反之,调幅度 m_a 越小,越不容易产生负峰切割失真。

由上述分析可见,不产生负峰切割失真的条件是输入调幅信号的振幅的最小值必须大于或等于 U_R,即

$$U_{im}(1 - m_a) \geq \frac{R}{R + R_L} U_{im} \cos\theta_d$$

因此,为了不产生负峰切割失真,对调幅度的要求是

$$m_a \leq 1 - \frac{R\cos\theta_d}{R + R_L} \tag{6-32}$$

式(6-32)说明,在检波器电路参数确定的情况下,调幅度 m_a 不能太大。实际上,不能牺牲调幅度 m_a 来避免负峰切割失真。在设计检波器电路时,R_L 越大,检波器越不容易产生负峰切割失真。所以,需要尽量增大 R_L,比如,可以让检波器的输出接一个射随器。

值得注意的是,惰性失真和负峰切割失真的主要不同点在于:惰性失真往往在调制信号频率的高端产生,而负峰切割失真在调制信号的整个频率范围内都可能会出现。另外,它们都是因电阻 R 和 R_L、电容 C 和 C_c 选择不当所引起的。但是,它们本身是线性元件,不会产生非线性失真,产生非线性失真的根本原因是由检波二极管的非线性所致。

6.3　二极管小信号检波器

当输入调幅信号的振幅小于 0.2V 时,利用二极管伏安特性的弯曲部分进行频谱线性搬移,然后通过低通滤波器实现检波的电路,就是小信号检波器。

6.3.1　二极管小信号检波器的工作原理

图 6-9 所示的是二极管小信号检波器的原理电路,其中,二极管 VD 两端电压的静态
工作点为正向偏置电压 V_Q,二极管一直处于导通状态,RC 网络组成了低通滤波器。当输入调幅信号时,相关的电压和电流的波形如图 6-10 所示。调幅信号通过变压器耦合到检波器输入端。变压器的原边与一个电容构成一个并联谐振回路,该回路的谐振频率就等于输入调幅信号的载波频率。在

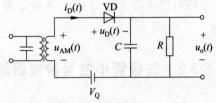

图 6-9　二极管小信号检波器的原理电路

偏置电压源 V_Q 的作用下,检波二极管 VD 始终处于导通状态。电阻 R 和电容 C 的并联回路作为检波器的负载网络。

对于检波二极管 VD 的静态工作点,必须合理设计偏置电压源 V_Q 的大小,在输入高频电压的情况下,检波二极管 VD 始终处于导通状态。二极管小信号检波器的工作原理

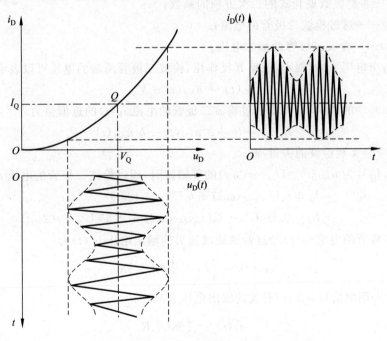

图 6-10　二极管小信号检波器电压和电流的波形

如图 6-10 所示,图中包括检波二极管 VD 的伏安特性曲线 $i_D \sim u_D$、二极管 VD 两端的电压信号 $u_D(t)$ 的波形示意图和通过二极管 VD 的电流 $i_D(t)$ 的波形示意图。其中,$Q(V_Q, I_Q)$ 点就是检波二极管 VD 的静态工作点。对于输入调幅信号 $u_{AM}(t)$ 来说,电容 C 相当于短路,所以,在忽略输出电压 $u_o(t)$ 的条件下(因其幅度与调幅信号 $u_{AM}(t)$ 的幅度和偏置电压源 V_Q 相比而言,显得很小),检波二极管 VD 两端的电压就是 $u_D(t) = u_{AM}(t) + V_Q$,如图 6-10 所示。

从图 6-10 可见,通过二极管的电流 $i_D(t)$ 的波形的上、下包络不对称,这是由二极管伏安特性的非线性造成的,同时说明通过二极管 VD 的电流 $i_D(t)$ 的频谱与输入调幅信号 $u_{AM}(t)$ 的频谱相比,有较大的差异,但是,其中必定有一个与调制信号同频率的低频分量,因此,可以用一个低通滤波器把这个低频提取出来,从而实现了检波。

下面对二极管小信号检波器做定量分析,在这个分析的基础上,再计算它的技术指标。

6.3.2 二极管小信号检波器的定量分析

把检波二极管的伏安特性曲线在 Q 点附近展开成泰勒级数,即

$$i_D(t) = b_0 + b_1[u_D(t) - V_Q] + b_2[u_D(t) - V_Q]^2$$
$$+ b_3[u_D(t) - V_Q]^3 + \cdots \qquad (6\text{-}33)$$

式中:b_0——检波二极管的偏置电流;

$\quad b_1$——泰勒级数展开式的一次方项的系数;

$\quad b_2$——泰勒级数展开式的二次方项的系数;

$\quad i_D(t)$——通过检波二极管的电流;

$\quad u_D(t)$——检波二极管两端的电压。

由于输出电压 $u_o(t)$ 很小,忽略其反作用,检波二极管两端的电压可以表示为

$$u_D(t) = u_{AM}(t) + V_Q$$

忽略式(6-33)中的高阶项,可得通过检波二极管的电流 $i_D(t)$ 的近似值为

$$i_D(t) = b_0 + b_1 u_{AM}(t) + b_2 u_{AM}^2(t) \qquad (6\text{-}34)$$

其中,第三项是实现检波的关键项。

当输入信号为 $u_{AM}(t) = U_{im}\cos(\omega_c t)$ 的等幅波时,通过检波二极管的电流 $i_D(t)$ 为

$$i_D(t) = I_Q + b_1 U_{im}\cos(\omega_c t) + b_2 U_{im}^2 \cos^2(\omega_c t)$$

$$= I_Q + 0.5 b_2 U_{im}^2 + b_1 U_{im}\cos(\omega_c t) + 0.5 b_2 U_{im}^2 \cos(2\omega_c t)$$

检波二极管的电流 $i_D(t)$ 经过低通滤波器后的输出电压 $u_o(t)$ 为

$$u_o(t) = \left(I_Q + \frac{1}{2} b_2 U_{im}^2\right) R \qquad (6\text{-}35)$$

式中:与输入调幅信号 $u_{AM}(t)$ 有关的输出电压 $u_o'(t)$ 为

$$u_o'(t) = \frac{1}{2} b_2 U_{im}^2 R \qquad (6\text{-}36)$$

当输入信号为 $u_{AM}(t)=U_{im}[1+m_a\cos(\Omega t)]\cos(\omega_c t)$ 的调幅波时,通过检波二极管的电流 $i_D(t)$ 为

$$i_D(t)=I_Q+b_1U_{im}[1+m_a\cos(\Omega t)]\cos(\omega_c t)+b_2U_{im}^2[1+m_a\cos(\Omega t)]^2\cos^2(\omega_c t)$$

$$=I_Q+b_1U_{im}[1+m_a\cos(\Omega t)]\cos(\omega_c t)+\frac{1}{2}b_2U_{im}^2\left(1+\frac{1}{2}m_a^2\right)$$

$$+b_2U_{im}^2m_a\cos(\Omega t)+0.25b_2U_{im}^2m_a^2\cos(2\Omega t)$$

$$+0.5b_2U_{im}^2\left[1+\frac{1}{2}m_a^2+2m_a\cos(\Omega t)+\frac{1}{2}m_a^2\cos(2\Omega t)\right]\cos(2\omega_c t)$$

检波二极管的电流 $i_D(t)$ 经过低通滤波器后的输出电压 $u_o(t)$ 为

$$u_o(t)=\left(I_Q+\frac{1}{2}b_2U_{im}^2\right)R+b_2U_{im}^2m_aR\cos(\Omega t)+\frac{1}{4}b_2U_{im}^2m_a^2R\cos(2\Omega t)\quad(6\text{-}37)$$

如果再添加一个隔直电容,输出电压 $u_o'(t)$ 为

$$u_o'(t)=b_2U_{im}^2m_aR\cos(\Omega t)+\frac{1}{4}b_2U_{im}^2m_a^2R\cos(2\Omega t)\quad(6\text{-}38)$$

式(6-37)说明,输出电压 $u_o(t)$ 包含 3 项。第一项是直流,大小为 $(I_Q+0.5b_2U_{im}^2)R$;第二项是基波分量,大小为 $b_2U_{im}^2m_aR\cos(\Omega t)$;第三项是二次谐波分量,大小为 $0.25b_2U_{im}^2m_aR\cos(2\Omega t)$。基波分量分别与泰勒级数展开式的二次方项的系数 b_2、输入高频电压振幅的平方 U_{im}^2、调幅度 m_a、负载电阻 R 成正比。这一项就是期望的输出信号,它与原来的调制信号成正比,与输入高频电压振幅的平方 U_{im}^2 成正比,因此,这种检波器被称为平方律检波器。第三项的 2Ω 频率成分是很难或几乎不可能滤除的,理论上就有非线性失真。

6.3.3　二极管小信号检波器的主要技术指标

当输入为 $u_{AM}(t)=U_{im}\cos(\omega_c t)$ 的等幅波时,根据式(6-1)和式(6-36),得到输入为等幅波时的电压传输系数 K_d 为

$$K_d\approx\frac{b_2U_{im}^2R}{2U_{im}}=\frac{1}{2}b_2RU_{im}\quad(6\text{-}39)$$

当输入为 $u_{AM}(t)=U_{im}[1+m_a\cos(\Omega t)]\cos(\omega_c t)$ 的调幅波时,根据式(6-2)和式(6-38),得到输入为调幅波时的电压传输系数 K_d 为

$$K_d\approx\frac{b_2m_aU_{im}^2R}{m_aU_{im}}=b_2RU_{im}\quad(6\text{-}40)$$

式(6-40)说明,二极管小信号检波器的电压传输系数 K_d 不是常数,而是与输入高频电压信号的振幅 U_{im} 成正比。当输入高频电压的振幅 U_{im} 很小时,电压传输系数 K_d 是很小的,即检波效率很低,这是二极管小信号检波器的缺点之一。

二极管小信号检波器效率低的原因主要是在输入高频电压信号的正负半周内,检波二极管 VD 都是导通的。电压正半周引起的电流上升部分和负半周引起的电流下降部分有互相抵消的作用,结果仅得到很小的电流增量(包括低频分量或基波分量)。

对于二极管小信号检波器来说,输出电压一般很小,而且二极管一直处于导通状态,所以二极管小信号检波器的等效输入电阻可以近似地认为等于二极管的导通电阻,即

$$R_d \approx r_d \tag{6-41}$$

显然,由于检波二极管 VD 始终处于导通状态,二极管小信号检波器不存在惯性失真和负峰切割失真。

据根式(6-4)和式(6-38),二极管小信号检波器的非线性系数 K_f 为

$$K_f = \frac{\sqrt{U_{2\Omega}^2 + U_{3\Omega}^2 + \cdots + U_{n\Omega}^2}}{U_\Omega} \approx \frac{U_{2\Omega}}{U_\Omega} = \frac{0.25 b_2 m_a^2 U_{im}^2}{b_2 m_a U_{im}^2} = \frac{1}{4} m_a \tag{6-42}$$

由此可见,调制度 m_a 越大,二极管小信号检波器的非线性系数 K_f 也就越大,失真越严重。当 $m_a = 1$ 时,二极管小信号检波器的非线性系数 $K_f = 0.25 = 25\%$。因此,二极管小信号检波器的非线性系数 K_f 一般是比较大的,这是二极管小信号检波器的另一个缺点。

二极管小信号检波器的非线性失真比较严重的原因在于检波器工作在二极管伏安特性曲线的弯曲部分,而且输出信号中,除了有用的基波分量 $b_2 U_{im}^2 m_a^2 R\cos(\Omega t)$ 外,还有一个二次谐波分量 $0.25 b_2 U_{im}^2 m_a^2 R\cos(2\Omega t)$,这个二次谐波分量与基波分量在频谱上靠得太近,往往很难用低通滤波器滤除。

由于二极管小信号检波器的缺点比较突出,它在广播、电视和雷达接收机中的应用比较少。但是,在测量仪表中,二极管小信号检波器的应用比较广泛。在许多高频或微波测量设备中,经常需要检测信号的功率。由上面的分析可知,二极管小信号检波器的输出电压中的基波分量与输入高频电压的振幅 U_{im} 的平方成正比,也就是与输入高频电压信号的功率成正比。因此,利用二极管小信号检波器检测高频或微波信号的功率是很方便的。

下面对二极管小信号检波器和二极管大信号检波器的性能进行简单的比较。

(1) 二极管小信号检波器的电压传输系数 K_d 不是常数,而是与输入高频电压信号的振幅 U_{im} 成正比。二极管大信号检波器的电压传输系数 K_d 是常数,与输入高频电压信号的振幅 U_{im} 无关,而且,当负载电阻 R 远远大于检波二极管导通等效电阻 r_d 时,其电压传输系数 K_d 近似等于1。

(2) 二极管小信号检波器的非线性失真无法避免。只要检波器电路中的电子元件参数选择得当,二极管大信号检波器的非线性失真就可以基本消除。

(3) 二极管小信号检波器的等效输入电阻 R_{id} 可以近似地认为等于二极管的导通电阻 r_d,它的阻值比较小。而二极管大信号检波器的输入等效电阻 R_{id} 等于负载电阻 R 的一半,比二极管小信号检波器的等效输入电阻值大得多。

(4) 二极管小信号检波器不存在惯性失真和负峰切割失真。如果检波器电路中的电子元件参数选择不当,或使用一段时间后参数有变化,二极管大信号检波器可能会产生惯性失真和负峰切割失真。

6.4　同步检波器

同步检波也叫相干解调,可以用于任何一种调制方式的解调,包括双边带调幅信号和单边带信号。同步检波器主要由乘法器、低通滤波器和载波恢复电路组成,如图 6-11

所示,其中的载波恢复电路必须产生一个与发送端载波信号同频、同相位的信号。同步检波器与包络检波器的不同点在于同步检波器多一个载波恢复电路。同步检波器的基本原理是,被恢复出的载波信号与输入已调波信号在乘法器中相乘,乘法器输出信号中产生原调制信号和其他频率分量信号,再经过低通滤波器滤除无用信号,取出原调制信号,实现解调。

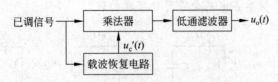

图 6-11　同步检波器的组成

下面以双边带调幅为例来说明同步检波器的组成原理。设调制信号为 $u_\Omega(t) = U_{\Omega m}\cos(\Omega t)$,载波信号为 $u_c(t) = U_{cm}\cos(\omega_c t)$,双边带调幅信号为

$$u_{DSB}(t) = U_{cm}U_{\Omega m}\cos(\Omega t)\cos(\omega_c t) = U_{im}\cos(\Omega t)\cos(\omega_c t) \tag{6-43}$$

再设同步检波器的载波恢复电路的输出信号为 $u_c'(t) = U_{cm}'\cos(\omega_c t)$,则乘法器的输出电压为

$$u_M(t) = K_M U_{cm}'\cos(\omega_c t)U_{im}\cos(\Omega t)\cos(\omega_c t)$$
$$= \frac{1}{2}K_M U_{cm}'U_{im}\cos(\Omega t) + \frac{1}{2}K_M U_{cm}'U_{im}\cos(\Omega t)\cos(2\omega_c t)$$

乘法器的输出电压通过低通滤波器的输出电压信号 $u_o(t)$ 为

$$u_o(t) = \frac{1}{2}K_M U_{cm}'U_{im}\cos(\Omega t) \tag{6-44}$$

式(6-44)说明,同步检波器的输出信号与乘法器的系数 K_M、被恢复出的载波信号的振幅 U_{cm}' 以及输入高频信号的振幅 U_{im} 成正比,也就是说,同步检波器的输出信号与原调制信号成正比。

同步检波器也可以用来解调标准调幅信号,但是,包络检波器更加简单、方便,所以标准调幅信号的解调很少采用同步检波器。

本章小结

本章首先介绍了检波电路的分类、组成及其主要技术指标。然后重点讨论了二极管大信号包络检波器和二极管小信号检波器的工作原路。最后介绍了同步检波器调幅电路的组成及其工作原理。

通过本章的学习,读者可以掌握二极管大信号包络检波器和二极管小信号检波器的分析方法,了解非线性失真、惰性失真和负峰切割失真的基本概念。

思考题与习题

6.1 振幅检波器有哪几个组成部分？各部分作用是什么？

6.2 试判断题 6.2 图所示各电路是否可能实现检波。

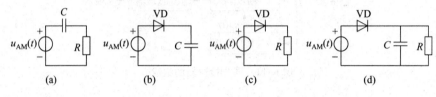

题 6.2 图

6.3 检波电路如题 6.3 图所示，二极管 VD 的导通电阻 $r_d = 100\Omega$，二极管导通电压 $U_{bz} = 0$，输入电压为 $u_{AM}(t) = 2[1 + 0.6\cos(10^3\pi t)]\cos(10^5\pi t)$。试计算 A 点和 B 点的电位、等效输入电阻 R_{id}，并判断是否会产生负峰切割失真和惰性失真。

6.4 二极管检波电路如题 6.4 图所示。已知检波器负载电阻 $R = 5.6\text{k}\Omega$，二极管 VD 导通等效电阻 $r_d = 100\Omega$，导通电压 $U_{bz} = 0$，输入电压为 $u_{AM}(t) = 2[1 + 0.8\cos(4\pi \times 10^3 t)]\cos(10^5\pi t)$，试求：

(1) 检波器电压传输系数 K_d；

(2) 检波器输出电压 $u_o(t)$；

(3) 保证输出波形不产生惰性失真时的最大负载电容 C。

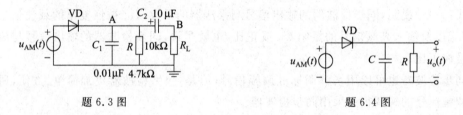

题 6.3 图   题 6.4 图

6.5 二极管 VD 的导通电阻 $r_d = 100\Omega$，检波电路如题 6.5 图所示，其中，输入信号电压为 $u_{AM}(t) = 1.2\cos(2\pi \times 465 \times 10^3 t) + 0.4\cos(2\pi \times 462 \times 10^3 t) + 0.4\cos(2\pi \times 468 \times 10^3 t)$，$C_1 = 0.01\mu\text{F}$，$C_2 = 10\mu\text{F}$，$R = 5.6\text{k}\Omega$，$R_L = 10\text{k}\Omega$。二极管 VD 导通等效电阻 $r_d = 100\Omega$，导通电压 $U_{bz} = 0$，试求：

(1) 调幅波的调幅指数 m_a、调制信号频率 F；

(2) 判断产生惰性失真和负峰切割失真的可能性；

(3) A 点和 B 点的电位；

(4) 画出 A、B 点的电位瞬时波形图。

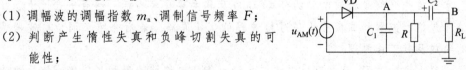

题 6.5 图

6.6 二极管检波电路如题 6.5 图所示，调制信号频率 F 的范围是 $10^2 \sim 10^4\,\text{Hz}$，$C_1 =$

$0.01\mu F, C_2 = 10\mu F, R = 5.6 k\Omega, R_L = 12 k\Omega$，二极管 VD 的导通等效电阻 $r_d = 80\Omega$。设二极管 VD 的导通电压 $U_{bz} = 0$。试问：

(1) 不产生惰性失真的条件下，m_a 的最大值应为多少？

(2) 不产生负峰切割失真的条件下，m_a 的最大值应为多少？

(3) 不产生惰性失真和负峰切割失真的条件下，m_a 应为多少？

6.7　为什么二极管包络检波电路中必须有非线性元器件？如果二极管反接，是否能检波？如果能检波，与二极管原接法相比，输出电压有何不同？

6.8　同步检波电路如题 6.8 图所示，乘法器的增益系数为 K_M，输入信号电压为 $u_{AM}(t) = [1 + k_a u_\Omega(t)]\cos(\omega_c t)$，本地恢复出的载波信号电压为 $u_L(t) = \cos(\omega_c t + \varphi_0)$。试写出输出信号 $u_o(t)$ 的表达式。

6.9　同步检波电路如题 6.9 图所示，恢复出的载波信号为 $u_L(t) = U_{Lm}\cos(\omega_c t + \varphi_0)$，在下面的两种情况下，试分别写出输出信号的表达式，并说明是否有失真。

(1) $u_i(t) = U_{im} u_\Omega(t)\cos(\omega_c t)$（DSB 信号）；

(2) $u_i(t) = U_{im}\cos[(\omega_c + \Omega)t]$（SSB 信号）。

题 6.8 图　　　　　　　　　　题 6.9 图

6.10　为什么单边带信号的解调需要同步检波器？它与包络检波器有何不同点和相同点？

CHAPTER 7

角度调制电路

7.1 概述

前面章节介绍的调幅,是指用调制信号去控制高频载波的振幅,使高频载波的振幅随低频调制信号的变化规律而变化,而载波频率和初相位保持不变的一种调制方式。本章将介绍角度调制信号的产生。角度调制是频率调制和相位调制的合称,频率调制又称为调频,相位调制又称为调相。

频率调制,即调频(Frequency Modulation,FM),是指用调制信号去控制载波的瞬时频率,使之与调制信号的变化规律呈线性关系,而振幅保持恒定的一种调制方式。调频信号的解调称为鉴频或频率检波。相位调制,即调相(Phase Modulation,PM),是指用调制信号去控制载波的瞬时相位,使之与调制信号的变化规律呈线性关系,而振幅保持恒定的一种调制方式。调相信号的解调称为鉴相或相位检波。事实上,由于频率与相位间存在微分与积分的关系,故无论是调频还是调相,两者之间是相互关联的,可以相互转换。在调频时,必然会引起瞬时相位的变化;在调相时,也必然会引起瞬时频率的变化。也就是说,调频必调相,调相也必调频。因此,若只有一个波形或表达式,是无法确定调制方式究竟是调频的还是调相的。同样,鉴频和鉴相也可以相互利用,既可以用鉴频的方法实现鉴相,也可以用鉴相的方法实现鉴频。

因此,如果采用振幅调制,则已调波信号的振幅中携带着原调制信号,而瞬时频率和相位不受控制;如果采用频率调制,则已调波信号的瞬时频率中携带着原调制信号,而振幅保持恒定;如果采用相位调制,则已调波信号的瞬时相位中携带着原调制信号,而振幅保持恒定。

人们知道,调制信号的频谱是在频率轴上线性搬移,而其内部的频谱相对关系总是保持不变,即调幅实际上是将调制信号的频谱搬移到载频的两边,且其频谱结构没有改变。因此,调幅过程是一种频谱线性搬移的过程,属于线性调制。角度调制中的已调信号的频谱不是将调制信号频谱在频率轴上的线性搬移,已调信号的频谱不再保持调制信号的频谱结构,即不再是线性关系,因此,角度调制属于非线性调制。

与振幅调制相比,角度调制的主要优点在于抗噪声性能比较强,它还具有信号输出的保真度高等优点。噪声往往对高频信号的振幅影响比较大,而对瞬时频率或瞬时相位的影响小得多。这就是角度调制抗噪声性能比较强的主要原因。从另外一个角度说,角度调制的频带宽度往往大于振幅调制的频带宽度。也就是说,可以认为角度调制抗噪声性能比较强的优点是以占用更宽的频带为代价换来的。

角度调制由于其优越的性能而获得了广泛的应用。调频主要应用于调频广播、电视、移动通信及遥控遥测等设备中,调相主要应用于数字通信系统中。

调频波的技术指标主要有以下几个。

(1) 频谱宽度。从理论上讲,调频波的频谱是无限宽的。但是,如果忽略幅度很小的频率分量,则调频波的频谱宽度是有限的。根据频谱宽度的大小,调频可以分为宽带调频和窄带调频两大类。宽带调频常用于调频广播,窄带调频常用于其他通信系统。

(2) 寄生调幅。从理论上讲,调频波的振幅是恒定的,即不存在寄生调幅。但是,在实际的调频电路中,通常会引起振幅调制,这种有害的振幅调制,被称为寄生调幅。寄生调幅往往不可避免。当没有调制信号时,已调波信号实际上就是载波信号,此时没有寄生调幅;当加入调制信号时,已调波信号中往往就有寄生调幅。显然,在调频电路中,寄生调幅越小越好。

(3) 抗干扰能力。与振幅调制相比,频率调制的抗噪声性能比较强。一般来说,调频信号的频谱宽度越大,抗干扰能力越强。

由于调频与调相有着密切的联系,所以本章着重介绍调频而略述调相。

7.1.1　调频波与调相波的数学表达式

调角就是用调制信号去控制高频载波的瞬时频率或瞬时相位,使之与调制信号的变化规律呈线性关系。设高频载波信号为一个余弦信号,其表达式为

$$u_c(t) = U_{cm}\cos(\omega_c t + \varphi_0) \tag{7-1}$$

式中:U_{cm}——载波振幅;

$\quad\omega_c$——载波角频率;

$\quad\varphi_0$——载波的初始相位。

在没有进行调制时,高频载波的角频率和初始相位均为常数;在进行调制后,无论是调频波还是调相波,其振幅是不变的,因此,可以将高频载波信号写成如下的形式:

$$u_c(t) = U_{cm}\cos\varphi(t) \tag{7-2}$$

式中:$\varphi(t)=\omega_c t+\varphi_0$——瞬时相位。

但是,当瞬时频率或瞬时相位被低频信号调制后,瞬时相位随时间的变化率将不再是常数,载波的角频率也会发生变化。这个角频率称为瞬时角频率,用 $\omega(t)$ 表示。当载波的瞬时角频率变化时,其瞬时相位 $\varphi(t)$ 也随之而变化。瞬时角频率 $\omega(t)$ 是瞬时相位 $\varphi(t)$ 的微分,而瞬时相位 $\varphi(t)$ 是角频率 $\omega(t)$ 的积分。调频波和调相波的瞬时相位 $\varphi(t)$ 与瞬时角频率 $\omega(t)$ 的关系可表示为

$$\varphi(t) = \int_0^t \omega(\tau)\,d\tau \tag{7-3}$$

$$\omega(t) = \frac{d\varphi(t)}{dt} \tag{7-4}$$

这两个式子是角度调制中的基本表达式。

1. 调频波的数学表达式及调频信号的特点

1) 调频波的数学表达式

若调制信号为 $u_\Omega(t)$,载波信号为 $u_c(t)=U_{cm}\cos(\omega_c t)$,根据调频的定义,调频信号的瞬时角频率 $\omega(t)$ 为

$$\omega(t) = \omega_c + K_f u_\Omega(t) = \omega_c + \Delta\omega(t) \tag{7-5}$$

式中:ω_c——载波信号角频率;

K_f——调制灵敏度,其物理意义是单位调制信号电压所引起的角频率偏移值,单位是 $\mathrm{rad}/(\mathrm{s}\cdot\mathrm{V})$;

$\Delta\omega(t)$——瞬时角频偏,简称角频偏,是瞬时角频率相对于载波角频率的偏移。

由式(7-3)可得调频信号的瞬时相位 $\varphi(t)$ 为

$$\varphi(t) = \int_0^t \omega(\tau)\mathrm{d}\tau = \int_0^t \left[\omega_c + K_f u_\Omega(\tau)\right]\mathrm{d}\tau$$

$$= \omega_c t + K_f\int_0^t u_\Omega(\tau)\mathrm{d}\tau = \omega_c t + \Delta\varphi(t) \tag{7-6}$$

式中:$\Delta\varphi(t) = K_f\int_0^t u_\Omega(\tau)\mathrm{d}\tau$——瞬时相位偏移,简称相移。

式(7-6)说明,调频信号的瞬时相位包含两部分,第一部分是由载波信号频率对应的相移 $\omega_c t$,第二部分是由调制信号引起的相移 $\Delta\varphi(t) = K_f\int_0^t u_\Omega(\tau)\mathrm{d}\tau$。

因此,调频波的数学表达式为

$$u_{FM}(t) = U_{cm}\cos\left[\omega_c t + K_f\int_0^t u_\Omega(\tau)\mathrm{d}\tau\right] \tag{7-7}$$

式(7-7)说明,调频波的振幅是一个常数,瞬时角频率 $\omega(t)$ 与调制信号 $u_\Omega(t)$ 呈线性关系,调频信号的瞬时相位 $\varphi(t)$ 中由调制信号引起的相移 $\Delta\varphi(t) = K_f\int_0^t u_\Omega(\tau)\mathrm{d}\tau$ 与调制信号的积分成正比。

对于调频信号来说,如果调制信号 $u_\Omega(t)$ 是一个随机信号,则调频波的解析表达式很难写出来,因为其中有对随机信号的积分运算。所以,先研究单频调制信号的调频信号,然后再介绍一般调频信号的特点。

2) 单频调制信号的调频信号

设载波信号为 $u_c(t)=U_{cm}\cos(\omega_c t)$,调制信号 $u_\Omega(t)$ 为单一频率的余弦信号,即

$$u_\Omega(t) = U_{\Omega m}\cos(\Omega t) \tag{7-8}$$

则其调频波的瞬时角频率表达式为

$$\omega(t) = \omega_c + K_f U_{\Omega m}\cos(\Omega t) \tag{7-9}$$

最大角频偏是指瞬时频率中以载波频率 f_c(或载波角频率 ω_c)为基准,偏离的最大角频率,为

$$\Delta\omega_m = |\omega(t) - \omega_c|_{max} = |\Delta\omega(t)|_{max}$$

$$= |K_f U_{\Omega m}\cos(\Omega t)|_{max} = K_f U_{\Omega m} \tag{7-10}$$

式(7-10)表明,最大角频偏与调制信号 $u_\Omega(t)$ 的振幅 $u_{\Omega m}$ 和调制灵敏度 K_f 成正比。

也就是说,调制信号 $u_\Omega(t)$ 的振幅 $u_{\Omega m}$ 越大,调频信号的最大角频偏也大。当调频信号的最大角频偏固定不变时,调制信号 $u_\Omega(t)$ 的振幅 $u_{\Omega m}$ 将受限制。调频信号的最大角频偏是一个重要的技术指标。

由式(7-9)可以得到调频信号的瞬时相位为

$$\varphi(t) = \omega_c t + K_f \int_0^t U_{\Omega m} \cos(\Omega\tau)\mathrm{d}\tau = \omega_c t + \frac{K_f U_{\Omega m}}{\Omega}\sin(\Omega t) \tag{7-11}$$

最大相偏是指调频信号的瞬时相位中,由调制信号 $u_\Omega(t)$ 引起的相移 $\Delta\varphi(t) = K_f \int_0^t u_\Omega(\tau)\mathrm{d}\tau$ 的绝对值的最大值。由式(7-11)可以得到调频信号的最大相偏(也叫调频指数 M_f)为

$$\Delta\varphi_m = |\varphi(t) - \omega_c t|_{\max} = |\Delta\varphi(t)|_{\max} = \frac{K_f U_{\Omega m}}{\Omega} = \frac{\Delta\omega_m}{\Omega} = \frac{\Delta f_m}{F} \tag{7-12}$$

调频指数 M_f 也是调频信号的一个重要技术指标,它常用于一般调频信号的频谱宽度估计。式(7-12)说明,调频指数 M_f 与最大频偏 Δf_m 成正比,与调制信号的频率 F 成反比。也就是说,当要求最大频偏 Δf_m 和调频指数 M_f 固定不变时,对调制信号的频率范围是有限制的。

根据式(7-7)和式(7-11),得到调频信号的时域信号表达式为

$$u_{FM}(t) = U_{cm}\cos\left[\omega_c t + \frac{K_f U_{\Omega m}}{\Omega}\sin(\Omega t)\right] \tag{7-13}$$

3) 调频信号的参数

(1) 最大角频偏 $\Delta\omega_m$:瞬时角频偏的最大值,反映频率受调制的程度。

(2) 调制系数(调制灵敏度)K_f:调制信号单位电压所产生的频率偏移,反映调制信号对已调波的瞬时频率的控制能力。

(3) 调频指数 M_f:瞬时相位偏移的绝对值的最大值,反映单位调制信号所引起的相移的大小,单位是 rad/V。

2. 调相波的数学表达式及调相信号的特点

1) 调相波的数学表达式

若调制信号为 $u_\Omega(t)$,载波信号为 $u_c(t) = U_{cm}\cos(\omega_c t)$,则调相信号的瞬时相位 $\varphi(t)$ 为

$$\varphi(t) = \omega_c t + K_p u_\Omega(t) \tag{7-14}$$

式中:ω_c——载波信号角频率;

K_p——调制灵敏度,表示调制信号单位电压所引起的调相波的相位变化。

调相信号的瞬时频率表达式为

$$\omega(t) = \frac{\mathrm{d}\varphi(t)}{\mathrm{d}t} = \omega_c + K_p \frac{\mathrm{d}u_\Omega(t)}{\mathrm{d}t} \tag{7-15}$$

调相信号的时域信号表达式为

$$u_{PM}(t) = U_{cm}\cos[\omega_c t + K_p u_\Omega(t)] \tag{7-16}$$

式(7-16)说明,调相波的振幅是一个常数,瞬时相位 $\varphi(t)$ 与调制信号呈线性关系,调相信号的瞬时频率 $\omega(t)$ 与调制信号的微分成正比。

对于调相信号来说,如果调制信号是一个随机信号,则调相波的解析表达式很难写

出来,分析调相波的特点、技术指标都不容易。所以,先研究单频调制信号的调相波信号,再来介绍一般调相波的信号的特点。

2) 单频调制信号的调相信号

设载波信号为 $u_c(t) = U_{cm}\cos(\omega_c t)$,调制信号 $u_\Omega(t)$ 为单一频率的余弦信号,即 $u_\Omega(t) = U_{\Omega m}\cos(\Omega t)$,则其调相波的瞬时频率表达式为

$$\omega(t) = \omega_c - K_p U_{\Omega m}\Omega\sin(\Omega t) \tag{7-17}$$

式中:ω_c——载波信号角频率;

$\quad K_p$——调制灵敏度。

最大角频偏为

$$\Delta\omega_m = |\Delta\omega(t)|_{max} = |K_p U_{\Omega m}\Omega\sin(\Omega t)|_{max} = K_p U_{\Omega m}\Omega \tag{7-18}$$

瞬时相位为

$$\varphi(t) = \omega_c t + K_p U_{\Omega m}\cos(\Omega t) \tag{7-19}$$

最大相偏(调相指数 M_p)为

$$\Delta\varphi_m = |\Delta\varphi(t)|_{max} = K_p U_{\Omega m} = \frac{\Delta\omega_m}{\Omega} = \frac{\Delta f_m}{F} \tag{7-20}$$

时域信号表达式为

$$u_{PM}(t) = U_{cm}\cos[\omega_c t + K_p U_{\Omega m}\cos(\Omega t)] \tag{7-21}$$

3) 调相信号的参数

(1) 最大角频偏 $\Delta\omega_m$:瞬时角频偏的最大值,反映频率受调制的程度。

(2) 调制系数(调制灵敏度)K_p:调制信号单位电压所产生的相位偏移,反映调制信号对已调波的瞬时相位的控制能力。

(3) 调相指数 M_p:瞬时相位偏移的绝对值的最大值,反映单位调制信号所引起的相移的大小,单位是 rad/V。

为了便于记忆,表 7-1 中对比了调频信号和调相信号。在表 7-1 中,设调制信号为 $u_\Omega(t)$,载波信号为 $u_c(t) = U_{cm}\cos(\omega_c t)$。

表 7-1　调频信号和调相信号的对比

类　别	调 频 信 号	调 相 信 号
时域信号表达式	$U_{cm}\cos\left[\omega_c t + \dfrac{K_f U_{\Omega m}}{\Omega}\sin(\Omega t)\right]$	$U_{cm}\cos[\omega_c t + K_p u_\Omega(t)]$
瞬时角频率	$\omega_c + K_f u_\Omega(t)$	$\omega_c + K_p \dfrac{du_\Omega(t)}{dt}$
瞬时相位	$\omega_c t + K_f\displaystyle\int_0^t u_\Omega(\tau)d\tau$	$\omega_c t + K_p u_\Omega(t)$
最大角频偏	$|K_f u_\Omega(t)|_{max}$	$K_p\left|\dfrac{du_\Omega(t)}{dt}\right|_{max}$
最大相偏	$\left|K_f\displaystyle\int_0^t u_\Omega(\tau)d\tau\right|_{max}$	$K_p|u_\Omega(t)|_{max}$

7.1.2 调频波和调相波的波形

调频波和调相波都是等幅的疏密波,疏密的程度与调制信号、调制参数有关,调制信号寄托于等幅波的疏密之中,也就是说,其瞬时角频率或相位的变化反映了调制信号的变化规律。调制信号为单频信号时的调频信号和调相信号的波形,如图 7-1 所示。

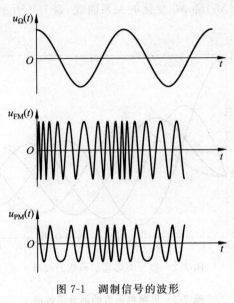

图 7-1 调制信号的波形

7.1.3 调角波的频谱和带宽

从数学角度来看,调频信号和调相信号的表达式都是一致的,所以,它们的频谱也是一致的。只要知道分析其中一种信号的频谱和带宽的方法,另一种信号的分析方法也就可以知道。只是在估算频谱宽度时,调频信号采用调频指数 M_f 参数,调相信号采用调相指数 M_p 参数。现在就以调频信号为例,来讨论调角波的频谱和带宽。

由于调频信号的功率谱密度是一个非常复杂的函数,而且是一个超越函数,因此,不便于直接讨论它的频谱和频带宽度,还是从单频调制信号的调角信号频谱和带宽开始入手。

1. 单频调制信号的调角信号频谱和带宽

这里以调频波为例(调相波类似)。设调制信号为单频余弦信号 $u_\Omega(t)=U_{\Omega m}\cos(\Omega t)$,载波信号为 $u_c(t)=U_{cm}\cos(\omega_c t)$,为了简化书写,设 $U_{cm}=1$,则调频波的表达式为

$$u_{FM}(t) = \cos\left[\omega_c t + \frac{K_f U_{\Omega m}}{\Omega}\sin(\Omega t)\right] = \cos[\omega_c t + M_f \sin(\Omega t)]$$

$$= \cos(\omega_c t)\cos[M_f \sin(\Omega t)] - \sin(\omega_c t)\sin[M_f \sin(\Omega t)] \qquad (7\text{-}22)$$

式(7-22)是一个超越函数。根据贝塞尔理论,有下列表达式:

$$\cos[M_f\sin(\Omega t)] = J_0(M_f) + 2\sum_{n=1}^{\infty} J_{2n}(M_f)\cos(2n\Omega t) \tag{7-23}$$

$$\sin[M_f\sin(\Omega t)] = 2\sum_{n=0}^{\infty} J_{2n+1}(M_f)\sin[(2n+1)\Omega t] \tag{7-24}$$

式中：$J_{2n}(M_f)$——以调频指数 M_f 为参数的 n 阶第一类贝塞尔函数,其值可查表或查曲线。

图 7-2 所示的是 $J_n(M_f)$ 随 M_f 变化的关系曲线,表 7-2 所示的是贝塞尔函数的部分函数值。

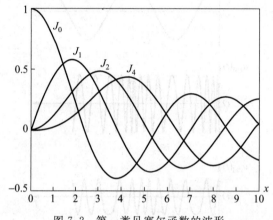

图 7-2　第一类贝塞尔函数的波形

表 7-2　贝塞尔函数的部分函数值

x	$J_n(x)$							
	$J_0(x)$	$J_1(x)$	$J_2(x)$	$J_3(x)$	$J_4(x)$	$J_5(x)$	$J_6(x)$	$J_7(x)$
0.5	0.939	0.242	0.030	0.003				
1	0.756	0.440	0.115	0.020	0.003			
2	0.224	0.577	0.353	0.129	0.034	0.007	0.001	
3	-0.260	0.339	0.486	0.309	0.132	0.043	0.011	0.003
4	-0.397	-0.066	0.364	0.430	0.281	0.132	0.049	0.015
5	-0.178	-0.328	0.047	0.364	0.391	0.261	0.131	0.053
6	0.151	-0.277	-0.243	0.115	0.358	0.362	0.246	0.130
7	0.300	-0.005	-0.301	-0.168	0.158	0.358	0.339	0.234

把式(7-23)和式(7-24)代入式(7-22),整理可得

$$
\begin{aligned}
u_{FM}(t) =& J_0(M_f)\cos(\omega_c t) \\
&+ J_1(M_f)\cos[(\omega_c+\Omega)t] - J_1(M_f)\cos[(\omega_c-\Omega)t] \\
&+ J_2(M_f)\cos[(\omega_c+2\Omega)t] + J_2(M_f)\cos[(\omega_c-2\Omega)t]
\end{aligned}
$$

$$+ J_3(M_f)\cos[(\omega_c + 3\Omega)t] - J_3(M_f)\cos[(\omega_c - 3\Omega)t]$$

$$+ \cdots \tag{7-25}$$

式中：第一行为载波信号，第二行为第一对边频信号，第三行为第二对边频信号，第四行为第三对边频信号，以此类推。

由式(7-25)可以看出，单频调制信号的调频信号频谱具有以下特点。

(1) 载波频率分量上、下有无数个边频分量，它是一种离散谱。以载波频率分量为中心，对称地分布了无数个上、下边频分量。各个分量的振幅由对应的各阶贝塞尔函数值确定。偶数次的上、下边频分量的相位相同，奇数次上、下边频分量的相位相反。各个边频分量与载波频率分量的间隔都是调制信号频率的整数倍。

(2) 从图 7-2 可以看到，调频指数越大，具有较大振幅的边频分量就越多。这与调幅波不同，在单频调制信号调幅的情况下，边频数目与调幅度 m_a 无关。

(3) 对于某些调频指数值，载波频率分量或某些边频分量的振幅为零。可以利用这一现象来测量调频指数 M_f。

(4) 根据式(7-25)，可以计算调频波的平均功率为

$$P_{FM} = \frac{1}{2}J_0^2(M_f) + [J_1^2(M_f) + J_2^2(M_f) + \cdots + J_k^2(M_f) + \cdots] \tag{7-26}$$

根据贝塞尔函数的性质，式(7-26)右边的值等于常数 1，调频前后的平均功率没有发生变化，只是导致能量从载频分量向边频分量转移，总能量不变。但在调幅情况下，平均输出功率为$(1+0.5m_a^2)P_o$，不但调幅前后的平均功率要变化，而且不同的调制指数意味着不同的平均功率。

虽然调频波有无数个边频分量，但是对于任一给定的调频指数值，高到一定次数的边频分量的振幅已经小到可以忽略不计了。所以，理论上，调频波的频带宽度是无限的，但实际上可以认为是有限的。通常规定，凡是振幅小于某一定值的边频分量，均可以忽略不计，剩下的频谱分量确定调频波的频带宽度。

调角信号的频带宽度可以由下式近似计算：

$$B = 2(M_f + 1)F \quad 或 \quad B = 2(M_p + 1)F \tag{7-27}$$

式中：M_f——调频指数；

　　　M_p——调相指数；

　　　F——单频调制信号频率。

从式(7-27)可以看到，单频调制信号的调频信号的近似频带宽度 B，分别与调频指数 M_f 和调制信号频率 F 成正比。如果调频指数 M_f 远远大于 1，则近似频带宽度 $B \approx 2M_f F$。同时，近似频带宽度 B 总是大于调制信号频率 F 的 2 倍。也就是说，在其他参数相同的条件下，调频信号占用的频带宽度一定比任何一种振幅调制信号的频带宽度大。

把调频指数 $M_f = \dfrac{\Delta f_m}{F}$ 代入式(7-27)，可以得到调制信号的近似频带宽度的另一种表达式：

$$B = 2(M_f + 1)F = 2\left(\frac{\Delta f_m}{F} + 1\right)F = 2(\Delta f_m + F) \tag{7-28}$$

式(7-28)说明,调频信号的近似频谱宽度也等于最大频偏 Δf_m 与调制信号频率 F 之和的2倍。根据最大频偏 Δf_m 与调制信号频率 F 的相对大小,可以把调频分成窄带调频和宽带调频。

在宽带调频中,$\Delta f_m \gg F$,即 $M_f \gg 1$,则频谱宽度可以由下式近似计算:

$$B \approx 2\Delta f_m \tag{7-29}$$

也就是说,宽带调频的频带宽度 B 近似等于最大频偏 Δf_m 的2倍。

在窄带调频中,$\Delta f_m \ll F$,即 $M_f \ll 1$,则频谱宽度可以由下式近似计算:

$$B \approx 2F \tag{7-30}$$

也就是说,窄带调频的频带宽度 B 近似等于调制信号频率 F 的2倍。

从以上分析可以看到,调频信号和调相信号的频谱结构、近似频带宽度都与它们的调制指数有密切的关系。一般而言,无论是调频信号还是调相信号,调制指数越大,应当考虑的边频分量的数目就越多。这是它们共同的特点。但是,当调制信号的振幅恒定时,调频信号的调频指数 M_f 与调制信号频率 F 成反比,而调相信号的调相指数 M_p 与调制信号频率 F 无关。此时,它们的频谱结构、近似频带宽度与调制频率之间的关系就不相同了。比如,调制信号的振幅不变,只改变调制信号频率 F,假设降低调制信号频率 F,此时,对于调频信号来说,由于调频指数 M_f 随调制信号频率 F 的下降而增大,应该考虑的边频分量的数目就增多。但是,由于各个边频分量之间的间隔缩小,最后反而造成调频信号的频带宽度 B 变窄。不过,边频分量的数目增加与边频分量之间的间隔缩小这两种变化对于频带宽度 B 的影响是相反的。所以,总的效果是使频带稍微变窄。

例 7-1 试估算以下3种情况下的调频信号的频带宽度 B。其中,F_{max} 是调制信号的最高频率,Δf_m 是调频信号的最大频偏。

(1) $\Delta f_m = 100\text{kHz}$,$F_{max} = 0.2\text{kHz}$;

(2) $\Delta f_m = 100\text{kHz}$,$F_{max} = 2\text{kHz}$;

(3) $\Delta f_m = 100\text{kHz}$,$F_{max} = 20\text{kHz}$。

解:

(1) $B = 2(\Delta f_m + F_{max}) = 2 \times (100 + 0.2) = 200.4\text{(kHz)}$;

(2) $B = 2(\Delta f_m + F_{max}) = 2 \times (100 + 2) = 204\text{(kHz)}$;

(3) $B = 2(\Delta f_m + F_{max}) = 2 \times (100 + 20) = 240\text{(kHz)}$。

从此例可以看出,虽然调制信号的频率变化了100倍,但是,调频信号的频带宽度 B 仅仅变化了16.7%。因此,调频波也叫作恒定带宽调制。

对于调相来说,情况就大不相同了。当调制信号的振幅恒定时,调相指数 M_p 是不变的,因而,应该考虑的边频分量的数目也是不变的。但是,当调制信号频率 F 下降时,各个边频分量之间的间隔就会缩小,因此,调相信号的频带宽度 B 随着调制信号频率 F 成比例地变窄。也就是说,调相波的频带宽度随调制信号频率 F 的变化而显著变化,在调制信号频率 F 的最大值和最小值处相差极大,这种调制方式的频谱利用率不高。这正是模拟通信系统中,调频比调相应用更广泛的主要原因。

2. 一般调角信号的频谱和带宽

对于一般调角信号而言,调制信号是一个随机信号。根据傅里叶变换的概念,可以把该随机信号看成由无数个单频分量叠加而成,参照以上单频调制信号的调角信号的频谱和频带宽度的分析,不难看出,其时域信号也是一个超越函数,频谱在理论上是无限宽的,在实际上是可以近似计算的。

一般调角信号的频带宽度可以利用调制信号的最高频率先计算出对应的调频指数或调相指数,再根据式(7-27)近似计算。

在具体计算时,若调频指数或调相指数不是整数,则应取靠近原数值的整数值。另外,式(7-27)还可以根据具体情况简化,当 M_f 或 M_p 远远大于 1 时,$B \approx 2M_f$;当 M_f 或 M_p 远远小于 1 时,$B \approx 2F$。

例 7-2　设载波信号的振幅为 5V,频率为 600kHz,调制信号为 $u_\Omega(t) = 2\sin(200\pi t)$,调制灵敏度 $K_f = 600\pi \text{rad}/(\text{s} \cdot \text{V})$。试求该调频波的最大频偏、调频指数、时域表达式和频带宽度。

解：调频信号的时域表达式为

$$u_{FM}(t) = U_{cm}\cos\left[\omega_c t + K_f \int_0^t U_{\Omega m}\sin(2\pi F\tau)d\tau\right]$$

$$= 5\cos\left[12\pi \times 10^5 t + 600\pi \int_0^t 2\sin(200\pi\tau)d\tau\right]$$

$$= 5\cos\left[12\pi \times 10^5 t - 6\cos(200\pi t) + 6\right](\text{V})$$

瞬时频率表达式为

$$\omega(t) = 2\pi f_c + K_f U_{\Omega m}\sin(2\pi Ft) = \left[12\pi \times 10^5 + 1200\pi\sin(200\pi t)\right](\text{rad/s})$$

瞬时相位表达式为

$$\varphi(t) = 2\pi f_c t + K_f \int_0^t U_{\Omega m}\sin(2\pi F\tau)d\tau = 2\pi f_c t - \frac{K_f U_{\Omega m}}{2\pi F}\cos(2\pi Ft) + \frac{K_f U_{\Omega m}}{2\pi F}$$

$$= \left[12\pi \times 10^5 t - 6\cos(2\pi Ft) + 6\right](\text{rad})$$

调频指数为

$$M_f = |-6\cos(200\pi t)|_{max} = 6$$

最大频偏

$$\Delta f_m = \frac{|1200\pi\sin(200\pi t)|_{max}}{2\pi} = 600(\text{Hz})$$

频带宽度为

$$B \approx 2(M_f + 1)F = 2 \times (6 + 1) \times 100 = 1400(\text{Hz})$$

例 7-3　在某调频广播系统中,最大频偏 $\Delta f_m = 75\text{kHz}$。如果调制信号频率 F 为 100Hz～15kHz,试近似计算频带宽度。

解：

(1) 调制信号频率 F 为 100Hz,调频指数 $M_f = \dfrac{\Delta f_m}{F} = \dfrac{75\ 000}{100} = 750$,则频带宽度近似为 $B \approx 2M_f F = 150\text{kHz}$。

（2）调制信号频率 F 为 15kHz，调频指数 $M_f = \dfrac{\Delta f_m}{F} = \dfrac{75\,000}{15\,000} = 5$，则频带宽度近似为 $B \approx 2(M_f+1)F = 180(\text{kHz})$。

由此可见，调制信号频率 F 从 100Hz 变化到 15kHz，频带宽度变化不大。若用最大的频带宽度 B 作为通信系统带宽，频带可以充分利用。在最大频移一定的情况下，调频指数 M_f 与调制频率 F 成反比，F 越高，M_f 越小，振幅小于某一定值的边频对的数量就减小，所以频带宽度变化不大。

7.2 调频方法概述

由于频率调制不是频谱的线性搬移，其实现电路就不能采用乘法器和线性滤波器来构成，而必须根据调频波的特点提出具体实现的方法。调频信号产生的关键是要使调频电路的输出信号的振幅保持不变，而输出信号的瞬时频率与调制信号呈线性关系。

对调频电路的基本要求有如下几点。

（1）具有线性的调制特性，即已调波的瞬时频率与调制信号呈线性关系。

（2）具有较高的调制灵敏度，即单位调制电压所产生的频率偏移要大。

（3）最大频率偏移与调制信号频率无关。

（4）已调波的中心频率应具有一定的频率稳定度。

（5）寄生调幅尽量小。

产生调频信号的方法有很多种，可以把它们分为两类。第一类是直接调频，它用调制信号直接控制载波信号的瞬时频率来实现调频；第二类是间接调频，首先将调制信号积分，用积分器的输出信号再去控制载波信号的瞬时相位，即先积分后调相，最后得到的信号也是调频信号。

下面主要介绍直接调频电路的工作原理，也附带讨论一下间接调频的工作原理。

7.2.1 直接调频原理

直接调频的基本原理是利用调制信号来直接控制振荡器的振荡频率，使其与调制信号呈线性关系。振荡器的振荡频率是由振荡器的选频网络决定的，因此，直接调频就是利用调制信号控制选频网络元件的参数，从而控制振荡器的输出信号的频率，实现调频。

1. 改变振荡回路的元件参数来实现调频

在 LC 振荡器中，决定振荡频率的主要元件是 LC 选频回路的电感 L 和电容 C。在 RC 振荡器中，决定振荡频率的主要元件是选频回路的电阻 R 和电容 C。因此，只要用调制信号控制选频回路的元件参数，就能实现调频。

调频电路中常用的可控电容元件有变容二极管和电抗管；可控电感元件有装有铁氧体磁芯的电感线圈和电抗管；可控电阻元件有装有铁氧体磁芯的 PIN 二极管和场效应管。如果把这些可控元件作为振荡回路的一部分，然后利用调制信号控制这些可控元件的参数,就能实现直接调频。

2. 控制振荡器的工作状态来实现调频

在微波发射机中,常用速调管振荡器作为载波振荡器,其振荡频率受控于加在管子反射极上的反射极电压。因此,只要将调制信号加在管子的反射极,就能实现直接调频。

7.2.2　间接调频原理

从数学角度来看,调频和调相在本质上是一致的。所以,可以间接采用调相的原理来实现调频。当然,也可以间接采用调频的原理来实现调相。设载波信号为 $u_c(t) = U_{cm}\cos(\omega_c t + \varphi_0)$,调制信号为 $u_\Omega(t)$,则调频信号的时域表达式为

$$u_{FM}(t) = U_{cm}\cos\left[\omega_c t + K_f\int_0^t u_\Omega(\tau)\mathrm{d}\tau\right] = U_{cm}\cos\left[\omega_c t + K_p g(t)\right] \qquad (7\text{-}31)$$

从式(7-31)可以看出,调频信号可以看成一个对原调制信号为 $u_\Omega(t)$ 先进行积分处理,得到信号 $g(t)$ 后,再对信号 $g(t)$ 进行调相的已调波信号。所以,只要先把调制信号 $u_\Omega(t)$ 进行积分处理,就可以利用调相电路来间接实现调频。其工作原理如图7-3所示。

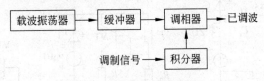

图 7-3　间接调频原理框图

在这种方法中,可以采用频率稳定度很高的振荡电路,比如晶体振荡电路,来作为载波信号发生器,然后进行调相。这样,调频信号的中心频率稳定性将会提高。

7.3　变容二极管直接调频电路

7.3.1　变容二极管的特性

变容二极管是根据 PN 结的结电容随反向偏置电压改变而变化的原理设计的一种特殊二极管,它是一种电压控制的可变电抗元件。它的极间结构、伏安特性与一般二极管没有多大区别,不同的是当加上反向偏置电压时,它有较大的结电容,而且结电容会随反向偏置电压的变化而变化。如果把变容二极管接到振荡器的选频网络中,然后利用调制信号控制它的反向偏置电压,从而让调制信号控制振荡器输出信号的振荡频率,即可实现调频。

变容二极管的反向偏置电压 u_R 与其结电容 C_j 呈非线性关系,如下式所示。

$$C_j = C_{j0}\left(1 + \frac{u_R}{U_D}\right)^{-\gamma} \qquad (7\text{-}32)$$

式中:C_{j0}——$u_R = 0$ 时的结电容;

$\quad\quad U_D$——PN 结的势垒电压;

γ——电容变化系数。

变容二极管直接调频电路的主要优点是一般能够获得比间接调频更大的频偏,电路简洁,对调制信号的功率要求较低。它的主要缺点是中心频率稳定度一般比间接调频差些。

7.3.2　变容二极管直接调频的基本原理

图 7-4(a)所示的是一个变容二极管直接调频的原理电路,图 7-4(b)所示的是直流通路,图 7-4(c)所示的是交流等效电路。在图 7-4 中,电阻 R_{b1}、R_{b2}、R_e 是晶体管 VT 的静态偏置电阻;电容 C_b、C_e、C_p 是交流旁路电容,对交流信号相当于短路;高频扼流线圈 ZL 通低频,阻高频;变容二极管反向偏置,其 PN 结的结电容为 C_j;隔直电容 C_c 是高频耦合电容;直流电源 V_{CC} 和 V_B 分别给晶体管与变容二极管提供合适的静态工作点;调制信号 $u_\Omega(t)$ 直接控制变容二极管的反向偏置电压 u_R。

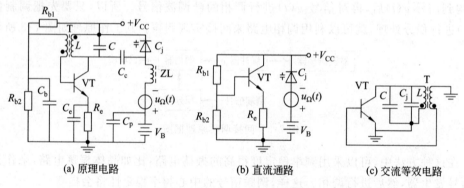

(a) 原理电路　　　　　　(b) 直流通路　　　　　(c) 交流等效电路

图 7-4　变容二极管调频电路

从图 7-4(c)可以看到,这个电路就是互感耦合振荡电路,由电容 C、变容二极管结电容 C_j 和电感 L 组成了选频网络。选频网络中的电子元件参数决定了这个振荡电路的振荡频率。由于电容 C 和电感 L 是固定不变的,所以,调制信号 $u_\Omega(t)$ 变化时,变容二极管的反向偏置电压 u_R 也相应变化,变容二极管的结电容 C_j 也随之变化,最后引起振荡频率随调制信号 $u_\Omega(t)$ 的变化而变化。

下面作一个定性分析。

由图 7-4(b)可得变容二极管的反向偏置电压 $u_R(t)$ 为

$$u_R(t) = V_{CC} - V_B + u_\Omega(t) = V_Q + u_\Omega(t) \tag{7-33}$$

式中:$V_Q = V_{CC} - V_B$——变容二极管的直流反向偏置电压;

$u_\Omega(t)$——调制信号。

图 7-5(a)所示的是变容二极管的结电容 C_j 与其反向偏置电压 $u_R(t)$ 之间的关系曲线。一般情况下,随着反向偏置电压 $u_R(t)$ 的绝对值增大,结电容 C_j 越来越小。设 $u_\Omega(t)$ 为单频余弦信号,即 $u_\Omega(t) = U_{\Omega m}\cos(\Omega t)$,则变容二极管的反向偏置电压 $u_R(t)$ 为

$$u_R(t) = V_Q + U_{\Omega m}\cos(\Omega t) \tag{7-34}$$

图 7-5(b)所示的是其反向偏置电压的时域波形图,图 7-5(c)所示的是其结电容 C_j 随时间变化的波形图,图中清楚地显示了不同的调制电压对应不同的结电容 C_j。结电容 C_j 是振荡回路的一部分,回路总电容也随调制电压的变化而变化。为了便于观察,把如图 7-5(b)所示的变容二极管反向偏置电压的时域波形图沿顺时针方向旋转了 $90°$。只要适当选取变容二极管及其工作状态,可以使振荡频率的变化与调制信号近似呈线性关系,实现直接调频。

由于变容二极管结电容 C_j 与其反向偏置电压之间的关系曲线不是线性的,所以,尽管变容二极管的反向偏置电压 u_R 在直流电压上叠加了一个余弦波,但是,变容二极管结电容 C_j 的变化并不是按照余弦函数变化,如图 7-5(c)所示。

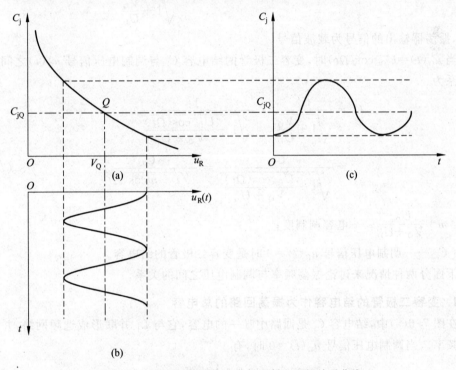

图 7-5　变容二极管的结电容与调制电压的关系曲线

7.3.3　电路分析

由前面的讨论可知,调频信号的瞬时频率 $f(t)$ 应该与调制信号 $u_\Omega(t)$ 呈线性关系。在实际的调频电路中,不可能理想地实现这个线性关系。调频电路的输出信号中,不仅有瞬时频率与调制信号 $u_\Omega(t)$ 呈线性关系的信号,也有与调制信号 $u_\Omega(t)$ 各次谐波有关的非线性成分。另外,调制信号 $u_\Omega(t)$ 的存在,还会引起调频信号的中心频率偏离未调制时的载波信号的频率,即产生中心频率漂移,这是造成中心频率不稳定的因素之一。

首先来确定调制信号 $u_\Omega(t)$ 与变容二极管结电容 C_j 之间的定量关系,然后再分析如何减小调制时产生的非线性失真。

在图 7-4 中,当调制信号 $u_\Omega(t) = U_{\Omega m}\cos(\Omega t)$ 时,变容二极管的反向偏置电压

$$u_R(t) = V_Q + U_{\Omega m}\cos(\Omega t)$$

式中:$V_Q = V_{CC} - V_B$——变容二极管的静态反向偏置电压。

此时变容二极管的结电容 C_j 为

$$C_j = \frac{C_{j0}}{\sqrt[\gamma]{1 + \dfrac{u_D(t)}{U_D}}} = \frac{C_{j0}}{\sqrt[\gamma]{1 + \dfrac{V_Q + U_{\Omega m}\cos(\Omega t)}{U_D}}}$$

当 $u_\Omega(t) = 0$ 时,有

$$u_R(t) = V_Q, \quad C_j = C_{jQ} = \frac{C_{j0}}{\sqrt[\gamma]{1 + \dfrac{V_Q}{U_D}}}$$

此时,振荡器输出的信号为载波信号。

当 $u_\Omega(t) = U_{\Omega m}\cos(\Omega t)$ 时,变容二极管的结电容 C_j 与调制电压信号 $u_\Omega(t)$ 之间的定性关系为

$$
\begin{aligned}
C_j &= \frac{C_{j0}}{\sqrt[\gamma]{1 + \dfrac{V_Q}{U_D}}} \times \frac{1}{\sqrt[\gamma]{1 + \dfrac{U_{\Omega m}\cos(\Omega t)}{V_Q + U_D}}} \\
&= \frac{C_{jQ}}{\sqrt[\gamma]{1 + \dfrac{U_{\Omega m}\cos(\Omega t)}{V_Q + U_D}}} = \frac{C_{jQ}}{\sqrt[\gamma]{1 + m\cos(\Omega t)}}
\end{aligned}
\tag{7-35}
$$

式中:$m = \dfrac{U_{\Omega m}}{V_Q + U_D}$——电容调制度;

C_{jQ}——调制电压信号 $u_\Omega(t) = 0$ 时是变容二极管的结电容。

下面分两种情况来讨论振荡频率与调制电压之间的关系。

1. 变容二极管的结电容作为振荡回路的总电容

在图 7-6(a)中,结电容 C_j 是回路中唯一的电容,它与 L_1 并联形成选频网络,并决定振荡频率。当调制电压信号 $u_\Omega(t) = 0$ 时,有

$$C_{jQ} = \frac{C_{j0}}{\sqrt[\gamma]{1 + \dfrac{V_Q}{U_D}}}$$

振荡电路的振荡频率为载波频率 f_c,有

$$f_c = \frac{1}{2\pi\sqrt{L_1 C_{jQ}}}$$

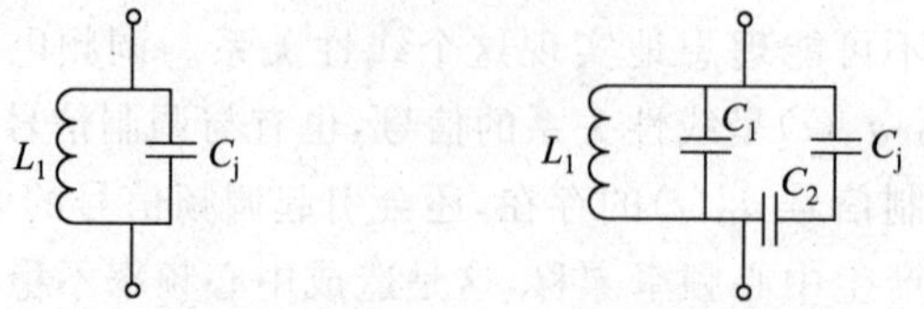

(a) 结电容为总电容时的原理电路　　　(b) 结电容部分接入时的原理电路

图 7-6　谐振回路等效电路

当 $u_\Omega(t) = U_{\Omega m}\cos(\Omega t)$ 时,振荡电路的瞬时频率为

$$f(t) = \frac{1}{2\pi\sqrt{L_1 C_j}} = \frac{1}{2\pi\sqrt{L_1 C_{jQ}}} \times \sqrt[0.5\gamma]{1 + m\cos(\Omega t)} = \sqrt[0.5\gamma]{1 + m\cos(\Omega t)}\, f_c$$

$$= \sqrt[0.5\gamma]{1 + \frac{U_{\Omega m}\cos(\Omega t)}{U_D + V_Q}}\, f_c = \sqrt[0.5\gamma]{1 + \frac{u_\Omega(t)}{U_D + V_Q}}\, f_c \tag{7-36}$$

由式(7-36)可见,如果 $\gamma = 2$,则振荡电路的瞬时频率与调制信号 $u_\Omega(t)$ 的关系为

$$f(t) = f_c\left[1 + \frac{u_{\Omega m}(t)}{U_D + V_Q}\right] = f_c + \frac{f_c}{U_D + V_Q} u_\Omega(t) = f_c + K_f u_\Omega(t) \tag{7-37}$$

式(7-37)说明,当 $\gamma = 2$ 时,振荡频率的变化与调制信号呈严格线性关系,实现了直接调频。如果 $\gamma \neq 2$,则会产生非线性失真和中心频率偏移。因此,在变容二极管直接调频电路中,变容二极管的结电容作为振荡回路的总电容时,变容二极管的电容变化系数要尽量接近于 2。

2. 变容二极管的结电容作为振荡回路的部分电容

变容二极管的结电容 C_j 作为振荡回路的总电容时,由于结电容的稳定性决定了中心频率稳定度,所以,这种调频电路的中心频率稳定度较差。为了提高中心频率稳定度,可以采用部分接入的方法来改善其性能。

在图 7-6(b)中,变容二极管的结电容 C_j 和固定电容 C_1、C_2 都是回路的电容,它们与电感 L_1 决定振荡频率。回路的总电容为

$$C_\Sigma = C_1 + \frac{C_j C_2}{C_j + C_2} \tag{7-38}$$

当调制 $u_\Omega(t) = 0$ 时,变容二极管的静态电容为

$$C_{jQ} = \frac{C_{j0}}{\sqrt[\gamma]{1 + \frac{V_Q}{U_D}}}$$

回路总电容为

$$C_{\Sigma Q} = C_1 + \frac{C_{jQ} C_2}{C_{jQ} + C_2}$$

振荡器的频率为载波频率 f_c,即

$$f_c = \frac{1}{2\pi\sqrt{L_1 C_{\Sigma Q}}} = \frac{1}{2\pi\sqrt{L_1\left(C_1 + \frac{C_{jQ} C_2}{C_{jQ} + C_2}\right)}} \tag{7-39}$$

当调制信号 $u_\Omega(t) = U_{\Omega m}\cos(\Omega t)$ 时,回路总电容为

$$C_\Sigma = C_1 + \frac{C_j C_2}{C_j + C_2} = C_1 + \frac{C_{jQ} C_2}{C_{jQ} + C_2 \sqrt[\gamma]{1 + m\cos(\Omega t)}} \tag{7-40}$$

振荡器的瞬时频率 $f(t)$ 与调制信号 $u_\Omega(t)$ 的关系为

$$f(t) = \frac{1}{2\pi\sqrt{L_1 C_\Sigma}} = \frac{1}{2\pi\sqrt{L_1 C_1 + \dfrac{L_1 C_{jQ} C_2}{C_{jQ} + C_2 \sqrt[\gamma]{1 + m\cos(\Omega t)}}}}$$

$$= \frac{1}{2\pi\sqrt{L_1 C_1 + \dfrac{L_1 C_{jQ} C_2}{C_{jQ} + C_2 \sqrt[\gamma]{1 + \dfrac{u_{\Omega}(\Omega t)}{U_D + V_Q}}}}} \qquad (7\text{-}41)$$

由式(7-40)和式(7-41)可见,C_2 相对较大时,载波频率由固定电容 C_1 和结电容 C_j 决定,可以提高中心频率的稳定度。一般情况下,虽然瞬时频率会随调制信号的变化而变化,但是不能得到严格的线性关系,最大频偏也不大。

7.3.4 应用电路简介

图 7-7(a)所示的是一个 8MHz 的变容二极管直接调频电路,图 7-7(b)所示的是其交流等效电路。显然这是一个西勒振荡器,也是一个变容二极管部分接入的直接调频电路。图中,电容 C_2、C_3、C_6 是高频旁路电容,C_4 和 C_5 是滤波电容;ZL_1 和 ZL_2 是高频扼流线圈;电阻 R_2、R_3 和电位器 R_p 为变容二极管提供静态工作点,$R_4 \sim R_6$ 为晶体管提供静态工作点;变容二极管的结电容为 C_j;电源 V_{CC} 为 +12V;输出调频信号 $u_{FM}(t)$ 从晶体管 VT 的发射极通过电容 C_{10} 耦合输出。

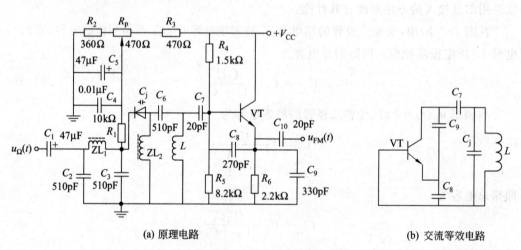

(a) 原理电路　　　　　　　　(b) 交流等效电路

图 7-7　变容二极管直接调频电路

由图 7-7(b)不难估算出振荡频率为

$$f(t) = \frac{1}{2\pi\sqrt{LC_{\Sigma}}}$$

式中:$C_{\Sigma} \approx C_7 + C_j$。

结电容 C_j 是受调制信号 $u_{\Omega}(t)$ 控制的,也就是说,不同的 $u_{\Omega}(t)$ 值对应着不同的结电容 C_j 值,从而实现调频。

调整电位器 R_p 可以改变变容二极管的静态工作点,从而改变它的静态结电容 C_{jQ},最后改变载波信号的频率 f_c。

图 7-8 所示的是一个中心频率可以在 50～100MHz 内变化的变容二极管的直接调

频电路,调制信号 $u_\Omega(t)$ 通过高频扼流线圈 ZL_3 加到变容二极管的阴极上得以实现调频。
图中,电容 C_b、C_{P1}、C_{P2} 和 C_{P3} 是高频旁路电容,C_o 是输出耦合电容,ZL_1、ZL_2 和 ZL_3 是高频扼流线圈,直流电源 V_B 为两个变容二极管 VD_1 和 VD_2 提供静态工作点。值得一提的是,两个变容二极管 VD_1 和 VD_2 背靠背相连,对于高频振荡电压来说,每个变容二极管两端的高频电压减半,就减小了高频振荡电压对结电容的影响,提高了中心频率的稳定度。在图 7-8(b)中的结电容是两个变容二极管 VD_1 和 VD_2 串联的结果。

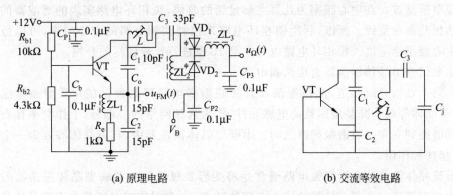

(a) 原理电路　　　　　　　　　　　　(b) 交流等效电路

图 7-8　中心频率可调的变容二极管的直接调频电路

由图 7-8(b)不难估算出振荡频率为

$$f(t) = \frac{1}{2\pi\sqrt{LC_\Sigma}}$$

式中:$C_\Sigma \approx \dfrac{C_j C_3}{C_j + C_3} + \dfrac{C_1 C_2}{C_1 + C_2}$。

结电容 C_j 是受调制信号 $u_\Omega(t)$ 控制的,也就是说,不同的 $u_\Omega(t)$ 值对应着不同的结电容 C_j 值,从而实现调频。

7.4　石英晶体振荡器直接调频电路

直接调频电路的主要优点是频偏比较大,但是,它的主要缺点是中心频率稳定度比较差,有鉴于此,它的应用受到了一定的限制。在有些调频电路中,对中心频率稳定度的要求是非常高的。比如,我国的调频电台的工作频率在 $88\sim108\mathrm{MHz}$,为了减小临近电台之间的相互干扰,通常要求各个调频电台的信号的中心频率的绝对频偏不大于 $2\mathrm{kHz}$。如果中心频率为 $108\mathrm{MHz}$,要求中心频率稳定度优于 1.85×10^{-5}。对于这样的要求,直接调频电路是达不到要求的。在调频电路中,提高中心频率稳定度的方法主要有以下 3 种。

(1) 采用石英晶体振荡器直接调频。由于石英晶体振荡器的频率稳定度可以达到 $10^{-11}\sim10^{-5}$ 数量级,把诸如变容二极管之类的可变电抗元件引入石英晶体振荡器的选频网络,得到的调频电路的中心频率稳定度必然高于直接调频电路的频率稳定度,但是会低于石英晶体振荡器本身的频率稳定度。

（2）采用自动频率控制（Automatic Frequency Control，AFC）电路，提高中心频率稳定度。自动频率控制电路是一种闭环控制电路。当调频电路的中心频率偏移到一定程度的时候，该控制电路会反馈一个信号（一般是电平信号）去控制调频电路的可变电抗元件的参数，使调频电路的中心频率偏移在一定的范围内。自动频率控制电路将在第 10 章进行比较详尽的介绍。

（3）采用锁相环电路提高中心频率稳定度。锁相环电路也是一种闭环控制电路，可以实现窄带滤波。在中心频率为几百兆赫量级的时候，锁相环电路实现的滤波器的带宽可以达到几赫兹量级。所以，利用锁相环电路来控制调频电路的中心频率，可以极大地提高中心频率稳定度。锁相环电路也将在第 10 章进行比较详尽的介绍。

本章仅介绍晶体振荡器直接调频电路。

由第 4 章的介绍知道，晶体振荡器有并联型和串联型两种。在并联型晶体振荡器中，石英晶体等效为高品质因数的电感元件，作为选频网络的一部分，工作频率在石英晶体串联谐振频率和并联谐振频率之间。串联型晶体振荡器中，石英晶体等效为一个短路元件，起选频作用。

石英晶体振荡器直接调频电路通常是将变容二极管接入并联型晶体振荡器的选频网络中实现调频。变容二极管的接入有两种形式：一种是变容二极管与石英晶体串联连接；另一种是变容二极管与石英晶体并联连接。对于第一种接入形式，变容二极管结电容的变化会引起石英晶体串联谐振频率发生变化，从而引起石英晶体等效电抗的变化。对于第二种接入形式方式，变容二极管结电容的变化会引起石英晶体并联谐振频率发生变化，从而引起石英晶体等效电抗的变化。因此，只要用调制信号去控制变容二极管的结电容，从而改变石英晶体等效电抗（石英晶体振荡器直接调频电路使用石英晶体的串联谐振频率和并联谐振频率之间对应的感抗），最终控制了晶体振荡电路的振荡频率，即实现了调频。

在石英晶体振荡器直接调频电路中，如果变容二极管采用并联形式接入，将会有一个比较大的缺点，即由于变容二极管参数的不稳定性，将直接影响到调频电路的中心频率稳定度。因此，变容二极管采用串联形式接入，应用比较广泛。

图 7-9(a)所示的是一个晶体振荡器直接调频原理电路，图 7-9(b)所示的是其交流等效电路，图 7-9(c)所示的是用石英晶体的等效电路取代交流等效电路中的晶体 JT 后的交流

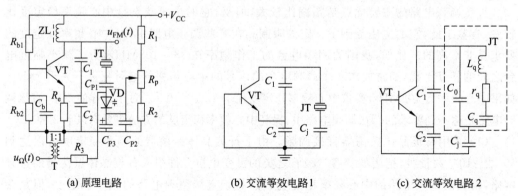

(a) 原理电路　　　　(b) 交流等效电路1　　　　(c) 交流等效电路2

图 7-9　石英晶体振荡器直接调频电路

等效电路。从形式上看,显然图 7-9(c)所示的是一个西勒振荡器。图中,电容 C_b、C_{P1}、C_{P2} 是高频旁路电容,C_{P3} 是低频滤波电容,电容 C_1 和 C_2 组成了反馈网络的一部分;ZL 是高频扼流线圈;电阻 R_1、R_2 和电位器 R_p 为变容二极管 VD 提供静态工作点,电阻 R_{b1}、R_{b2} 和 R_e 为晶体管提供静态工作点;变容二极管 VD 的结电容为 C_j;输出调频信号 $u_{FM}(t)$ 从晶体管 VT 的集电极输出;调制信号 $u_\Omega(t)$ 通过变压器 T 耦合到变容二极管 VD 的阳极。

从图 7-9(c)中,不难得到调频电路的振荡频率为

$$f(t) = \frac{1}{2\pi \sqrt{L_q C_\Sigma}}$$

设 $C_L = C_1 C_2/(C_1 + C_2)$,则上式中有

$$C_\Sigma \approx \frac{C_q \left(C_0 + \frac{C_L C_j}{C_L + C_j} \right)}{C_q + C_0 + \frac{C_L C_j}{C_L + C_j}}$$

结电容 C_j 是受调制信号 $u_\Omega(t)$ 控制的,也就是说,不同的 $u_\Omega(t)$ 值对应着不同的结电容 C_j 值,从而实现调频。

石英晶体振荡器直接调频电路有个缺点,就是频偏较小,且相对于不调频的晶体振荡器,频率稳定度有所下降。一般而言,它的短期频率稳定度可以达到 10^{-6} 数量级,它的长期频率稳定度可以达到 10^{-5} 数量级。

7.5　调相电路

从石英晶体振荡器直接调频电路的分析中可以看到,它的中心频率稳定度要次于不调频的晶体振荡电路,而且频偏较小。同时,虽然在变容二极管直接调频电路中加入自动频率控制电路和锁相环电路能够提高调频电路的中心频率稳定度,而且频偏也比较大,但是电路的复杂性增加了,成本也相应增加了。而间接调频具有频偏比较大、中心频率稳定度很高、电路简洁的特点,因此它是一个有效的调频方法。

间接调频的方法就是借助调相来实现调频。这种方法之所以具有很高的中心频率稳定度,是因为它可以采用频率稳定度很高的振荡电路,比如石英晶体振荡电路等来作为主振器,而且,调制的过程不在主振器中进行,而是在其后的某一级放大器中进行。也就是说,在放大器中,用调制信号通过积分电路的输出信号对主振器输出的载波信号进行调相。调相电路的输出信号就是一个调频信号。显而易见,这种间接调频电路的中心频率稳定度就是主振器的频率稳定度。

间接调频的频偏往往比较小,因而需要非常高次的倍频来加大频偏,使得它的应用受到了一定的限制。但是,随着电子技术的发展,这种限制已经逐渐被克服。

从以上分析可知,由于调相是在调相器中进行的,所以产生载波信号的振荡器可以采用频率稳定度非常高的振荡器(如石英晶体振荡器)作为载波振荡器。这样,调频波的载波频率就可有较高的准确度和稳定度,这是间接调频电路的一个优点。调相电路的实

现方法通常有 3 种:可变移相法、可变延时法和矢量合成法。

7.5.1 可变移相法调相

可变移相法调相是指用调制信号控制谐振回路或移相网络中的电抗和电阻元件来实现调相。

可变移相网络有多种实现电路,用可控电抗或可控电阻元件都能够实现调相功能,其中应用最广的是将变容二极管作为可控电抗元件来构成谐振回路,其相应的调相电路如图 7-10 所示。

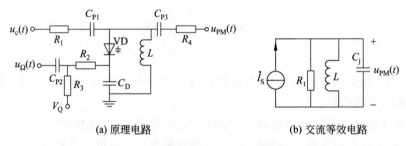

(a) 原理电路 (b) 交流等效电路

图 7-10 单回路变容二极管调相电路

在图 7-10 中,C_{P1}、C_{P2}、C_{P3} 和 C_D 是高频耦合电容,对高频信号短路;L、C_D 和结电容 C_j 构成移相网络;调制信号 $u_\Omega(t)$ 通过电容 C_{P2} 和电阻 R_2 接入变容二极管 VD 的阴极;直流电源 V_Q 使变容二极管 VD 反向偏置,并且工作在合适的静态工作点;调相信号 $u_{PM}(t)$ 通过电容 C_{P3} 和电阻 R_4 输出。

实现调相的基本原理是:当变容二极管加有反向偏置工作电压和调制信号 $u_\Omega(t)$ 电压时,变容二极管的结电容 C_j 随调制信号电压 $u_\Omega(t)$ 的变化而变化,从而使回路的谐振频率随调制信号电压 $u_\Omega(t)$ 的变化而变化,频率恒定的高频载波通过这个谐振频率受调制信号 $u_\Omega(t)$ 调变的谐振回路时,由于回路失谐而产生相移,从而实现调相。下面做一个定量的分析。

设载波信号 $u_c(t) = U_{cm}\cos(\omega_c t)$,调制信号 $u_\Omega(t) = U_{\Omega m}\cos(\Omega t)$。当 $u_\Omega(t) = 0$ 时,谐振回路的谐振频率与输入载波信号的频率相等,输出信号 $u_{PM}(t) = U_{PM}\cos(\omega_c t)$,即无相移。当 $u_\Omega(t) \neq 0$ 时,回路因失谐而产生相移,输出信号 $u_{PM}(t)$ 的瞬时频率为(详情请参考文献[2]的第 154~157 页)

$$\omega(t) = \omega_c\left[1 + \frac{\gamma}{2}m\cos(\Omega t)\right] = \omega_c + \Delta\omega(t) \tag{7-42}$$

式中:$\Delta\omega(t) = \dfrac{\gamma}{2}m\omega_c\cos(\Omega t)$——角频率偏移量;

ω_c——载波角频率;

γ——变容二极管的电容变化系数;

m——变容二极管的电容调制数。

在图 7-10(b) 中,把信号源(载波信号)表示成电流源的形式,而且可以写成 $i_s(t) =$

$I_{sm}\cos(\omega_c t)$。根据电路分析的知识,可以得到输出信号 $u_{PM}(t)$ 的表达式为

$$u_{PM}(t) = I_{sm}Z(\omega)\cos[\omega_c t + \Delta\varphi(t)] \tag{7-43}$$

式中：$Z(\omega)$——回路阻抗的振幅；

　　　$\Delta\varphi(t)$——回路阻抗的相移；

　　　I_{sm}——输入载波信号电流源形式的振幅。

由第 2 章和关于谐振回路的相移特性分析可得,在失谐不大的情况下,并联谐振回路的相移与频偏的关系近似为

$$\Delta\varphi(t) \approx - \arctan\left(Q_L \frac{2\Delta\omega}{\omega_c}\right)$$

当 $|\Delta\varphi(t)| < \frac{\pi}{6}\mathrm{rad}$ 时,可以近似地认为 $\tan\Delta\varphi(t) \approx \Delta\varphi(t)$,所以有

$$\Delta\varphi(t) \approx - Q_L \frac{2\Delta\omega}{\omega_c} \tag{7-44}$$

式中：Q_L——回路有载品质因数。

由式(7-44)和式(7-42)可得：

$$\Delta\varphi(t) \approx - Q_L \frac{\gamma m\omega_c\cos(\Omega t)}{2\omega_c} = - \frac{Q_L\gamma}{2(U_D+V_Q)}u_\Omega(t) = K_P u_\Omega(t) \tag{7-45}$$

式中：U_D——变容二极管的 PN 结势垒电压；

　　　V_Q——变容二极管的静态反向偏置电压；

　　　$K_P = - \dfrac{Q_L\gamma}{2(U_D+V_Q)}$——调相比例系数；

　　　$\varphi(t) = \omega_c t + K_P u_\Omega(t)$——调相信号的瞬时相位。

由以上分析可以得到输出信号 $u_{PM}(t)$ 为

$$u_{PM}(t) = I_{sm}Z(\omega)\cos[\omega_c t + K_P u_\Omega(t)] \tag{7-46}$$

从式(7-46)可以看出,输出信号是一个非等幅度的调相信号。如果 $\Delta\omega(t)$ 很小,其幅度调制会很小。另外,调相指数应限制在 $\frac{\pi}{6}\mathrm{rad}$ 之内。在实际应用中,往往需要较大的调相指数。为了增大调相指数,可以采用多级单回路串联而成的变容二极管调相电路。

图 7-11 所示的是一个三级单回路串联而成的变容二极管调相电路,每个回路均有一个变容二极管实现调相。为了保证 3 个回路产生相等的相移,每个回路的品质因数应尽量相同。级间采用小电容耦合,可以认为级与级之间的相互影响较小,总相移是三级

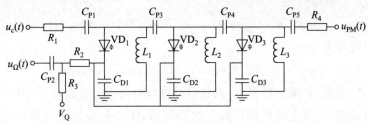

图 7-11　三级单回路串联变容二极管调相电路

相移之和。这种电路能在 90°范围内得到较好的线性调制,电路简单,调试方便,因而得到了广泛的应用。

7.5.2 可变延时法调相

可变延时法调相的原理电路方框图如图 7-12 所示。图中,延时长度 τ 与调制信号 $u_\Omega(t)$ 的大小成正比,即 $\tau = ku_\Omega(t)$。设载波信号 $u_c(t) = U_{cm}\cos(\omega_c t)$,则输出 $u_{PM}(t)$ 为

$$u_{PM}(t) = u_c(t-\tau) = U_{cm}\cos[\omega_c(t-\tau)] = U_{cm}\cos(\omega_c t - \omega_c \tau)$$
$$= U_{cm}\cos[\omega_c t - \omega_c k u_\Omega(t)] = U_{cm}\cos[\omega_c t + K_P u_\Omega(t)] \tag{7-47}$$

式中：$K_P = -\omega_c k$——调相比例系数。

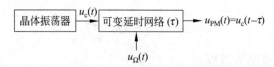

图 7-12　可变延时法调相的原理电路方框图

由式(7-47)可见,只要延时长度 τ 与调制信号 $u_\Omega(t)$ 的大小成正比,可变延时网络的输出信号就是一个调相信号。由于采用高频率稳定度的晶体振荡器,这种调相信号的频率稳定度将会很高。

7.5.3 矢量合成法调相

矢量合成调相法是将调相信号看成是由两个矢量叠加而成的,具有原理简明、中心频率稳定度高的优点。

设载波信号 $u_c(t) = U_{cm}\cos(\omega_c t)$,调制信号 $u_\Omega(t) = U_{\Omega m}\cos(\Omega t)$,则相应的调相信号的时域表达式可以展开为

$$u_{PM}(t) = U_{cm}\cos[\omega_c t + K_P u_\Omega(t)]$$
$$= U_{cm}\{\cos(\omega_c t)\cos[K_P u_\Omega(t)] - \sin(\omega_c t)\sin[K_P u_\Omega(t)]\} \tag{7-48}$$

式中：K_P——调相比例系数。

如果相移很小,比如 $|\Delta\varphi(t)|_{max} = K_P|u_\Omega(t)|_{max} \leqslant \dfrac{\pi}{12}\text{rad}$,则有：

$$\cos[K_P u_\Omega(t)] \approx 1, \quad \sin[K_P u_\Omega(t)] \approx K_P u_\Omega(t)$$

式(7-48)可以近似为

$$u_{PM}(t) = U_{cm}\cos(\omega_c t) - U_{cm}K_P u_\Omega(t)\sin(\omega_c t) \tag{7-49}$$

由式(7-49)可见,如果相移很小,调相信号可以由两个矢量合成,如图 7-13 所示。

以上分析说明,矢量合成调相法具有原理简明、中心频率稳定度高的优点,但是,它的主要缺点是调相指数比较小(或频偏比较小)。

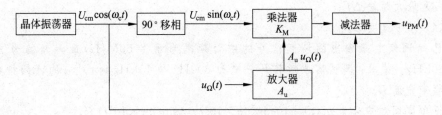

图 7-13　矢量合成法调相的原理框图

本章小结

　　本章首先介绍了调角波的定义、基本性质、频谱及其优缺点。然后重点介绍了调频方法、变容二极管直接调频电路的工作原理和石英晶体振荡器直接调频电路的工作原理。最后介绍了调相电路的工作原理。

　　通过本章的学习,读者可以掌握调频方法、变容二极管直接调频电路和石英晶体振荡器直接调频电路的分析方法,了解可变移相法调相电路、可变延时法调相电路和矢量合成法调相电路的基本工作原理。

思考题与习题

7.1　有一个调角信号为 $u_s(t)=U_{sm}\cos[\omega_0 t+2\sin(600\pi t)+5]$,其中 ω_0 为载波角频率,求其瞬时角频率 $\omega(t)$ 和瞬时相位 $\varphi(t)$。

7.2　设调制信号为周期三角波。试分别画出调频和调相时的瞬时角频率偏移 $\Delta\omega(t)$ 随时间变化的关系曲线,以及对应的调频波和调相波的波形图。

7.3　调制信号 $u_1(t)$ 具有如题 7.3 图所示的矩形波,试分别画出调频和调相时,角频率偏移 $\Delta\omega(t)$ 和瞬时相位偏移 $\Delta\varphi(t)$ 随时间变化的关系曲线图。

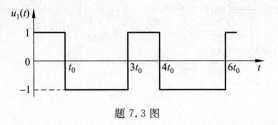

题 7.3 图

7.4　某调频波的数学表示公式为 $u_s(t)=8\cos[4\pi\times10^9 t-6\cos(6\pi\times10^3 t)]$,其调制信号为 $u_\Omega(t)=2\sin(6\pi\times10^3 t)$,试求:

（1）此调频波的载波角频率 ω_c、调制角频率 Ω 和调频指数 M_f;

（2）瞬时相位 $\varphi(t)$ 和瞬时角频率 $\omega(t)$ 的表达式;

    (3) 最大频偏 Δf_{m}；

    (4) 频带宽度 B。

7.5   已知调频电路输出的调频信号的中心频率为 $f_{\mathrm{c}}=50\mathrm{MHz}$，最大频偏为 $\Delta f_{\mathrm{m}}=80\mathrm{kHz}$。试求：调制信号频率 F 分别为 $300\mathrm{Hz}$ 和 $15\mathrm{kHz}$ 时，对应的调频指数 M_{f}、频带宽度 B。

7.6   设角度调制信号为 $u_{\mathrm{s}}(t)=10\cos[6\pi\times10^{9}t+4\sin(4\pi\times10^{4}t)]$。

    (1) 试问：如果该信号为调频波时，调制信号 $u_{\Omega}(t)$ 为多少？如果该信号为调相波时，调制信号 $u_{\Omega}(t)$ 又为多少？

    (2) 试计算调频波和调相波的调制指数。

    (3) 若调频电路和调相电路保持不变，仅将调制信号的频率增大一倍，振幅不变，试求输出调频波和调相波的调频指数 M_{f} 和频带宽度 B。

    (4) 若调频电路和调相电路保持不变，仅将调制信号的振幅减为原值的一半，频率不变，试求输出调频波和调相波的调频指数 M_{f} 和频带宽度 B。

7.7   调频波与调相波的主要区别是什么？

7.8   调频波的载波频率为 $f_{\mathrm{c}}=10.7\mathrm{MHz}$，频偏为 $\Delta f_{\mathrm{m}}=200\mathrm{kHz}$，调制信号频率为 $F=10\mathrm{kHz}$，试求其调制指数。

7.9   已知载波频率 $f_{\mathrm{c}}=100\mathrm{MHz}$，载波电压振幅 $U_{\mathrm{cm}}=5\mathrm{V}$，最大频偏 $\Delta f_{\mathrm{m}}=20\mathrm{kHz}$，调制信号 $u_{\Omega}(t)=2\cos(2\pi\times10^{3}t)+3\sin(4\pi\times10^{3}t)$。试写出该调频波的数学表达式。

7.10   已知某调频电路的调制信号频率为 $500\mathrm{Hz}$，振幅为 $3\mathrm{V}$，调制指数为 20，求其频偏。当调制信号频率减为 $200\mathrm{Hz}$，同时振幅上升为 $4\mathrm{V}$ 时，调制指数将变为多大？

7.11   某调频波的调制信号频率 $F=2\mathrm{kHz}$，载波频率 $f_{\mathrm{c}}=8\mathrm{MHz}$，最大频率 $\Delta f_{\mathrm{m}}=20\mathrm{kHz}$。试求：此信号经过 4 倍频的载波频率、调制信号频率和最大频偏。

7.12   题 7.12 图所示电路是一个变容二极管调频电路，试画出其高频等效电路，估算载波信号的频率并说明各元件的作用。

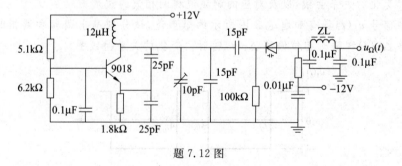

题 7.12 图

7.13   变容二极管调频电路如题 7.13(a)图所示，变容二极管的非线性特征如题 7.13(b)图所示。当调制信号电压为 $u_{\Omega}(t)=\cos(2\pi\times10^{3}t)$ 时，试求：

    (1) 调频波的载波频率 f_{c}；

    (2) 最大频偏 Δf_{m}。

7.14   变容二极管调频电路获得线性调频的条件是什么？

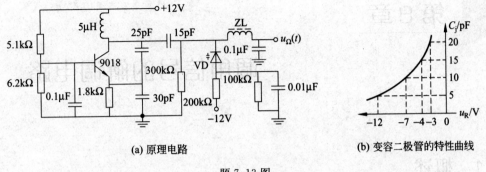

(a) 原理电路　　　　　　　　　　　(b) 变容二极管的特性曲线

题 7.13 图

7.15　有一个调频广播发射机,调制信号的频率范围为 $300\mathrm{Hz}\sim15\mathrm{kHz}$,频偏 $\Delta f_\mathrm{m}=75\mathrm{kHz}$,如果忽略小于载波频率幅度的 10% 的边频分量,试求该发射机占用的频带宽度。

CHAPTER 8

调角信号的解调电路

8.1 概述

通过前面的分析可以知道,对于调幅信号,调制信号包含在已调波的振幅变化之中,因此,要求解调输出信号与已调波的振幅变化之间呈线性关系。同样的道理,对于调频信号或调相信号,它们是等幅信号,调制信号包含在已调波的瞬时频率或瞬时相位之中,因此,要求解调输出信号与已调波的瞬时频率或瞬时相位之间呈线性关系。调频信号的解调又叫鉴频,调相信号的解调又叫鉴相。

从调频信号或调相信号中解调出调制信号的过程,称为鉴频或鉴相。由于调频波为等幅波,调制信号寓于调频信号的瞬时频率偏移之中。因此,鉴频器的输出信号必须与输入调频波的瞬时频率偏移呈线性关系。从功能上讲,它是一个把调频信号的瞬时频率偏移不失真地转换成电压的变换器,即完成频率偏移—电压的变换作用。由于调相信号的调制信号寓于其瞬时相位偏移之中,鉴相器的输出信号必须与输入调相信号的瞬时相位偏移呈线性关系,完成相位偏移—电压的变换作用。

鉴频器的主要技术指标包括以下几项。

(1) 鉴频器特性曲线。实际上,鉴频器的输出信号线性地反映了输入调频信号的瞬时频率变化。鉴频器的输出电压与输入信号的瞬时频率偏移的这种关系曲线就是鉴频器特性曲线,它反映了鉴频器的特点、鉴频性能等。

(2) 鉴频跨导。在理论上,鉴频器特性曲线在一定范围内是严格呈线性关系的。但是,实际上,鉴频器特性曲线在一定范围内是近似呈线性关系的。在这个范围内,鉴频器的输出电压与输入信号的瞬时频率偏移的比例系数(斜率)就是鉴频跨导,它表示单位频偏所产生的输出电压的大小,单位是 V/Hz。鉴频跨导的绝对值越大越好。

(3) 鉴频线性范围。在鉴频器特性曲线中,近似为线性的范围是有限的。不失真解调所允许的输入信号的最大频率变化范围就是鉴频线性范围,它通常应大于调频波最大频偏的两倍。

(4) 非线性失真。实际的鉴频器特性曲线在一定范围内是近似呈线性关系的,也就是说,存在着非线性失真。希望非线性失真尽量小。

鉴相器的主要技术指标包括以下几项。

(1) 鉴相器特性曲线。鉴相器的输出信号线性地反映了输入调相信号的瞬时相位变化。鉴相器的输出电压与输入信号的瞬时相位变化的这种关系曲线就是鉴相器特性曲线,它反映了鉴相器的特点、鉴相性能等。

（2）鉴相跨导。在理论上,鉴相器特性曲线在一定范围内是严格呈线性关系的。但是,实际上,鉴相器特性曲线在一定范围内是近似呈线性关系的。在这个范围内,鉴相器的输出电压与输入信号的瞬时相位变化的比例系数(斜率)就是鉴相跨导,它表示单位相位变化所产生的输出电压的大小,单位是 V/rad。鉴相跨导的绝对值越大越好。

（3）线性鉴相范围。在鉴相器特性曲线中,近似为线性的范围是有限的。不失真解调所允许输入信号的最大相位变化范围就是线性鉴相范围,它通常应大于调相波最大相移的两倍。

（4）非线性失真。实际的鉴相器特性曲线在一定范围内是近似呈线性关系的,也就是说,存在着非线性失真。希望非线性失真尽量小。

本章主要介绍鉴频电路,对鉴相电路也有所涉及。鉴频电路的方法比较多,可以把它们分为以下 4 类。

（1）先把调频信号进行波形变换,即将调频信号变换成幅度随瞬时频率变化的调幅—调频信号;然后采用振幅检波器检测出与调幅—调频信号的振幅变化呈线性关系的低频信号,这个低频信号就是鉴频器的最后输出信号。这类鉴频器的最大优点是电路简单。

（2）先对调频信号通过零点的数目进行计数,即每通过一个零点产生一个一定宽度的脉冲;然后对这个脉冲序列信号取出平均值信号,即通过一个低通滤波器;最后得到的就是鉴频器的输出信号。因为单位时间内通过零点的数目与调频信号的瞬时频率成正比,而这个一定宽度脉冲的序列信号的平均值信号又与通过零点的数目成正比,所以,脉冲序列信号的平均值信号与调频信号的瞬时频率成正比,从而实现鉴频。这类鉴频器又叫脉冲计数式鉴频器,它的最大优点是线性良好。

（3）利用移相器与门电路的配合来实现鉴频。移相器所产生的相移大小与调频信号的频率偏移成正比。移相器与门电路配合使用所产生的信号是一个脉冲信号,每个脉冲的宽度与移相器所产生的相移成正比,因此,脉冲信号通过低通滤波器取出的平均值信号与调频信号的频率偏移成正比。这类鉴频器又叫门电路鉴频器,它的最大优点是易于实现集成化,而且线性良好。

（4）利用锁相环电路来实现鉴频。锁相环电路具有频率跟踪能力,其环路滤波器的输出电压直接控制压控振荡器,即环路滤波器的输出电压与压控振荡器的振荡频率成正比。如果压控振荡器能够跟踪输入调频信号的瞬时频率,即压控振荡器的振荡频率变化与输入调频信号的瞬时频率的变化一致,则环路滤波器的输出电压就是原调制信号。利用锁相环电路来实现鉴频的方法具有电路性能稳定、线性良好、易于集成的优点。

本章重点介绍第一类鉴频电路方法,对第二类和第三类鉴频电路方法也稍加介绍,第四类鉴频电路方法将在第 10 章介绍。

8.2　鉴相器

鉴相器通常可以分为模拟型鉴相器和数字型鉴相器。对于集成电路鉴相器,常用的电路有乘积型鉴相器和门电路鉴相器。鉴相器除了用于调相波的解调外,还可以构成移相鉴频电路,特别是作为锁相环的主要组成部分得到了广泛的应用。

8.2.1 乘积型鉴相器

乘积型鉴相器采用模拟乘法器作为非线性器件进行相位偏移—电压的变换。其原理框图如图 8-1 所示,$u_1(t)$ 是输入的调相信号,$u_2(t)$ 是接收端提取出的与发射载波信号有确定关系的参考信号(不一定同频同相),$u_o(t)$ 为输出信号。

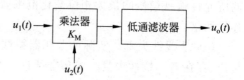

图 8-1　乘积型鉴相器原理框图

设 $u_1(t)=U_{1m}\cos[\omega_c t+\varphi_1(t)]$,$u_2(t)=U_{2m}\sin[\omega_c t+\varphi_2(t)]$。根据它们振幅的大小不同,鉴相器有 3 种情况:$u_1(t)$ 和 $u_2(t)$ 都是小信号;$u_1(t)$ 是小信号,$u_2(t)$ 是大信号;$u_1(t)$ 和 $u_2(t)$ 都是大信号。为了简化起见,设 $\varphi_2(t)=0$。下面分别讨论。

1. $u_1(t)$ 和 $u_2(t)$ 都是小信号

设 $u_1(t)=U_{1m}\cos[\omega_c t+\varphi_1(t)]$,$u_2(t)=U_{2m}\sin(\omega_c t)$。当 $u_1(t)$ 的振幅 U_{1m} 和 $u_2(t)$ 的振幅 U_{2m} 都小于 26mV 时,乘法器的输出电流 $i(t)$ 为

$$i(t)=K_M u_1(t)\cdot u_2(t)=K_M U_{1m}\cos[\omega_c t+\varphi_1(t)]\cdot U_{2m}\sin(\omega_c t)$$

$$=\frac{1}{2}K_M U_{1m}U_{2m}\sin[2\omega_c t+\varphi_1(t)]-\frac{1}{2}K_M U_{1m}U_{2m}\sin\varphi_1(t)$$

式中:K_M——乘法器的增益系数;

$\quad\quad\omega_c$——参考信号 $u_2(t)$ 的角频率;

$\quad\quad\varphi_1(t)$——信号 $u_1(t)$ 的初相位。

在乘法器的输出电流 $i(t)$ 中,第一项为高频分量,第二项为低频分量。因此,电流 $i(t)$ 通过低通滤波器后,在负载电阻 R_L 两端产生的输出电压 $u_o(t)$ 为

$$u_o(t)=-\frac{1}{2}K_M U_{1m}U_{2m}R_L\sin\varphi_1(t) \tag{8-1}$$

式(8-1)可以画成如图 8-2 所示的曲线,它是输出电压 $u_o(t)$ 与信号 $u_1(t)$ 的初相位 $\varphi_1(t)$ 之间的关系曲线,它就是鉴相特性曲线。实际上,信号 $u_1(t)$ 的初相位也是信号 $u_1(t)$ 与信号 $u_2(t)$ 之间的相位差。在 $-\varphi_{emax}\leqslant\varphi_1(t)\leqslant\varphi_{emax}$ 的范围内,可以近似认为鉴相特性曲线是线性的。

如果 $\varphi_1(t)=K_p u_\Omega(t)$,那么在图 8-2 原点附近,当 $-\varphi_{emax}\leqslant\varphi_1(t)\leqslant\varphi_{emax}$ 时,输出电压 $u_o(t)$ 与信号 $u_1(t)$ 的初相位 $\varphi_1(t)$ 之间的关系曲线就可以表示为

$$u_o(t)\approx-0.5K_M U_{1m}U_{2m}R_L K_p u_\Omega(t)$$

这个表达式反映了输出信号 $u_o(t)$ 与原调制

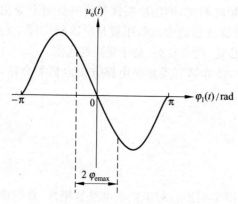

图 8-2　鉴相器特性曲线

信号 $u_\Omega(t)$ 之间的线性关系,也就是说,实现了调相信号的解调。

图 8-2 说明,当 $u_1(t)$ 和 $u_2(t)$ 都是小信号时,乘积型鉴相器的工作特性曲线在一定范围内可以近似认为是线性的;超出这个范围后,非线性失真就可能非常严重。同时,从图 8-2 中可以得到鉴相器的两个技术指标。

1) 鉴相跨导 S_Φ

鉴相跨导是指鉴相器的输出电压与输入信号的瞬时相位变化的比例系数(斜率),可以表示为

$$S_\Phi = \frac{\mathrm{d}u_\mathrm{o}(t)}{\mathrm{d}\varphi_1(t)}(\mathrm{V/rad}) \tag{8-2}$$

当 $|\varphi_1(t)| < \frac{\pi}{6}\mathrm{rad}$ 时,由式(8-1)和式(8-2)可以近似得到鉴相跨导 S_Φ 为

$$S_\Phi = \frac{\mathrm{d}u_\mathrm{o}(t)}{\mathrm{d}\varphi_1(t)}\bigg|_{\varphi_1(t)=0} \approx -0.5K_\mathrm{M}U_{1\mathrm{m}}U_{2\mathrm{m}}R_\mathrm{L} \tag{8-3}$$

由式(8-3)可见,当 $u_1(t)$ 和 $u_2(t)$ 都是小信号时,乘积型鉴相器的鉴相跨导 S_Φ 分别与乘法器的增益系数 K_M、输入调相信号振幅 $U_{1\mathrm{m}}$、参考信号振幅 $U_{2\mathrm{m}}$ 和负载电阻 R_L 成正比。也就是说,输入调相信号振幅 $U_{1\mathrm{m}}$ 和参考信号振幅 $U_{2\mathrm{m}}$ 越大,乘积型鉴相器的鉴相跨导 S_Φ 的绝对值越大。

2) 线性鉴相范围 $\varphi_{\max}$

线性鉴相范围是指不失真解调所允许的输入信号的最大相位变化范围。对于如图 8-2 所示的正弦形鉴相器特性,可以认为信号 $u_1(t)$ 与信号 $u_2(t)$ 之间的相位差 $\varphi_1(t)$ 在鉴相特性曲线中心附近近似为线性的,这个范围就是 $|\varphi_1(t)| < \frac{\pi}{6}\mathrm{rad}$。此时,$\sin\varphi_1(t) \approx \varphi_1(t)$,鉴相器特性曲线近似为直线。因此,当 $u_1(t)$ 和 $u_2(t)$ 都是小信号时,乘积型鉴相器的线性鉴相范围 $\varphi_{\max}$ 为

$$\varphi_{\max} = 2 \times \frac{\pi}{6} = \frac{\pi}{3}(\mathrm{rad}) \tag{8-4}$$

2. $u_1(t)$ 是小信号,$u_2(t)$ 是大信号

设 $u_1(t) = U_{1\mathrm{m}}\cos[\omega_\mathrm{c}t + \varphi_1(t)]$,$u_2(t) = U_{2\mathrm{m}}\sin(\omega_\mathrm{c}t)$。当 $u_1(t)$ 的振幅 $U_{1\mathrm{m}}$ 小于 $26\mathrm{mV}$、$u_2(t)$ 的振幅 $U_{2\mathrm{m}}$ 大于 $100\mathrm{mV}$ 时,乘法器工作在大信号状态,其输出电流 $i(t)$ 可以表示为

$$i(t) = K_\mathrm{M}u_1(t) \cdot \mathrm{th}\left[\frac{q}{2kT}u_2(t)\right] \tag{8-5}$$

式中:T——工作温度;

　　　k——玻耳兹曼常数($8.62 \times 10^{-5}\mathrm{eV/K}$);

　　　q——电子电量;

　　　K_M——乘法器的系数。

由于 $u_2(t)$ 是大信号,所以双曲正切函数具有开关函数的形式,即

$$\mathrm{th}\left[\frac{q}{2kT}u_2(t)\right] = \begin{cases} +1 & \omega_\mathrm{c}t \in [2n\pi, 2n\pi+\pi] \\ -1 & \omega_\mathrm{c}t \in [2n\pi+\pi, 2(n+1)\pi] \end{cases}, \quad n \in \mathbf{Z} \tag{8-6}$$

这个函数显然是周期为 $\dfrac{2\pi}{\omega_c}$ 的周期信号,因此可以把该周期信号展开成如下所示的傅里叶级数:

$$\text{th}\left[\frac{q}{2kT}u_2(t)\right] = \frac{4}{\pi}\sin(\omega_c t) + \frac{4}{3\pi}\sin(3\omega_c t) + \frac{4}{5\pi}\sin(5\omega_c t) + \cdots \qquad (8\text{-}7)$$

由式(8-5)和式(8-7)可以得到乘法器输出电流 $i(t)$ 为

$$\begin{aligned}
i(t) &= K_M U_{1m}\cos[\omega_c t + \varphi_1(t)]\left[\frac{4}{\pi}\sin(\omega_c t) + \frac{4}{3\pi}\sin(3\omega_c t) + \frac{4}{5\pi}\sin(5\omega_c t) + \cdots\right] \\
&= \frac{2}{\pi}K_M U_{1m}\sin[-\varphi_1(t)] + \frac{2}{\pi}K_M U_{1m}\sin[2\omega_c t + \varphi_1(t)] \\
&\quad + \frac{2}{3\pi}K_M U_{1m}\sin[2\omega_c t - \varphi_1(t)] + \frac{2}{3\pi}K_M U_{1m}\sin[4\omega_c t + \varphi_1(t)] + \cdots
\end{aligned}$$

在乘法器的输出电流 $i(t)$ 中,第一项为低频分量,其余各项都是高频分量。乘法器输出电流 $i(t)$ 通过低通滤波器后,在负载电阻 R_L 两端产生的输出电压 $u_o(t)$ 为

$$u_o(t) = -\frac{2}{\pi}K_M U_{1m}R_L \sin\varphi_1(t) \qquad (8\text{-}8)$$

式(8-8)可以画成类似图 8-2 所示的曲线,它是输出电压 $u_o(t)$ 与信号 $u_1(t)$ 的初相位 $\varphi_1(t)$ 之间的关系曲线,它就是鉴相特性曲线。实际上,信号 $u_1(t)$ 的初相位也是信号 $u_1(t)$ 与信号 $u_2(t)$ 之间的相位差。在 $-\varphi_{emax}\leqslant\varphi_1(t)\leqslant\varphi_{emax}$ 的范围内,可以近似认为鉴相特性曲线是线性的。

如果 $\varphi_1(t) = K_p u_\Omega(t)$,那么,当 $-\varphi_{emax}\leqslant\varphi_1(t)\leqslant\varphi_{emax}$ 时,输出电压 $u_o(t)$ 与信号 $u_1(t)$ 的初相位 $\varphi_1(t)$ 之间的关系曲线可以表示为

$$u_o(t) = -\frac{2}{\pi}K_M U_{1m}R_L \sin[K_p u_\Omega(t)] \approx -\frac{2}{\pi}K_M U_{1m}R_L K_p u_\Omega(t) \qquad (8\text{-}9)$$

这个表达式反映了输出信号 $u_o(t)$ 与原调制信号 $u_\Omega(t)$ 之间的线性关系,也就是说,实现了调相信号的解调。

从以上分析可以看到,当 $u_1(t)$ 为小信号、$u_2(t)$ 为大信号时,乘积型鉴相器的工作特性曲线在一定范围内可以近似认为是线性的,超出这个范围后,非线性失真就可能非常严重。同时,鉴相特性曲线仍然是正弦形,于是得到鉴相器的两个技术指标。

1) 鉴相跨导 S_Φ

当 $|\varphi_1(t)| < \dfrac{\pi}{6}\text{rad}$ 时,由式(8-2)和式(8-9)可以近似得到鉴相跨导 S_Φ 为

$$S_\Phi = \frac{du_o(t)}{d\varphi_1(t)} \approx -\frac{2}{\pi}K_M U_{1m}R_L \qquad (8\text{-}10)$$

由式(8-10)可见,当 $u_1(t)$ 为小信号、$u_2(t)$ 为大信号时,乘积型鉴相器的鉴相跨导 S_Φ 分别与乘法器的系数 K_M、输入调相信号振幅 U_{1m} 和负载电阻 R_L 成正比。也就是说,输入调相信号振幅 U_{1m} 越大,乘积型鉴相器的鉴相跨导 S_Φ 的绝对值越大。

2) 线性鉴相范围 φ_{max}

从以上分析可知,信号 $u_1(t)$ 与信号 $u_2(t)$ 之间的相位差 $\varphi_1(t)$ 在鉴相特性曲线中心附近近似为线性的,这个范围就是 $|\varphi_1(t)| < \dfrac{\pi}{6}\text{rad}$。此时,$\sin\varphi_1(t)\approx\varphi_1(t)$,鉴相器特性曲

线近似为直线。因此,当 $u_1(t)$ 为小信号、$u_2(t)$ 为大信号时,乘积型鉴相器的线性鉴相范围 $\varphi_{\max}$ 为

$$\varphi_{\max} = 2 \times \frac{\pi}{6} = \frac{\pi}{3}(\text{rad}) \tag{8-11}$$

3. $u_1(t)$ 和 $u_2(t)$ 都是大信号

设 $u_1(t) = U_{1\mathrm{m}}\cos[\omega_c t + \varphi_1(t)]$,$u_2(t) = U_{2\mathrm{m}}\sin(\omega_c t)$。当 $U_{1\mathrm{m}} > 100\mathrm{mV}$、$U_{2\mathrm{m}} > 100\mathrm{mV}$ 时,乘法器工作在大信号状态,其输出电流 $i(t)$ 可表示为

$$i(t) = K_{\mathrm{M}}\mathrm{th}\left[\frac{q}{2kT}u_1(t)\right] \cdot \mathrm{th}\left[\frac{q}{2kT}u_2(t)\right] \tag{8-12}$$

式中的参数 k、T、q 和 K_{M} 同式(8-6),这里不重复说明。

由于 $u_1(t)$ 和 $u_2(t)$ 是大信号,因此,双曲正切函数具有开关函数的形式,即

$$\mathrm{th}\left[\frac{q}{2kT}u_1(t)\right] = \begin{cases} +1 & \omega_c t + \varphi_1(t) \in \left[2n\pi - \frac{\pi}{2}, 2n\pi + \frac{\pi}{2}\right] \\ -1 & \omega_c t + \varphi_1(t) \in \left[2n\pi + \frac{\pi}{2}, 2n\pi + \frac{3\pi}{2}\right] \end{cases}, \quad n \in Z$$

$$\mathrm{th}\left[\frac{q}{2kT}u_2(t)\right] = \begin{cases} +1 & \omega_c t \in [2n\pi, 2n\pi + \pi] \\ -1 & \omega_c t \in [2n\pi + \pi, 2(n+1)\pi] \end{cases}, \quad n \in Z \tag{8-13}$$

显然,这两个函数都是周期为 $\frac{2\pi}{\omega_c}$ 的周期信号,只是初相位不同。因此,可以把这两个周期信号展开成如下所示的傅里叶级数:

$$\mathrm{th}\left[\frac{q}{2kT}u_1(t)\right] = \frac{4}{\pi}\cos[\omega_c t + \varphi_1(t)] - \frac{4}{3\pi}\cos[3\omega_c t + 3\varphi_1(t)]$$
$$+ \frac{4}{5\pi}\cos[5\omega_c t + 5\varphi_1(t)] - \cdots \tag{8-14}$$

$$\mathrm{th}\left[\frac{q}{2kT}u_2(t)\right] = \frac{4}{\pi}\sin(\omega_c t) + \frac{4}{3\pi}\sin(3\omega_c t) + \frac{4}{5\pi}\sin(5\omega_c t) + \cdots \tag{8-15}$$

把式(8-15)和式(8-14)代入式(8-12),可以得到乘法器的输出电流 $i(t)$ 为

$$i(t) = K_{\mathrm{M}}\left\{\frac{4}{\pi}\cos[\omega_c t + \varphi_1(t)] - \frac{4}{3\pi}\cos[3\omega_c t + 3\varphi_1(t)] + \frac{4}{5\pi}\cos[5\omega_c t + 5\varphi_1(t)] - \cdots\right\}$$
$$\cdot \left[\frac{4}{\pi}\sin(\omega_c t) + \frac{4}{3\pi}\sin(3\omega_c t) + \frac{4}{5\pi}\sin(5\omega_c t) + \cdots\right]$$
$$= -\frac{8}{\pi^2}K_{\mathrm{M}}\sin\varphi_1(t) + \frac{8}{9\pi^2}K_{\mathrm{M}}\sin[3\varphi_1(t)] - \frac{8}{25\pi^2}K_{\mathrm{M}}\sin[5\varphi_1(t)] - \cdots$$
$$+ \frac{8}{\pi^2}K_{\mathrm{M}}\sin[2\omega_c t + \varphi_1(t)] + \frac{8}{3\pi^2}K_{\mathrm{M}}\sin[2\omega_c t + 3\varphi_1(t)]$$
$$- \frac{8}{3\pi^2}K_{\mathrm{M}}\sin[4\omega_c t + 3\varphi_1(t)] + \frac{8}{5\pi^2}K_{\mathrm{M}}\sin[4\omega_c t + 5\varphi_1(t)]$$
$$+ \frac{8}{5\pi^2}K_{\mathrm{M}}\sin[6\omega_c t + 5\varphi_1(t)] + \frac{8}{3\pi^2}K_{\mathrm{M}}\sin[2\omega_c t - \varphi_1(t)] + \cdots$$

在乘法器的输出电流 $i(t)$ 中,前面若干项为低频分量,其余各项都是高频分量。乘法器输出电流 $i(t)$ 通过低通滤波器后,在负载电阻 R_{L} 两端产生的输出电压 $u_o(t)$ 为

$$u_o(t) = -\frac{8}{\pi^2}K_M R_L \left\{ \sin\varphi_1(t) - \frac{1}{9}\sin[3\varphi_1(t)] + \frac{1}{25}\sin[5\varphi_1(t)] - \cdots \right\}$$

$$= -K_M R_L \left\{ \frac{8}{\pi^2}\sum_{n=1}^{\infty}\frac{(-1)^{n-1}}{(2n-1)^2}\sin[(2n-1)\varphi_1(t)] \right\} \tag{8-16}$$

式(8-16)中的级数是收敛的。下面首先计算这个收敛级数,然后再分析技术指标。

设有一个周期函数 $y = f(x)$ 在一个周期内有下面的定义,波形如图 8-3 所示。

$$y = \begin{cases} -2-\dfrac{2}{\pi}x, & x\in\left[-\pi, -\dfrac{\pi}{2}\right) \\[2mm] \dfrac{2}{\pi}x, & x\in\left[-\dfrac{\pi}{2}, \dfrac{\pi}{2}\right) \\[2mm] 2-\dfrac{2}{\pi}x, & x\in\left[\dfrac{\pi}{2}, \pi\right) \end{cases}$$

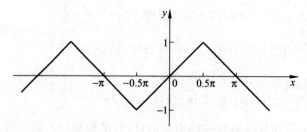

图 8-3　周期函数 $y = f(x)$ 的波形

图 8-3 所示的周期函数的傅里叶级数为

$$y = \frac{8}{\pi^2}\sum_{n=1}^{\infty}\frac{(-1)^{n-1}}{(2n-1)^2}\sin[(2n-1)x]$$

把此式与式(8-16)相对比,不难发现,鉴相器的输出信号 $u_o(t)$ 的波形应该与图 8-3 是一致的,只是系数、变量和因变量不同而已。因此,鉴相器的输出信号 $u_o(t)$ 可以简化为

$$u_o(t) = -K_M R_L f[\varphi_1(t)] \tag{8-17}$$

输出信号 $u_o(t)$ 的波形如图 8-4 所示。

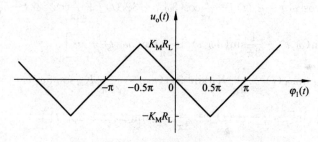

图 8-4　鉴相特性曲线

由此可见,$u_1(t)$ 和 $u_2(t)$ 都是大信号时,鉴相特性曲线是三角波形。当 $|\varphi_1(t)| \leqslant \dfrac{\pi}{2}$rad 时,鉴相特性曲线是一条直线,并且鉴相器的输出信号 $u_o(t)$ 为

$$u_o(t) = -K_M R_L f[\varphi_1(t)] = -K_M R_L \cdot \frac{2}{\pi}\varphi_1(t)$$

$$= -\frac{2}{\pi}K_M R_L \varphi_1(t) = -\frac{2}{\pi}K_M R_L K_p u_\Omega(t) \qquad (8\text{-}18)$$

式(8-18)反映了输出信号 $u_o(t)$ 与原调制信号 $u_\Omega(t)$ 之间的线性关系,也就是说,实现了调相信号的解调。

从以上分析可以看到,当 $u_1(t)$ 和 $u_2(t)$ 都是大信号时,乘积型鉴相器的工作特性曲线在一定范围内是线性的。同时,鉴相特性曲线是三角波形,可以得到鉴相器的两个技术指标。

1) 鉴相跨导 S_Φ

当 $|\varphi_1(t)| \leqslant 0.5\pi\text{rad}$ 时,可得鉴相跨导 S_Φ 为

$$S_\Phi = -\frac{2}{\pi}K_M R_L \qquad (8\text{-}19)$$

由式(8-19)可见,当 $u_1(t)$ 和 $u_2(t)$ 都是大信号时,乘积型鉴相器的鉴相跨导 S_Φ 分别与乘法器的系数 K_M 和负载电阻 R_L 成正比。也就是说,当 $u_1(t)$ 和 $u_2(t)$ 信号大到一定程度时,乘积型鉴相器的鉴相跨导 S_Φ 就与它们的振幅几乎没有关系。

2) 线性鉴相范围 φ_{max}

从以上分析可知,信号 $u_1(t)$ 与信号 $u_2(t)$ 之间的相位差 $\varphi_1(t)$ 在鉴相特性曲线中心附近为线性的,这个范围是 $|\varphi_1(t)| \leqslant 0.5\pi\text{rad}$,此时,鉴相器特性曲线为直线。因此,当 $u_1(t)$ 和 $u_2(t)$ 都是大信号时,乘积型鉴相器的线性鉴相范围 φ_{max} 为

$$\varphi_{max} = 2 \cdot \frac{\pi}{2} = \pi(\text{rad}) \qquad (8\text{-}20)$$

从上面的讨论可以看出,对于这 3 种情况,鉴相线性范围最大的是 $u_1(t)$ 和 $u_2(t)$ 都是大信号的情况,最小的是 $u_1(t)$ 和 $u_2(t)$ 都是小信号的情况以及 $u_1(t)$ 是小信号、$u_2(t)$ 是大信号的情况。不难证明,鉴相跨导的绝对值最大的是 $u_1(t)$ 和 $u_2(t)$ 都是大信号的情况,最小的是 $u_1(t)$ 和 $u_2(t)$ 都是小信号的情况,处于中间的是 $u_1(t)$ 是小信号、$u_2(t)$ 是大信号的情况。非线性失真最小的是 $u_1(t)$ 和 $u_2(t)$ 都是大信号的情况,因为它的鉴相特性曲线在中心附近是直线(三角波形),而最大的是 $u_1(t)$ 和 $u_2(t)$ 都是小信号的情况以及 $u_1(t)$ 是小信号、$u_2(t)$ 是大信号的情况,因为它们的鉴相特性曲线在中心附近近似为直线(正弦波形)。因此,对于乘积型鉴相器来说,乘法器的两个输入信号应该尽量大于 100mV。这样,不但鉴相线性范围大,非线性失真小,而且鉴相跨导的绝对值大,即鉴相器比较灵敏。

8.2.2　门电路鉴相器

门电路鉴相器具有电路简单、线性鉴相范围大、易于集成的优点,应用比较广泛。常用的门电路鉴相器有或门鉴相器和异或门鉴相器。下面以异或门鉴相器为例,来说明其工作原理。

图 8-5(a)所示的是异或门鉴相器的原理电路,由异或门和低通滤波器组成。$u_1(t)$、$u_2(t)$分别是已调波信号和接收端提取参考信号。它们的周期都是 T_i,相位差为 $2\pi\tau_e/T_i$。显然,在 $|\varphi_e|\leqslant\pi\text{rad}$ 范围内,相位差 φ_e 的大小与异或门输出脉冲高电平的宽度成正比。比如,当 $\varphi_e=0$ 时,每个周期的异或门输出脉冲的高电平宽度为零,低通滤波器(LPF)的输出(平均值)必然为零;当 $\varphi_e=\pi\text{rad}$ 时,每个周期的异或门输出脉冲都是高电平宽度,低通滤波器(LPF)的输出(平均值)必然为高电平值。所以,如图 8-5(b)所示,异或门鉴相器的鉴相特性曲线是三角波形,一个周期内的曲线可表示为

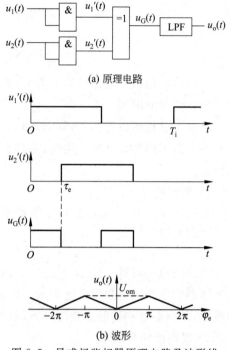

(a) 原理电路

(b) 波形

图 8-5 异或门鉴相器原理电路及波形线

$$u_o(\varphi_e) = \begin{cases} -\dfrac{\varphi_e}{\pi}U_{om}, & \varphi_e \in [-\pi,0) \\[2mm] \dfrac{\varphi_e}{\pi}U_{om}, & \varphi_e \in [0,\pi) \end{cases} \qquad (8\text{-}21)$$

从图 8-5 可以看出,门电路鉴相器的线性鉴相范围 $\varphi_{\max}$ 为

$$\varphi_{\max} = \pi\text{rad} \qquad (8\text{-}22)$$

由式(8-21)容易计算出鉴相跨导 S_Φ 为

$$S_\Phi = \frac{U_{om}}{\pi} \quad \text{或} \quad S_\Phi = -\frac{U_{om}}{\pi} \qquad (8\text{-}23)$$

8.3 鉴频器

如前面的内容所述,可以将 4 种方法的鉴频电路分为 4 类:调频—调幅调频变换型、相移乘法鉴频型、脉冲均值型和锁相环型。第一类方法,先将等幅调频波通过线性网络,使调频波的振幅随其瞬时频率规律变化,即将调频波变换成调幅—调频波,再通过包络检波器输出反映幅度变化的解调电压。这种鉴频器称为斜率鉴频器或幅度鉴频器。第二类方法,先将等幅调频波通过线性网络,使调频波的相位随其瞬时频率规律变化,即将调频波变换成调频—调相波,再通过相位检波器输出反映相位变化的解调电压。这种鉴频器称为相移乘法鉴频器。第三类方法,先将等幅调频波通过具有合适特性的非线性变换网络,使它变换为调频脉冲序列。由于该脉冲序列含有反映该调频信号瞬时频率变化的平均分量,因而通过低通滤波器便可输出反映平均分量的解调电压。也可将该调频脉冲序列通过脉冲计数器,直接得到反映瞬时频率变化的解调电压。这种鉴频器称为脉冲计数式鉴频器。第四类方法是利用锁相环路。关于通过锁相方法鉴频的原理请参看后面的章节。

8.3.1 双失谐回路鉴频器

图 8-6 所示的是双失谐回路鉴频器的原理电路。它是由 3 个调谐回路组成的调频—调幅调频变换电路和上、下对称的两个振幅检波器组成,属于第一类鉴频方法。变

压器 T 初级回路的谐振角频率等于调频信号的中心角频率 ω_c,电感 L_1 和电容 C_1 组成的谐振回路的谐振角频率为 ω_{o1},而电感 L_2 和电容 C_2 组成的谐振回路的谐振角频率为 ω_{o2},并且两个次级回路的谐振角频率 ω_{o1} 和 ω_{o2} 关于输入调频信号的中心角频率 ω_c 对称,即 $\omega_c-\omega_{o1}=\omega_{o2}-\omega_c$。也就是说,对于中心角频率为 ω_c 的输入调频信号来说,

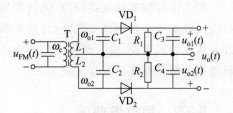

图 8-6 双失谐回路鉴频器的原理电路

两个次级回路都处于失谐状态,所以,把这种鉴频器称为双失谐回路鉴频器。由检波二极管 VD_1、C_3 和 R_1 组成了包络检波器,其输出电压为 $u_{o1}(t)$;由检波二极管 VD_2、C_4 和 R_2 组成了另一个包络检波器,其输出电压为 $u_{o2}(t)$。因此,这个鉴频器的输出电压 $u_o(t)$ 是两个包络检波器的输出电压之差,即 $u_o(t)=u_{o1}(t)-u_{o2}(t)$。

图 8-7(a)所示的是两个次级回路的幅频特性曲线,它们的中心角频率 ω_{o1}、ω_{o2} 与输入调频信号的中心角频率 ω_c 对称分布。如图 8-7(b)所示的是输入调频信号的频偏变化曲线,假设是正弦波,即调制信号为正弦信号。如图 8-7(c)所示的是两个振幅检波输出信号,由于有不同的幅频特性曲线,所以这两个输出电压也不同。如图 8-7(d)所示的是鉴频器输出信号,它是两个包络检波器输出电压之差,即 $u_o(t)=u_{o1}(t)-u_{o2}(t)$。如图 8-7(e)所示的是鉴频特性曲线,反映了双失谐回路鉴频器的输出电压与输入调频信号的瞬时角频率 ω 之间的关系。

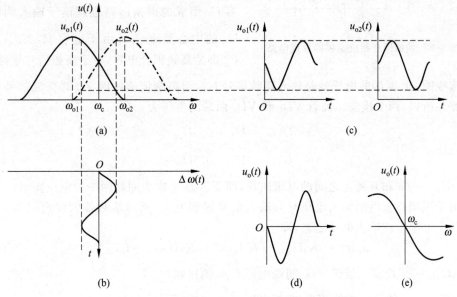

图 8-7 双失谐回路鉴频器工作原理的波形

当调制信号为零,即输入是载波信号时,两个次级回路输出的电压幅度相等,检波后的输出电压 $u_{o1}(t)$、$u_{o2}(t)$ 也相等,鉴频器的输出电压 $u_o(t) = u_{o1}(t) - u_{o2}(t) = 0$;当调制信号不为零时,次级回路输出的电压幅度不相等,检波后的输出电压 $u_{o1}(t)$、$u_{o2}(t)$ 也不相等,鉴频器的输出电压 $u_o(t) = u_{o1}(t) - u_{o2}(t) \neq 0$,而且绝对值大小与频偏的大小近似呈线性关系,实现了调频信号的解调。

双失谐回路鉴频电路简单,调试容易,在一定范围内,只要保证两个次级回路的幅频特性曲线的中心角频率 ω_{o1}、ω_{o2} 与输入调频信号的中心角频率 ω_c 对称分布即可。对于超外差式接收机来说,输入调频信号的中心角频率 ω_c 是固定的中频。相对而言,双失谐回路鉴频电路的非线性失真比较大。

8.3.2　相位鉴频器

相位鉴频器是利用双耦合回路的相位—频率特性将调频波变换成调幅调频波,然后通过振幅检波器实现鉴频的一种鉴频器,也属于第一类鉴频方法。它常用于频偏在几百千赫以下的调频接收设备中。根据耦合方式的不同,常用的相位鉴频器可分为互感耦合相位鉴频器和电容耦合相位鉴频器。由于它们的工作原理相同,下面仅介绍互感耦合相位鉴频器。

互感耦合相位鉴频器原理电路如图 8-8 所示,它是由调频—调幅调频变换电路和振幅检波器两部分组成。变压器 T 次级回路中心抽头 c 与输入回路之间通过电容 C_c 耦合连接,而高频扼流线圈 ZL 对交流信号相当于断路。输入变压器的初级电感 L_1 与电容 C_1 组成的谐振回路调谐于输入调频波 $\dot{U}_1$ 的中心频率 f_c,输入变压器的次级电感 L_2 与电容 C_2 组成的谐振回路也调谐于输入调频波 $\dot{U}_1$ 的中心频率 f_c。由于电容 C_c、C_3、C_4 和 C_p 都是高频耦合电容,对于高频信号短路,高

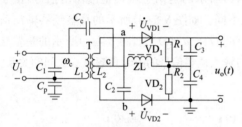

图 8-8　互感耦合相位鉴频器原理电路

频扼流线圈 ZL 两端的电压就是输入调频信号 $\dot{U}_1$,而高频扼流线圈 ZL 对交流信号相当于断路。所以,两个检波二极管 VD_1 和 VD_2 两端的电压为

$$\dot{U}_{VD1} = \dot{U}_1 + 0.5\dot{U}_{ab} \tag{8-24}$$

$$\dot{U}_{VD2} = \dot{U}_1 - 0.5\dot{U}_{ab} \tag{8-25}$$

式中:$\dot{U}_{ab}$——a 和 b 两点之间的电压向量,即变压器 T 次级回路两端的电压向量。

由于振幅检波器的输出电压只与输入信号振幅有关,所以鉴频器的输出电压 $u_o(t)$ 等于两个振幅检波输出电压之差,即

$$u_o(t) = K_d U_{VD1} - K_d U_{VD2} = K_d(U_{VD1} - U_{VD2}) \tag{8-26}$$

式中:U_{VD1}——检波二极管 VD_1 两端电压 $\dot{U}_{VD1}$ 的振幅;

　　　U_{VD2}——检波二极管 VD_2 两端电压 $\dot{U}_{VD2}$ 的振幅;

K_d——振幅检波器的电压传输系数(设两个振幅检波器特性相同)。

虽然输入调频波信号 $\dot{U}_1$ 和变压器 T 次级回路两端的电压信号 $\dot{U}_{ab}$ 的振幅是不变的,但是,它们的相位关系会随着输入调频波信号 $\dot{U}_1$ 的频率变化而变化,因而由式(8-24)和式(8-25)得到的两个检波二极管两端的电压 $\dot{U}_{VD1}$ 和 $\dot{U}_{VD2}$ 的振幅也会随之变化。通过振幅检波以后,由于鉴频器的输出电压 $u_o(t)$ 等于两个振幅检波输出电压之差,因此,鉴频器的输出电压 $u_o(t)$ 也会随着输入调频波信号 $\dot{U}_1$ 的频率变化而变化。下面就来分析它们是如何随信号 $\dot{U}_1$ 的频率变化而变化的。

为了分析简便,先作两个合乎实际情况的假定:①变压器 T 初级、次级回路的品质因数均较高;②初级、次级回路的互感耦合比较弱。这样,在估算初级回路电流时,就不必考虑初级本身和从次级引入到初级的损耗电阻。于是,近似地得到如图 8-8 所示的等效电路,如图 8-9 所示,得到初级回路电流 $\dot{I}_1$ 为

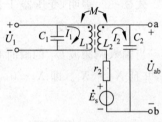

图 8-9　互感耦合相位鉴相器的等效电路

$$\dot{I}_1 = \frac{\dot{U}_1}{j\omega L_1} \qquad (8\text{-}27)$$

初级回路电流 $\dot{I}_1$ 在次级回路中的感应电动势 $\dot{E}_s$ 为

$$\dot{E}_s = j\omega M \dot{I}_1 \qquad (8\text{-}28)$$

把式(8-27)代入式(8-28),在次级回路中的感应电动势 $\dot{E}_s$ 又可以表示为

$$\dot{E}_s = \frac{M}{L_1}\dot{U}_1 \qquad (8\text{-}29)$$

同时,可计算出变压器 T 次级回路两端的电压信号 $\dot{U}_{ab}$ 为

$$\dot{U}_{ab} = \dot{E}_s \frac{Z_{C2}}{Z_{C2}+Z_{L2}+r_2} = \frac{M\dot{U}_1}{L_1}\cdot\frac{-jX_{C2}}{-jX_{C2}+jX_{L2}+r_2}$$
$$= -j\frac{M}{L_1}\cdot\frac{X_{C2}}{r_2+j(X_{L2}-X_{C2})}\dot{U}_1 = -j\frac{MX_{C2}}{L_1(r_2+jX_2)}\dot{U}_1 \qquad (8\text{-}30)$$

式中:Z_{C2}——电容 C_2 的容抗;

$\quad\ Z_{L2}$——电感 L_2 的感抗;

$\quad\ r_2$——变压器 T 次级电感的损耗电阻;

$\quad\ X_2=X_{L2}-X_{C2}$——次级回路总电抗,可正可负,也可为零。

当输入调频波 $\dot{U}_1$ 的瞬时频率 $f_{in}=f_c$(输入信号中心频率,即无调制信号)时,变压器 T 的初级和次级回路都处于调谐状态,即次级回路总电抗 $X_2=0$。此时,由式(8-30)可得变压器 T 次级回路两端的电压信号 $\dot{U}_{ab}$ 为

$$\dot{U}_{ab} = -j\frac{MX_{C2}}{r_2 L_1}\dot{U}_1 \qquad (8\text{-}31)$$

该式表明,变压器 T 次级回路两端的电压信号 $\dot{U}_{ab}$ 比输入调频波 $\dot{U}_1$ 滞后 $0.5\pi\text{rad}$ 的

角度。

当输入调频波 $\dot{U}_1$ 的瞬时频率 $f_{in} > f_c$ 时,变压器 T 的初级和次级回路都处于失谐状态,并且 $X_{L2} > X_{C2}$,即 $X_2 > 0$。此时,次级回路总阻抗为

$$Z_2 = r_2 + jX_2 = |Z_2|e^{j\theta}$$

式中:模 $|Z_2| = \sqrt{r_2 + X_2^2}$,相角 $\theta = \arctan\left(\dfrac{X_2}{r_2}\right)$。此时,由式(8-30)可得变压器 T 次级回路两端的电压信号 $\dot{U}_{ab}$ 为

$$\dot{U}_{ab} = \frac{MX_{C2}}{|Z_2|L_1}U_1 e^{-j\left(\frac{\pi}{2}+\theta\right)} \tag{8-32}$$

式(8-32)表明,变压器 T 次级回路两端的电压信号 $\dot{U}_{ab}$ 比输入调频波 $\dot{U}_1$ 滞后一个大于 $0.5\pi rad$ 的角度。

当输入调频波 $\dot{U}_1$ 的瞬时频率 $f_{in} < f_c$ 时,变压器 T 的初级和次级回路都处于失谐状态,并且 $X_{L2} < X_{C2}$,即 $X_2 < 0$。此时,次级回路总阻抗为

$$Z_2 = r_2 + jX_2 = |Z_2|e^{j\theta}$$

式中:模 $|Z_2| = \sqrt{r_2 + X_2^2}$,相角 $\theta = -\arctan\left(\dfrac{|X_2|}{r_2}\right)$。此时,由式(8-30)可得变压器 T 次级回路两端的电压信号 $\dot{U}_{ab}$ 为

$$\dot{U}_{ab} = \frac{MX_{C2}}{|Z_2|L_1}U_1 e^{-j\left(\frac{\pi}{2}-\theta\right)} \tag{8-33}$$

该式表明,变压器 T 次级回路两端的电压信号 $\dot{U}_{ab}$ 比输入调频波 $\dot{U}_1$ 滞后一个小于 $0.5\pi rad$ 的角度。

根据式(8-31)、式(8-32)、式(8-33)和以上分析,可以得到如图 8-10 所示的矢量合成。

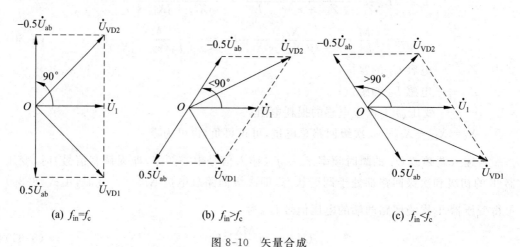

(a) $f_{in} = f_c$ (b) $f_{in} > f_c$ (c) $f_{in} < f_c$

图 8-10 矢量合成

由以上分析和图 8-10 可知,当 $f_{\text{in}} = f_c$ 时,
$u_o(t) = K_d(U_{\text{VD1}} - U_{\text{VD2}}) = 0$;当 $f_{\text{in}} > f_c$ 时,
$u_o(t) < 0$;当 $f_{\text{in}} < f_c$ 时,$u_o(t) > 0$。因此,可以认
为输出电压 $u_o(t)$ 与输入调频信号的瞬时频率的
偏移量成正比。而输入调频信号瞬时频率的偏
移量与调制信号 $u_\Omega(t)$ 成正比,因此,输出电压
$u_o(t)$ 也与调制信号 $u_\Omega(t)$ 成正比,即实现了调频
信号的解调。

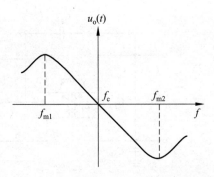

图 8-11 互感耦合相位鉴频器特性曲线

综合以上分析,可以得到如图 8-11 所示的
互感耦合相位鉴频器的特性曲线。

8.3.3　比例鉴频器

在相位鉴频器中,输入调频信号振幅的变化必然会影响输出信号。也就是说,输入
调频信号的振幅波动会引起鉴频输出信号失真。在理论上,调频波是等幅波,但实际上,
总是有或多或少的寄生调幅。前面介绍的两种鉴频器都会因寄生调幅而产生解调失真。

以互感耦合相位鉴频器为例来说明这个问题。在图 8-10 中,如果输入调频信号的
振幅恒定,变压器 T 次级回路两端的电压信号 $\dot{U}_{ab}$ 的相位随输入调频信号的瞬时频率的
变化而变化,从而导致两个振幅检波器的输出电压发生变化,于是等于两个振幅检波器
的输出电压之差的鉴频输出电压也随输入调频信号的瞬时频率的变化而变化。同时,从
图 8-10 中还可以观察到,不管输入调频信号的瞬时频率如何变化,只要它的振幅不变,
两个振幅检波器的输出电压之和($U_{\text{VD1}} + U_{\text{VD2}}$)近似不变。也就是说,两个振幅检波器的
输出电压之和($U_{\text{VD1}} + U_{\text{VD2}}$)只与输入调频信号的振幅变化有关,而与输入调频信号的瞬
时频率的变化无关。当然,两个振幅检波器的输出电压之差($U_{\text{VD1}} - U_{\text{VD2}}$)不仅与输入调
频信号的振幅变化有关,还与输入调频信号的瞬时频率的变化有关。这个现象提供了一
种限幅的思路。如果能够设法抑制两个振幅检波器的输出电压之和($U_{\text{VD1}} + U_{\text{VD2}}$)的变
化,使之保持恒定,也就意味着消除了输入调频信号的寄生调幅,或者说,起到了限幅的
作用。比例鉴频器正是根据这个思路,对相位鉴频器进行了改进。因此,比例鉴频器是
一种具有抑制寄生调幅能力的鉴频器。

1. 比例鉴频器的工作原理

比例鉴频器的原理电路如图 8-12 所示,它与相位鉴频器的调频—调幅调频波变换
部分相同,但检波部分有较大差别,主要是:

(1) 在 a′b′两端并联了一个 $10\mu F$ 的大电容 C_o。由于电容 C_o 与电阻($R_1 + R_2$)组成
的电路的时间常数很大,通常为 $0.1 \sim 0.2 \text{s}$,所以对于一般的寄生调幅,C_o 两端的电压
$U_{a'b'}$ 基本不变。

(2) 在比例鉴频器中,二极管 VD_2 与相位鉴频器的连接方向相反。

(3) 输出信号取出的地方不同。由于二极管 VD_2 反接了,所以 a′b′两端的电压是两

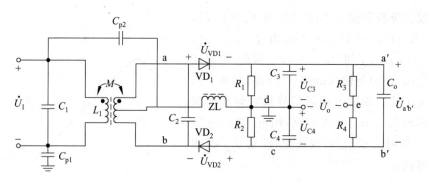

图 8-12　比例鉴频器的原理电路

个振幅检波器的输出电压之和,而不是两个振幅检波器的输出电压之差,即

$$\dot{U}_{a'b'} = \dot{U}_{C3} + \dot{U}_{C4} \tag{8-34}$$

　　鉴频器的输出电压 $u_o(t)$ 应该是两个振幅检波器的输出电压之差,这样才能让鉴频器的输出电压 $u_o(t)$ 反映输入调频信号的瞬时频率的变化规律。为了得到这个差电压,对检波器的负载重新作了处理,即从 d 和 e 两端取出,且 d 端是参考电位点。假设比例鉴频电路上、下对称,即 $R_1 = R_2$,$R_3 = R_4$,$C_3 = C_4$。

　　由于电容 C_{p1}、C_{p2}、C_3 和 C_4 都是对高频信号短路,所以高频输入信号 $u_1(t)$ 相当于并联在高频扼流线圈 ZL 两端。

　　由于波形变换电路与相位鉴频器相同,所以电压 $\dot{U}_1$ 与 $\dot{U}_{ab}$ 的关系与式(8-24)和式(8-25)相似,即两个检波二极管 VD$_1$ 和 VD$_2$ 两端的电压为

$$\dot{U}_{VD1} = \dot{U}_1 + \frac{1}{2}\dot{U}_{ab} \tag{8-35}$$

$$\dot{U}_{VD2} = -\dot{U}_1 + \frac{1}{2}\dot{U}_{ab} \tag{8-36}$$

　　检波器的输出为 $\dot{U}_{C3} = K_d\dot{U}_{VD1}$,$\dot{U}_{C4} = K_d\dot{U}_{VD2}$。由于 $R_1 = R_2$,电阻 R_3 和 R_4 两端的电压都是 $\frac{1}{2}\dot{U}_{a'b'}$(参考极性为上"正"下"负"),同时,$\dot{U}_{a'b'} = \dot{U}_{C3} + \dot{U}_{C4}$,因此,由 KVL 方程可得鉴频器的输出电压 $u_o(t)$ 为

$$u_o(t) = U_{C4} - \frac{1}{2}U_{a'b'} = U_{C4} - \frac{1}{2}(U_{C3} + U_{C4})$$

$$= \frac{1}{2}U_{C4} - \frac{1}{2}U_{C3} = \frac{1}{2}K_d(U_{VD2} - U_{VD1}) \tag{8-37}$$

式中:K_d——振幅检波器的电压传输系数。

　　由式(8-37)可见,与相位鉴频器一样,输出电压 $u_o(t)$ 取决于两个检波器的输入信号的振幅之差,但大小为其 1/2。

2. 比例鉴频器抑制寄生调幅的原理

　　假设输入调频信号的初始振幅是恒定的,而且电容 C_o 上已经充电到一个稳定电压,它是一个直流电压。也就是说,此时既没有电流向电容 C_o 充电,电容 C_o 也没有放电。

从前面的分析可知,比例鉴频器的输出电压 $u_o(t)$ 为

$$u_o(t) = U_{C4} - \frac{1}{2}U_{a'b'} = \frac{1}{2}U_{a'b'}\left(\frac{2U_{C4}}{U_{a'b'}} - 1\right) = \frac{1}{2}U_{a'b'}\left(\frac{2U_{C4}}{U_{C3} + U_{C4}} - 1\right)$$

$$= \frac{1}{2}U_{a'b'}\left[\frac{2}{1 + \dfrac{U_{C3}}{U_{C4}}} - 1\right] = \frac{1}{2}U_{a'b'}\left[\frac{2}{1 + \dfrac{U_{VD1}}{U_{VD2}}} - 1\right] \tag{8-38}$$

由式(8-38)可知,比例鉴频器的输出电压 $u_o(t)$ 的大小取决于 $\dot{U}_{VD1}$ 与 $\dot{U}_{VD2}$ 的振幅的比值,而不是振幅本身的大小。当调频信号的瞬时频率变化时,$\dot{U}_{VD1}$ 与 $\dot{U}_{VD2}$ 的振幅值一个增大一个减小,其比值也随频率的变化而变化,从而实现鉴频的目的;当调频信号的幅度变化(有寄生调幅)时,它们的值同时增大或同时减小,但比值可以保持不变,输出也不变,从而实现了抑制寄生调幅的功能。

从以上分析可以看到,在电路参数相同的条件下,比例鉴频器的输出电压只有相位鉴频器的一半。换句话说,比例鉴频器的限幅作用是以减低输出电压为代价的。另外,除了具有能够自动抑制寄生调幅的优点外,比例鉴频器还有一个优点,它可以提供一个适合于自动增益控制的电压,这个电压就是 C_o 两端的电压 $U_{a'b'}$,因为,输入调频信号的幅度大小直接影响到这个电压。还有,比例鉴频器的线性要次于相位鉴频器的。

8.3.4　相移乘法鉴频器

相移乘法鉴频器的原理如图 8-13 所示,由进行调频—调相调频波变换的移相器、实现相位比较的乘法器和低通滤波器组成,它属于第二类鉴频器。

图 8-13　相移乘法鉴频器原理框图

在图 8-13 中,调频信号 $u_{FM}(t)$ 通过移相器后,再与它本身相乘,最后通过一个低通滤波器得到的输出信号 $u_o(t)$ 就是解调出来的信号。下面通过一个具体的移相器来介绍相移乘法鉴频器的原理。

目前,广泛采用谐振回路作为移相器。如图 8-14 所示的就是一个典型的移相器。其中图 8-14(a)所示的是移相器的原理电路,图 8-14(b)所示的是它的幅频特性曲线 $K(f)\text{-}f$ 和相频特性曲线 $\varphi(f)\text{-}f$。回路的谐振频率等于输入调频信号的中心频率 f_c。当输入信号的频率等于输入调频信号的中心频率 f_c 时,相移大小为 $0.5\pi\text{rad}$;当输入信号的频率趋于无穷大时,相移大小趋于 0;当输入信号的频率趋于 0(直流)时,相移大小趋于 πrad。

由电路分析和第 2 章的知识,不难求得输出电压 $\dot{U}_2$ 的表达式为

$$\dot{U}_2 \approx \frac{j\omega C_1 R}{1 + j\xi}\dot{U}_1 \tag{8-39}$$

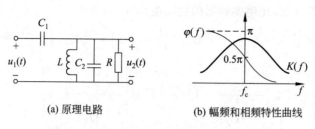

(a) 原理电路　　　　　(b) 幅频和相频特性曲线

图 8-14　移相器的原理电路及其特性曲线

式中：$\xi = \dfrac{2(\omega - \omega_c) Q_L}{\omega_c}$——广义失谐量，其中 Q_L 为回路有载品质因数。

因此，由式（8-39）可以得到该移相器的幅频特性 $K(\omega)$ 和 $\varphi(\omega)$ 相频特性关系式分别为

$$K(\omega) = \frac{\omega C_1 R}{\sqrt{1 + \xi^2}} \tag{8-40}$$

$$\varphi(\omega) = \frac{\pi}{2} - \arctan\xi \tag{8-41}$$

上面两个关系式对应的曲线如图 8-14(b) 所示。当频率变化较小，即 $|\arctan\xi| < \dfrac{\pi}{6}$ rad 时，$\arctan\xi \approx \xi$。此时，相频特性可近似为

$$\varphi(\omega) \approx \frac{\pi}{2} - \xi = \frac{\pi}{2} - \frac{2(\omega - \omega_c) Q_L}{\omega_c}$$

当调制信号为 $u_\Omega(t)$ 时，已调波信号的瞬时频率可以表示为 $\omega(t) = \omega_c + K_f u_\Omega(t)$，通过该相移器后产生的相移为

$$\varphi(\omega) = \frac{\pi}{2} - \frac{2 Q_L K_f}{\omega_c} u_\Omega(t) \tag{8-42}$$

式（8-42）表明，调频波经过该相移器后的信号是一个调相—调频波。

对于乘法鉴频器，有前面所介绍的 3 种情况，这里仅就输入信号都是小信号为例来说明乘法鉴频器的工作原理。设调制信号为 $u_\Omega(t)$，则已调波信号 $u_1(t)$ 为

$$u_1(t) = U_{1m} \cos\left[\omega_c t + K_f \int_0^f u_\Omega(\tau) d\tau\right]$$

因此，相移器的输出信号 $u_2(t)$ 为

$$u_2(t) = K(\omega) U_{1m} \cos\left[\omega_c t + K_f \int_0^f u_\Omega(\tau) d\tau + \varphi(\omega)\right] \tag{8-43}$$

式中：$K(\omega)$——相移器的电压传输系数。

乘法器的输出电流 $i(t)$ 为

$$i(t) = K_M u_1(t) u_2(t)$$

$$= K_M U_{1m}^2 K(\omega) \cos\left[\omega_c t + K_f \int_0^f u_\Omega(\tau) d\tau\right] \cos\left[\omega_c t + K_f \int_0^f u_\Omega(\tau) d\tau + \varphi(\omega)\right]$$

$$= \frac{1}{2} K_M U_{1m}^2 K(\omega) \cos[\varphi(\omega)] + \frac{1}{2} K_M U_{1m}^2 K(\omega) \cos\left[2\omega_c t + 2K_f \int_0^f u_\Omega(\tau) d\tau + \varphi(\omega)\right]$$

又设 LPF 在通频带内的传输系数为 1,则乘法器的输出电流 $i(t)$ 在负载电阻 R_L 两端形成的电压 $u_o(t)$ 为

$$u_o(t) = \frac{1}{2} K_M K(\omega) U_{1m}^2 R_L \cos[\varphi(\omega)] = \frac{1}{2} K_M K(\omega) U_{1m}^2 R_L \cos\left[\frac{\pi}{2} - \frac{2K_f Q_L}{\omega_c} u_\Omega(t)\right]$$

$$= \frac{1}{2} K_M K(\omega) U_{1m}^2 R_L \sin\left[\frac{2K_f Q_L}{\omega_c} u_\Omega(t)\right]$$

当 $\left|\dfrac{2K_f Q_L}{\omega_c} u_\Omega(t)\right| < \dfrac{\pi}{6}$ rad 时,输出电压 $u_o(t)$ 可近似为

$$u_o(t) = \frac{1}{2} K_M K(\omega) U_{1m}^2 R_L \cdot \frac{2K_f Q_L}{\omega_c} u_\Omega(t) = \frac{K_M K(\omega) U_{1m}^2 R_L K_f Q_L}{\omega_c} u_\Omega(t) \quad (8\text{-}44)$$

在调频信号的频偏内,如果移相器的幅频特性近似平坦,即 $K(\omega) \approx C$(常数),则输出电压 $u_o(t)$ 还可以近似为

$$u_o(t) \approx \frac{K_M C U_{1m}^2 R_L K_f Q_L}{\omega_c} u_\Omega(t) = K_c u_\Omega(t) \quad (8\text{-}45)$$

式中: K_c——比例系数。

由式(8-45)说明,当移相器的幅频特性近似平坦时,相移乘法鉴频器的输出信号 $u_o(t)$ 与调制信号 $u_\Omega(t)$ 之间近似呈线性关系。也就是说,这种相移乘法鉴频器能够实现鉴频。

相移乘法鉴频器的突出优点就是,它只有一个调谐回路,乘法器可以采用集成电路,所以,应用起来非常方便。

8.3.5 脉冲均值型鉴频器

脉冲均值型鉴频器采用第三类鉴频方法,它的主要优点是线性好、频带宽、能够工作在一个相当宽的中心频率范围等。如果配合混频器,中心频率范围可以进一步扩展。因此,这种鉴频器已经应用得非常广泛,并容易集成。

调频信号瞬时频率的变化,直接表现为单位时间内信号过零值点(简称为过零点)的疏密变化,如图 8-15 所示。如果每个过零点产生一个振幅为 $V_H - V_L$,宽度为 τ 的正脉冲,则单位时间内脉冲的数目就反映了调频信号瞬时频率的高低。脉冲数目越多,脉冲信号 $P(t)$ 的平均值就越高;反之,则越低。因此,图 8-15 显示了把模拟调频信号变换成一个重复频率受到调制的矩形脉冲序列的情形,而且,它的重复频率的调制规律与调频信号的原调制信号对瞬时频率的调制规律相同。

显然,单位时间内,矩形脉冲的个数直接反映了调频信号在同一单位时间内的周数,或者说,矩形脉冲序列的重复频率 $F(t)$ 表示了调频信号的瞬时频率,它是随时间变化的。由于每个矩形脉冲的幅度和宽度都是一样的,所以,单位时间内,矩形脉冲序列的平均值必然反映调频信号的瞬时频率。

根据这个原理,脉冲均值型鉴频器可以采用如图 8-16 所示的原理框图来实现。

根据以上的分析,矩形脉冲序列的平均值 U_{ac} 可以写成如下表达式:

$$U_{ac}(t) = (V_H - V_L) \frac{\tau}{T} \cdot k_L = (V_H - V_L) \tau k_L F(t) \quad (8\text{-}46)$$

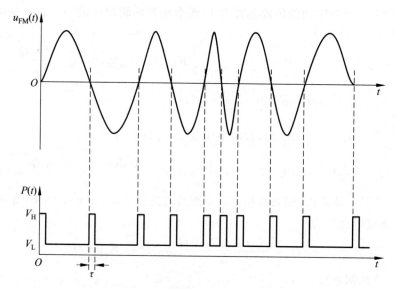

图 8-15　脉冲均值型鉴频器工作原理

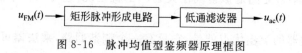

图 8-16　脉冲均值型鉴频器原理框图

式中：$U_{ac}(t)$——矩形脉冲序列的平均值；

　　　$V_H - V_L$——矩形脉冲序列的幅度；

　　　τ——矩形脉冲的宽度；

　　　$F(t)$——矩形脉冲的重复频率，它是一个关于时间的函数；

　　　k_L——低通滤波器的电压传输系数。

由式(8-46)可以看出，在电路参数不变的条件下，矩形脉冲序列的平均值 $u_{ac}(t)$ 与矩形脉冲的重复频率 $F(t)$ 成正比，也就是与调频信号的瞬时频率成正比。因此，只要对脉冲信号进行低通滤波，取出平均值就能实现鉴频。

在图 8-15 中，每次过零点都产生一个矩形脉冲，也可以把脉冲数减少一半，即仅每次正过零点或负过零点产生一个矩形脉冲。它们的工作原理一样，但是，显然前者的鉴频跨导的绝对值要大一倍。

8.4　限幅器

虽然在理论上，调频信号是等幅波，但是，在通信系统传输过程中，不可避免地要受到各种干扰的影响。这些干扰将使调频信号的振幅变为不恒定，再加上寄生调幅的影响，因此，接收机得到的调频信号的振幅往往不是恒定的。从前面介绍的多种鉴频器的工作原理来看，鉴频性能或多或少要受到振幅不恒定的影响，尤其以相位鉴频器最为严重。所以,无论采用哪一种鉴频器,都会先进行限幅处理,再鉴频。限幅器只是把调频波的调幅波动程度减弱,而不改变它的瞬时频率变化规律,以提高鉴频器输出端的信噪比。

　　理想的限幅器具有如图 8-17(a)所示的特性,实际的限幅特性如图 8-17(b)所示。限幅特性是指,限幅器输出信号的振幅 U_{om} 与输入信号的振幅 U_{im} 之间的关系。

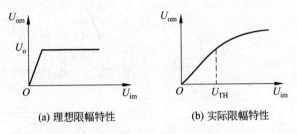

(a) 理想限幅特性　　　　　　　(b) 实际限幅特性

图 8-17　理想和实际限幅特性

　　理想的限幅特性是不可能实现的,但是,应该使实际限幅特性尽可能接近于理想限幅特性。

　　在图 8-17(b)中,当输入信号的振幅 U_{im} 小于一个门限值 U_{TH} 时,并不进行限幅处理,所以,在这个范围内,限幅器输出信号的振幅 U_{om} 与输入信号的振幅 U_{im} 之间成正比,是线性关系;当输入信号的振幅 U_{im} 大于门限值 U_{TH} 时,才进行限幅处理。所以,在这个范围内,限幅器输出信号的振幅 U_{om} 与输入信号的振幅 U_{im} 之间是非线性关系,而且,曲线不是水平的,稍微有些倾斜,但是斜率的绝对值要比线性关系段小得多,也就是说,还存在残余调幅。

　　能够实现调幅功能的电路很多,比如二极管限幅器、晶体管限幅器和差分对管限幅器等。这里,仅介绍具有代表性的二极管限幅器和晶体管限幅器。

8.4.1　二极管限幅器

　　由于二极管具有单向导电性,而且一旦导通,其两端的电压几乎不变,所以,由二极管组成的某种电路是能够实现限幅功能的。如图 8-18(a)所示的电路就是一种二极管限幅器的原理电路。

　　在图 8-18(a)中,输出信号 $u_o(t)$ 与输入信号 $u_i(t)$ 之间由一个电阻 R_1 耦合,输出端是两个反向二极管 VD_1、VD_2 和一个电阻 R_2 的并联。在图 8-18(b)中,为了方便讨论工作原理,把两个反向并联的二极管 VD_1、VD_2(假设它们是同型号的)的伏安特性曲线组合在一起了。当每个二极管的正向电压超过 U_p 后,其电流急剧增加,即等效电阻很小。在图 8-18(c)中,虚线表示输入信号的波形,实线表示输出信号的波形。

　　当二极管 VD_1、VD_2 都截止时,没有发生限幅作用,输出电压 $u_o(t)$ 是输入电压 $u_i(t)$ 在电阻 R_2 上的分压,即

$$u_o(t) = \frac{R_2}{R_2 + R_1} u_i(t) \tag{8-47}$$

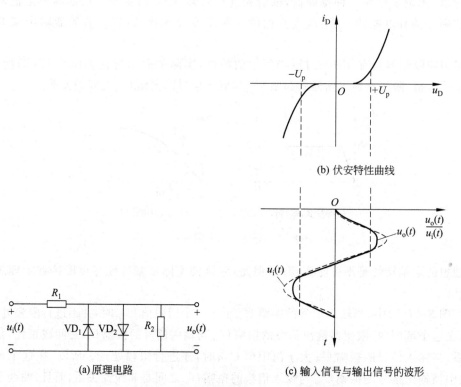

(b) 伏安特性曲线

(a)原理电路

(c) 输入信号与输出信号的波形

图 8-18　二极管限幅器工作原理电路及波形

当输出电压 $u_o(t)$ 大于二极管的导通电压 U_p 时,二极管 VD_2 导通,二极管 VD_1 截止。此时,发生了限幅作用,输出电压 $u_o(t)$ 近似等于 U_p。当输出电压 $u_o(t)$ 小于 $-U_p$ 时,二极管 VD_1 导通,二极管 VD_2 截止。此时,也发生了限幅作用,输出电压 $u_o(t)$ 近似等于 $-U_p$。

只要两个二极管的参数一致,这种二极管限幅器的限幅特性就是对称的,输出信号中没有直流分量和偶次谐波分量输出,这是它的主要优点。另外,电路也比较简单。

8.4.2　晶体管限幅器

二极管限幅器没有放大能力。由于晶体管可以分别工作在线性放大区、截止区和饱和区,在截止区和饱和区的放大能力一般远远小于线性放大区,所以,晶体管也可以实现限幅的功能。晶体管限幅器除了具有限幅的功能外,当限幅功能不起作用的时候,还具有放大能力。如图 8-19 所示的是一种晶体管限幅器原理电路,其电路形式上与单谐振回路高频小信号放大器相似,集电极回路的谐振频率应该设置在输入信号的中心频率处,但是,这里的晶体管 VT 工作在非线性状态,利用截止和

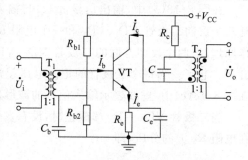

图 8-19　晶体管限幅器原理电路

饱和效应进行限幅。

在图 8-19 中,输入电压 $u_i(t)$ 通过 1 : 1 变压器 T_1 耦合到晶体管 VT 的发射结 $u_{be}(t)$,输出电压 $u_o(t)$ 通过 1 : 1 变压器 T_2 耦合输出。电阻 R_{b1}、R_{b2}、R_e 和 R_c 都是为晶体管 VT 提供一个合适的静态工作点的,同时,电阻 R_c 还影响电路的增益和通频带。电容 C_b 和 C_c 是高频旁路电容,电容 C 是集电极回路电容。

晶体管限幅器的工作原理可以用晶体管的输出特性和动态特性说明,如图 8-20 所示。其中,图 8-20(a)所示的是理想化的晶体管输出特性曲线,Q 点是静态工作点,线段 AB 是交流负载线,A 点在截止区,B 点在临界线上。图 8-20(b)所示的是晶体管集电极电流 $i_C(t)$ 波形示意图,实线波形是没有发生限幅作用的情形,点划线波形是发生限幅作用的情形,在理想情况下,其波峰和波谷处被削平了,但实际上波形是光滑的。图 8-20(c)所示的是晶体管管压降电压 $u_{CE}(t)$。实际上,$u_{CE}(t)$ 的交流部分也就是输出电压 $u_o(t)$,实线波形是没有发生限幅作用的情形,点划线波形是发生限幅作用的情形,在理想情况下,其波峰和波谷处被削平了,但实际上波形是光滑的。

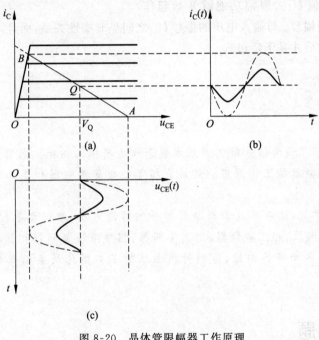

图 8-20　晶体管限幅器工作原理

当输入电压 $u_i(t)$ 的振幅小于设计的门限值时,晶体管 VT 工作在放大区,输出电压 $u_o(t)$ 和集电极电流 $i_C(t)$ 都没有受到限幅作用,如图 8-20(b)和图 8-20(c)所示的实线波形。当输入电压 $u_i(t)$ 的振幅大于设计的门限值时,晶体管 VT 工作在截止区或饱和区,输出电压 $u_o(t)$ 和集电极电流 $i_C(t)$ 都没有受到限幅作用,如图 8-20(b)和图 8-20(c)所示的点划线波形。当输入电压足够大时,集电极电流 $i_C(t)$ 还会出现凹顶的情况,如第 3 章介绍的高频功率放大器一样。

为了提高晶体管限幅器的有效性,可以采取如下措施。

（1）降低集电极供电电压 V_{CC} 或增大电阻 R_c 的阻值，使晶体管 VT 在输入信号比较小时就能进入饱和区。

（2）降低晶体管 VT 的基极静态电位，使晶体管 VT 在输入信号比较小时就能进入截止区。

（3）增大集电极谐振回路的谐振电阻 R_P，提高晶体管交流负载线(如图 8-20(a)中的 AB 段)的斜率的绝对值，使晶体管 VT 在输入信号比较小时就能进入截止区和饱和区。

另外，集电极以谐振回路作负载，可以滤除因限幅产生的谐波分量。

综上所述，晶体管限幅器的限幅特性曲线如图 8-21 所示。由该图可知，当输入电压的振幅 U_{im} 小于设计的门限值 U_{TH} 时，限幅功能不起作用，输出电压的振幅 U_{om} 与输入电压的振幅 U_{im} 之间呈线性关系；只要输入电压的振幅 U_{im} 大于设计的门限值 U_{TH}，限幅功能就开始起作

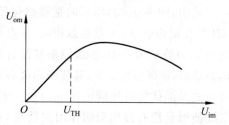

图 8-21　晶体管限幅器的限幅特性曲线

用，输出电压的振幅 U_{om} 与输入电压的振幅 U_{im} 之间呈非线性关系，而且，曲线先有一段的缓慢上升过程，然后才是下降过程。

本章小结

本章首先介绍了调角信号解调的基本概念和主要技术指标。然后重点讨论了几种常见鉴相电路、鉴频器的工作原理。最后介绍了二极管限幅器和晶体管限幅器的工作原理。

通过本章的学习，读者可以掌握调角信号的解调方法、乘积型鉴相器、门电路鉴相器、双失谐回路鉴频器、相位鉴频器、比例鉴频器、相移乘法鉴频器和脉冲均值型鉴频器的分析方法，了解鉴相特性曲线、鉴频特性曲线的基本概念及鉴相器与鉴频器的参数计算。

思考题与习题

8.1　一个电路必须具有怎样的输出频率特性(输出信号的幅度与输入信号的频率之间的关系)才能实现鉴频？

8.2　对于由或门与低通滤波器组成的门电路鉴相器，试分析说明其鉴相特性。

8.3　将双失谐回路鉴相器的两个检波二极管 VD$_1$、VD$_2$ 都极性反接，电路能否实现鉴频？若只接反其中一个，电路能否实现鉴频？若有一个损坏(开路)，电路能否实现鉴频？

8.4　相位鉴频器电路如图 8-8 所示。若输入信号为

$$u_1(t) = U_{1M}\cos[\omega_c t + m_f\sin(\Omega t)]\text{V}, \quad R_1 = R_2, \quad C_3 = C_4$$

试定性绘出加在两个二极管上的高频电压 $u_{VD1}(t)$ 和 $u_{VD2}(t)$ 以及 $u_{o1}(t)$、$u_{o2}(t)$、$u_o(t)$ 的波形图。

8.5　为什么通常在鉴频之前需要限幅器?

8.6　在互感耦合相位鉴频电路中,如果发现有下列情况,鉴频特性曲线将怎样变化?

(1) 次级回路未调谐在中心频率 f_c 上;

(2) 初级回路未调谐在中心频率 f_c 上。

8.7　相位鉴频电路中,为了调节鉴频特性曲线的中心频率、线性和线性范围,应分别调节哪些元件? 为什么?

8.8　为什么比例鉴频器有抑制寄生调幅的作用?

8.9　设输入调频信号电压为 $u_i(t) = U_{im}\cos\left[\omega_c t + K_f\displaystyle\int_0^t u_\Omega(\tau)\mathrm{d}\tau\right]$,它通过一个 RC 高通滤波器以后的输出信号为 $u_o(t)$。如果在输入调频信号 $u_i(t)$ 的频带内,满足

$$RC \ll \frac{1}{\omega}$$

式中：R——RC 高通滤波器中,电阻 R 的电阻值;

$\quad\quad\;\; C$——RC 高通滤波器中,电容 C 的电容值;

$\quad\quad\;\; \omega$——输入调频信号 $u_i(t)$ 的瞬时角频率。

试证明：电阻 R 上的电压 $u_o(t)$ 是一个调频—调幅信号,并计算出其调幅度 m_a。

8.10　用矢量合成原理定性描述如图 8-8 所示互感耦合相位鉴频器的鉴频特性。

8.11　试采用乘法器 MC1596 设计一个相移乘积型鉴频器电路,并画出具体电路图。

8.12　试画出调频发射机、调频接收机的原理框图。

8.13　某接收机的鉴频器如题 8.13 图所示,其中,谐振回路的传输系数为

$$A(f) = \frac{1}{\sqrt{1 + \left(2Q_L\dfrac{f - f_c}{f_c}\right)^2}}$$

检波器传输系数 $K_d \approx 1$,减法器的电压增益为 A。试分析其工作原理,定性画出鉴频特性曲线。

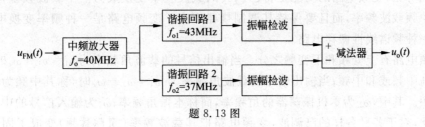

题 8.13 图

CHAPTER 9

第9章

变 频 电 路

9.1 概述

9.1.1 变频电路的功能

在高频电子线路中,常常需要将信号的频谱进行线性搬移。所谓频谱线性搬移,是指频谱结构不变,即各个频率分量的相对幅度无变化、频率分量无增减,只是在频率轴上的平行移动。这种频谱搬移不仅有利于提高设备的性能,而且能够适应许多应用系统,比如广播系统、电视系统、移动通信系统等。

变频电路广泛用于各种电子设备中。最典型的应用就是超外差式接收机,它将较高的载频变成较低的固定中频,然后进行中频放大、检波等处理,使整个接收机的灵敏度和选择性大大提高。超外差式接收机正是利用变频电路把不同中心频率的频道信号变换成固定中频信号,而信号的调制方式、频谱结构都不变,提高了接收机的灵敏度、选择性和可靠性。这是变频电路提高设备性能的典型例证。在广播系统中,需要传输几个节目,不同节目的信号分配的频谱不一样,发射机需要把各个节目的信号按预定的频谱安排进行线性搬移。在频率合成器中,常用变频电路完成频率加减运算,从而得到不同的频率,这些频率的稳定度可以与主振荡器的高稳定度相同。在多路微波中继接力系统中,接收机常常把微波频谱变换成频率较低的中频信号,在中频上进行电压放大和功率放大,达到足够的电压增益和功率增益后,再用变频电路把中频信号变换成微波信号,转发给下一站。

由此可见,变频电路的功能是将已调波的载波频率变换成另一个载波频率,一般为固定的中频载波频率,而且要保持其调制规律不变。变频电路是一种频率变换电路,或者说是一种频谱线性搬移电路。

变频电路有上变频和下变频之分。当输出信号的载波角频率为$\omega_1=\omega_L+\omega_c$时,称其中频为高中频或和中频;当输出信号的载波角频率为$\omega_1=\omega_L-\omega_c$时,称其中频为低中频或差中频。其中,$\omega_L$为本机振荡器的角频率,简称本振角频率;$\omega_c$为输入信号的中心角频率。因此,对于各种各样的已调波,变频电路把其载波频率(简称载频)变成了固定的中频。如果中频比输入信号的中心角频率更高,则变频电路把输入信号向频谱高端搬移,称为上变频;反之,则向频谱低端搬移,称为下变频。

变频电路将两个不同信号(其中一个为本地振荡信号)输入非线性元器件进行频率组合后,取出差频或和频信号。如果这个电路既产生本振信号,又实现频率变换,则称其为自激式变频器,简称变频器。如果这个电路只实现频率变换,本振信号由另外的电路产生,则称其为混频器,并且,把包括本振信号产生电路在内的整个电路称为它激式变频器。

一般来说,使用差中频时,都采用本振频率 f_L 高于输入信号频率 f_c 的方式,这主要是因为,本振频率 f_L 比较高时,振荡器的波段覆盖系数 k_d 小,容易产生振幅稳定的振荡信号。比如,对于工作频段为 $535 \sim 1605 \text{kHz}$ 的调幅广播,中频为 465kHz。如果本振频率 f_L 的变化范围为 $1000 \sim 2070 \text{kHz}$,则振荡器的波段覆盖系数 $k_d = 2070/1000 = 2.07$。此时,振荡器不但起振容易,而且振幅和频率都比较稳定。如果本振频率 f_L 的变化范围为 $70 \sim 1140 \text{kHz}$,则振荡器的波段覆盖系数 $k_d = 1140/70 = 16.29$。此时,振荡器的波段覆盖系数太大,工作频率低,这样的振荡器是很难实现的。

根据所用非线性元器件的不同,混频器可以分为二极管混频器、晶体管混频器、场效应管混频器、差分对管混频器等。根据工作特点的不同,二极管混频器又分为单二极管混频器、二极管平衡混频器、二极管环形混频器等。

现在以 AM 信号为例来说明变频电路的概念,如图 9-1 所示。AM 接收机利用变频电路把不同中心频率($535 \sim 1605 \text{kHz}$)的信号变换成中心频率为 465kHz 的中频信号,采用了差中频。图 9-1(a)所示的是变频前的 AM 信号时域波形,载波频率比较高,波形比较密集。图 9-1(b)所示的是变频后的 AM 信号时域波形,载波频率(中频)比较低,波形比较稀疏。图 9-1(c)所示的是变频前的 AM 信号频域波形,频谱包括载波频率 f_c、上边频 $f_c + F$ 和下边频 $f_c - F$,并且上、下边频以载波频率 f_c 为中心对称分布。图 9-1(d)所示的是变频后的 AM 信号频域波形,频谱包括中频 f_I、上边频 $f_I + F$ 和下边频 $f_I - F$,并且上、下边频以中频 f_I 为中心对称分布。

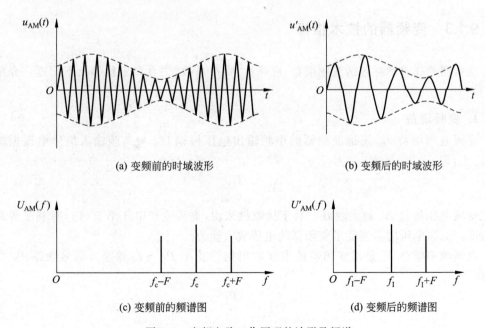

(a) 变频前的时域波形   (b) 变频后的时域波形

(c) 变频前的频谱图   (d) 变频后的频谱图

图 9-1 变频电路工作原理的波形及频谱

由以上分析可以看出,从时域方面说,变频前后的疏密程度变了,但是包络没有变;从频域方面来说,变频前后的频谱发生了平移。

本章主要讨论晶体管混频器,同时也对二极管平衡混频器、二极管环形混频器作了比较详细的介绍。

9.1.2 变频器的组成

为了完成频率变换,变频器必须有非线性器件。常用的非线性器件有二极管、三极管、场效应管、差分对管和模拟乘法器等。当两个单频信号通过一个非线性器件后,输出信号将有很多的频率分量,一般表示为 $f = pf_S + qf_L (p,q = 0,1,2,\cdots)$,必须再有一个滤波器,用来选出需要的频率分量。因此,变频器一般由输入回路、非线性器件、滤波器和本机振荡器 4 个部分组成,如图 9-2 所示。

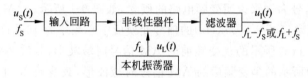

图 9-2 变频器的组成方框图

通常将输入回路、非线性器件和滤波器这 3 个部分称为混频器,即混频器比变频器少一个本机振荡器。从图 9-2 中可以看到,当输入信号的中心频率为 f_S,本机振荡器的频率为 f_L 时,变频器输出的中频信号 $u_I(t)$ 的中心频率为 $f_L - f_S$ 或 $f_L + f_S$。

9.1.3 变频器的技术指标

变频器的技术指标包括变频增益、选择性、噪声系数、失真和干扰等。下面逐一介绍它们。

1. 变频增益

变频电压增益 A_{uc} 是指变频器的中频输出电压振幅 U_{Im} 与高频输入信号电压振幅 U_{Sm} 之比,即

$$A_{uc} = \frac{U_{Im}}{U_{Sm}}$$

变频电压增益 A_{uc} 越大越好。对于接收机来说,提高变频电压增益 A_{uc},有利于提高灵敏度。变频电压增益表征了变频器的电压放大能力。

变频功率增益 A_{pc} 是指变频器的中频输出信号功率 P_I 与高频输入信号功率 P_S 之比,即

$$A_{pc} = \frac{P_I}{P_S}$$

2. 选择性

非线性器件输出的信号中,频率分量非常繁杂,只有少部分是有用的,大部分都是需

要滤除的。所以,变频器的选择性本质上就是指其滤波器的选择性。在满足有用信号顺利通过滤波器的前提下,要尽量提高其滤波器的品质因数,以提高变频器的选择性。

3. 噪声系数

在多级放大电路中,总噪声系数主要由前面几级电路决定,越是靠前的电路,越是主要因素。当变频器处于系统前端的时候,变频器的噪声系数就显得非常重要。对于接收机来说,变频器的位置非常靠前,一般是第一级电路或第二级电路。变频器的噪声系数对于接收机来说至关重要。为了降低变频器的噪声系数,必须选择噪声系数小的非线性器件并合理设置有源器件的静态工作点。

4. 失真和干扰

变频器中有非线性元器件,会产生许多的组合频率。在这些组合频率中,除了需要的中频信号外,其余的分量都是干扰信号。这些干扰包括组合频率干扰、交叉调制干扰和互相调制干扰、阻塞干扰等。同时,变频器会产生频率失真和非线性失真。所以,对于变频器来说,不仅要求频率特性好,而且要尽量少产生不需要的组合频率分量,以减少干扰。

9.2 晶体管混频器

晶体管混频器具有电路简单、有一定的变频增益的优点,要求本振电压的幅值较小,范围是 $50\sim200\mathrm{mV}$,广泛应用在广播、电视等通信设备中。

9.2.1 晶体管混频器的工作原理

晶体管混频器的工作原理电路如图 9-3 所示。输入信号 $u_S(t)$ 与本振信号 $u_L(t)$ 串联后输入晶体管 VT 的发射结;电容 C_b 和 C_c 是高频旁路电容;通过变压器 T 得到输出信号 $u_I(t)$;由内容 C 和变压器 T 原边电感 L 组成的晶体管 VT 的集电极回路调谐于中频 f_I。

在发射结上有 3 个信号电压起作用:直流偏置电压 V_{BB}、输入信号 $u_S(t)$ 和本振信号 $u_L(t)$。一般来说,本振信号 $u_L(t)$ 的振幅 U_{Lm} 远大于输入信号 $u_S(t)$ 的振幅 U_{Sm},也就是说,本振信号 $u_L(t)$ 是大信号,输入信号 $u_S(t)$ 是小信号。在一个大信号和一个小信号同时作用于发射结上时,晶体管的静态工作点可以被看成随大信号

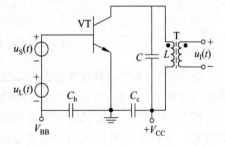

图 9-3 晶体管混频器的工作原理电路

的变化而变化的,如图 9-4 所示。在不同的时刻,输入信号 $u_S(t)$ 与本振信号 $u_L(t)$ 的值不同,电路参量也不同,但晶体管都工作于放大区。对输入信号 $u_S(t)$ 来说,晶体管仍可看成工作于线性状态。因为输入信号 $u_S(t)$ 的工作点随本振信号 $u_L(t)$ 的变化而变化,所

以电路的参量也随本振信号 $u_L(t)$ 的变化而变化,这种随时间变化的参量称为时变参量,这样的电路称为线性时变电路。

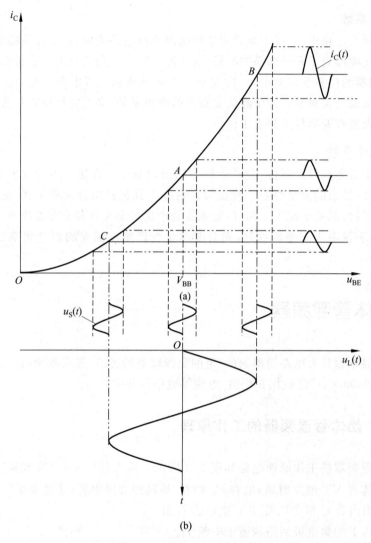

(a)

(b)

图 9-4　晶体管混频器工作原理的波形

应当注意,虽然这种线性电路由非线性器件组成,但是,对于小信号 $u_S(t)$ 来说,它仍工作于线性状态。因此,当多个小信号同时作用于这种电路的输入端时,可以应用叠加原理。

图 9-4(a) 所示的是晶体管的正向传输特性曲线,图 9-4(b) 所示的是本振信号 $u_L(t)$ 的波形。下面根据图 9-4,用时变参量法来分析晶体管混频器的工作原理。

由图 9-4 可以得到发射结电压 $u_{BE}(t)$ 为

$$u_{BE}(t) = V_{BB} + u_S(t) + u_L(t)$$
$$= V_{BB} + U_{Sm}\cos(\omega_S t) + U_{Lm}\cos(\omega_L t) \tag{9-1}$$

设晶体管的正向传输特性为 $i_C = f(u_{BE}, u_{CE})$。由于 u_{CE} 对 i_C 的影响远小于 u_{BE} 对 i_C 的影响,可以忽略不计,于是

$$i_{\mathrm{C}} \approx f(u_{\mathrm{BE}}) \tag{9-2}$$

对于幅度比较小的输入信号 $u_{\mathrm{S}}(t)$ 来说，可以把晶体管 VT 的发射结偏置电压看成是直流电压 V_{BB} 和本振信号电压 $u_{\mathrm{L}}(t)$ 之和，即 $U_{\mathrm{BEQ}}(t)=V_{\mathrm{BB}}+u_{\mathrm{L}}(t)$，只是这个偏置电压是随时间变化的。因此，可以将函数 $i_{\mathrm{C}}(t) \approx f(u_{\mathrm{BE}})$ 在偏压电压 $V_{\mathrm{BB}}+u_{\mathrm{L}}(t)$ 上对输入信号 $u_{\mathrm{S}}(t)$ 展开的泰勒级数，即

$$i_{\mathrm{C}}(t) = f[V_{\mathrm{BB}}+u_{\mathrm{L}}(t)] + f'[V_{\mathrm{BB}}+u_{\mathrm{L}}(t)]u_{\mathrm{S}}(t)$$
$$+ \frac{1}{2}f''[V_{\mathrm{BB}}+u_{\mathrm{L}}(t)]u_{\mathrm{S}}^2(t) + \cdots \tag{9-3}$$

对于幅度比较小的输入信号 $u_{\mathrm{S}}(t)$，其高阶导数很小，可以忽略第三项及以后各项，即

$$i_{\mathrm{C}}(t) \approx f[V_{\mathrm{BB}}+u_{\mathrm{L}}(t)] + f'[V_{\mathrm{BB}}+u_{\mathrm{L}}(t)]u_{\mathrm{S}}(t) \tag{9-4}$$

式中：$f[V_{\mathrm{BB}}+u_{\mathrm{L}}(t)]$——$u_{\mathrm{BEQ}}(t)=V_{\mathrm{BB}}+u_{\mathrm{L}}(t)$ 时的集电极电流；

$$f'[V_{\mathrm{BB}}+u_{\mathrm{L}}(t)] = \frac{\partial i_{\mathrm{C}}}{\partial u_{\mathrm{BE}}} = g(t)$$——$u_{\mathrm{BEQ}}(t)=V_{\mathrm{BB}}+u_{\mathrm{L}}(t)$ 时，晶体管的跨导。

因为本振信号 $u_{\mathrm{L}}(t)$ 为大信号，且工作于非线性状态，所以 $f[V_{\mathrm{BB}}+u_{\mathrm{L}}(t)]$ 和 $g(t)$ 均随本振信号 $u_{\mathrm{L}}(t)$ 的变化而呈非线性变化，都是周期信号。设本振信号 $u_{\mathrm{L}}(t)=U_{\mathrm{Lm}}\cos(\omega_{\mathrm{L}}t)$，它们可以表示为下列级数形式：

$$f[V_{\mathrm{BB}}+u_{\mathrm{L}}(t)] = I_{\mathrm{C0}} + I_{\mathrm{C1m}}\cos(\omega_{\mathrm{L}}t) + I_{\mathrm{C2m}}\cos(2\omega_{\mathrm{L}}t) + \cdots \tag{9-5}$$

$$f'[V_{\mathrm{BB}}+u_{\mathrm{L}}(t)] = g(t) = g_0 + g_1\cos(\omega_{\mathrm{L}}t) + g_2\cos(2\omega_{\mathrm{L}}t) + \cdots \tag{9-6}$$

式中：I_{C0}——集电极电流 $i_{\mathrm{C}}(t)$ 的直流分量；

I_{C1m}——集电极电流 $i_{\mathrm{C}}(t)$ 的基波分量振幅；

I_{C2m}——集电极电流 $i_{\mathrm{C}}(t)$ 的二次谐波分量振幅；

g_0——集电极电流 $i_{\mathrm{C}}(t)$ 的跨导 $g(t)$ 的平均分量；

g_1——集电极电流 $i_{\mathrm{C}}(t)$ 的跨导 $g(t)$ 的基波分量；

g_2——集电极电流 $i_{\mathrm{C}}(t)$ 的跨导 $g(t)$ 的二次谐波分量。

将 $u_{\mathrm{S}}(t)=U_{\mathrm{Sm}}\cos(\omega_{\mathrm{S}}t)$ 和式(9-5)、式(9-6)代入式(9-4)，可得集电极电流 $i_{\mathrm{C}}(t)$ 为

$$i_{\mathrm{C}}(t) \approx [I_{\mathrm{C0}} + I_{\mathrm{C1m}}\cos(\omega_{\mathrm{L}}t) + I_{\mathrm{C2m}}\cos(2\omega_{\mathrm{L}}t) + \cdots]$$
$$+ [g_0 + g_1\cos(\omega_{\mathrm{L}}t) + g_2\cos(2\omega_{\mathrm{L}}t) + \cdots]U_{\mathrm{Sm}}\cos(\omega_{\mathrm{S}}t)$$
$$= [I_{\mathrm{C0}} + I_{\mathrm{C1m}}\cos(\omega_{\mathrm{L}}t) + I_{\mathrm{C2m}}\cos(2\omega_{\mathrm{L}}t) + \cdots] + U_{\mathrm{Sm}}\Big[g_0\cos(\omega_{\mathrm{S}}t)$$
$$+ \frac{1}{2}g_1\cos(\omega_{\mathrm{L}}t-\omega_{\mathrm{S}}t) + \frac{1}{2}g_1\cos(\omega_{\mathrm{L}}t+\omega_{\mathrm{S}}t)$$
$$+ \frac{1}{2}g_2\cos(2\omega_{\mathrm{L}}t-\omega_{\mathrm{S}}t) + \frac{1}{2}g_2\cos(2\omega_{\mathrm{L}}t+\omega_{\mathrm{S}}t) + \cdots\Big]$$

由此可见，集电极电流 $i_{\mathrm{C}}(t)$ 中的频率分量非常丰富，除了差频分量 $\frac{1}{2}g_1\cos(\omega_{\mathrm{L}}t-\omega_{\mathrm{S}}t)$ 与和频分量 $\frac{1}{2}g_1\cos(\omega_{\mathrm{L}}t+\omega_{\mathrm{S}}t)$ 外，还有直流分量 I_{C0}、本振信号 $u_{\mathrm{L}}(t)$ 的基波分量 $I_{\mathrm{C1m}}\cos(\omega_{\mathrm{L}}t)$、$n$ 次谐波分量 $I_{\mathrm{Cnm}}\cos(n\omega_{\mathrm{L}}t)$，本振信号 $u_{\mathrm{L}}(t)$ 与输入信号 $u_{\mathrm{S}}(t)$ 的组合频率分量 $\frac{1}{2}g_1\cos(p\omega_{\mathrm{L}}t+q\omega_{\mathrm{S}}t)$，其中，$p$ 和 q 都是整数。

如果中频为差中频，即 $\omega_{\mathrm{I}}=\omega_{\mathrm{L}}-\omega_{\mathrm{S}}$，则变频器输出的中频电流 $i_{\mathrm{I}}(t)$ 为

$$i_1(t) = \frac{1}{2}U_{Sm}g_1\cos(\omega_I t) = I_{Im}\cos(\omega_I t) \tag{9-7}$$

式中：$I_{Im} = \frac{1}{2}U_{Sm}g_1$——中频电流的振幅。

由式(9-7)可以看到，中频电流的振幅 I_{Im} 与输入高频信号的振幅 I_{Im} 成正比。如果输入信号的振幅 U_{Sm} 按某规律变化，则中频电流的振幅 I_{Im} 会按相同的规律变化。也就是说，变频电路只改变信号的载波频率，不改变包络形状。因此，当输入调幅波时，变频电路的输出仍然是调幅波，只是载波频率变成了中频。

为了说明变频器把输入高频信号电压转换为中频电流的能力，通常引入变频跨导 g_c 技术指标。变频跨导的定义是，中频电流振幅与输入高频信号的电压振幅之比。对于晶体管变频器，变频跨导为

$$g_c = \frac{I_{Im}}{U_{Sm}} = 0.5g_1 \tag{9-8}$$

时变跨导 $g(t)$ 是随发射极电流 $i_E(t)$ 周期变化的，而发射极电流 $i_E(t)$ 又是随本振信号 $u_L(t)$ 的变化而变化的，所以 $g(t)$ 是一个较为复杂的函数。要直接计算出 g_1，进而计算出 g_c，是非常困难的，在实际工作中经常采用经验公式

$$g_c = (0.35 \sim 0.7)\frac{\dfrac{I_{EQ}}{26}}{\sqrt{1 + \left(\dfrac{f_S}{f_T} \cdot \dfrac{I_{EQ}}{26}r_{bb'}\right)^2}} \tag{9-9}$$

式中：I_{EQ}——晶体管发射极的静态工作电流，单位为 mA；

f_T——晶体管的特征频率；

f_S——输入高频信号的工作频率；

$r_{bb'}$——晶体管基区体电阻，单位为 Ω。

9.2.2 晶体管混频器的等效电路

当本振信号为大信号，输入高频信号为小信号时，晶体管混频器被看成时变网络，可以采用小信号分析法。在分析时，可以采用图 9-5 所示的晶体管混频器等效电路。由于晶体管混频器的输入回路调谐于输入信号角频率 ω_S，而输出回路调谐于中频 ω_I，等效电路中的输入电容和输出电容被分别合并到输入回路和输出回路。等效电路中的各量均可根据定义和晶体管的混合 π 型等效电路求出(请参看参考文献[1]646~655 页)。

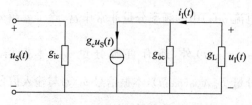

图 9-5　晶体管混频器的等效电路

由图 9-5 可以得到混频器的变频电压增益和变频功率增益为

$$A_{uc} = \frac{\dot{U}_{Im}}{\dot{U}_{Sm}} = \frac{g_c}{g_{oc} + g_L} \tag{9-10}$$

$$A_{pc} = \frac{P_I}{P_S} = \left(\frac{g_c}{g_{oc} + g_L}\right)^2 \frac{g_L}{g_{ic}} \tag{9-11}$$

当负载电导 g_L 等于输出电导 g_{oc} 时,输出回路匹配,变频功率增益最大,即

$$A_{pcmax} = \frac{g_c^2}{4 g_{ic} g_{oc}} \tag{9-12}$$

9.2.3　电路组态和应用电路

1. 电路组态

混频器有两个输入信号,对于本振信号 $u_L(t)$,有基极和发射极注入两种组态;对于输入信号 $u_S(t)$,可构成共基和共射两种组态。因此,晶体管混频器有如图 9-6 所示的 4 种电路组态。

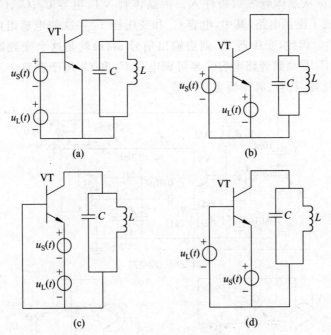

图 9-6　晶体管混频器的电路组态

在电路图 9-6(a)中,对两个信号来说都是共射组态,具有输入阻抗高、变频增益大的优点。本振容易起振,对本振信号 $u_L(t)$ 注入功率的要求也比较低,但是由于两个信号都由基极注入,高频输入信号回路和本振回路相互影响较大,可能会产生频率牵引现象。当本振信号 $u_L(t)$ 的频率与输入信号 $u_S(t)$ 的频率相差不大时,牵引现象比较严重,不宜采用这种组态。

在电路图 9-6(b)中,对于高频输入信号 $u_S(t)$ 而言,与电路图 9-6(a)一样;对于本振信号 $u_L(t)$ 而言,是共基组态,输入阻抗较小,本振起振不易,对本振信号 $u_L(t)$ 注入功率的要求也比较高。但是它与高频输入信号的相互影响较小,振荡波形比较好,失真小。

对本振信号 $u_L(t)$ 注入功率的要求虽然比较高,但还是比较容易实现。因此,这种组态在实际电路中应用较多。

在电路图 9-6(c)和图 9-6(d)中,对于高频输入信号 $u_S(t)$ 而言都是共基组态,输入阻抗较小,变频增益也较低。在工作频率较低时,一般不用这两种组态。但是,当工作频率较高时,由于共基电路的电流放大系数 f_α 比共射电路的电路放大系数 f_β 要大很多,因此,它们的变频增益可能比共射组态大。此时,可以采用这两种组态。

2. 应用电路简介

图 9-7(a)所示的是晶体管收音机中常用的变频电路,它除了具有混频功能外,还兼有本机振荡器的功能。本机振荡器属于互感耦合振荡器,本振信号从发射极注入,高频输入信号从基极注入,对于中频信号来说,变压器 T_2 的原边电感可以忽略不计,如图 9-7(c)所示。天线感应的电磁波信号通过电容 C_1 耦合到由可调电容 C_2、半可调电容 C_3 和变压器 T_1 原边电感组成的输入回路进行选频或滤波处理后,由变压器 T_1 耦合到晶体管基极。由晶体管 VT,电容 C_5、C_6、C_7、C_8 和变压器 T_2 等元器件组成的振荡电路产生的本地振荡信号 $u_L(t)$ 从晶体管发射极注入。由晶体管 VT,电容 C_2、C_3、C_9 和变压器 T_1、T_3 等元器件组成了混频电路,其中,电容 C_9 和变压器 T_3 一次侧电感组成的谐振回路调谐于中频频率 f_1。因此,变压器 T_3 副边输出信号 $u_1(t)$ 就是这个变频器的中频输出信号。电容 C_4 和 C_5 是高频旁路电容。半可调电容 C_3 和 C_7 用于在整个工作频段调节变频电路的性能,比如,线性、频率覆盖范围等。

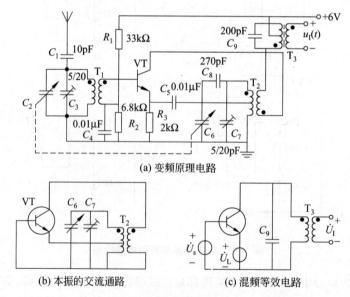

(a) 变频原理电路

(b) 本振的交流通路　　　　(c) 混频等效电路

图 9-7　收音机变频电路

值得注意的是,对于本地振荡信号来说,由电容 C_9 和变压器 T_3 原边电感组成的谐振回路的谐振频率(中频频率)远小于本地振荡频率,因而,这个回路呈现很小的阻抗,相当于短路,对于本振信号来说,变压器 T_1 的副边电感可以忽略不计,如图 9-7(b)所示。

通过调整可调电容 C_2 和 C_6,实现选台的功能。当选中某个电台的节目信号时,必须调

整可调电容 C_2,使输入回路的谐振频率正好等于这个节目信号的中心频率。同时,必须调整可调电容 C_6,使本地振荡频率正好等于节目信号的中心频率与中频频率之和。因此,要实现选台功能,必须配合调整两个可调电容 C_2 和 C_6。这样,就给调谐(或选台)带来了不便。在该图中,可调电容 C_2 和 C_6 用虚线连在一起,表示用一种特别的机械装置把这两个电容固定在一起,使它们的调整可以用一个机械旋钮完成,而且两个可调电容 C_2 和 C_6 的调整配合密切。这个特别的机械装置连同两个可调电容 C_2 和 C_6 的组合叫作双联。

由此可见,对于如图 9-7 所示的变频电路,有些元器件具有多重功能,比如,晶体管 VT、电阻 R_3 等。这个变频电路属于信号电压 $u_S(t)$ 由基极注入、本振信号电压 $u_L(t)$ 由发射极注入的组态。

在电视机中,混频电路经常采用如图 9-8 所示的电路。本振信号 $u_L(t)$ 由一个专门的振荡电路得到,然后通过一个小电容 C_3 耦合到混频晶体管 VT 的发射极,减小了混频器对本地振荡器的影响,尤其是对频率稳定度的影响。高频输入信号通过电容 C_2 耦合到晶体管 VT 的发射极,电感 L_1 和电容 C_1 组成的并联谐振回路的谐振频率等于输入信号 $u_S(t)$ 的中心频率 f_S。电容 C_4 和 C_5 是高频旁路电容。电容 C_6 和变压器 T_1 原边电感 L_2 组成的谐振回路调谐于中频频率 f_1。

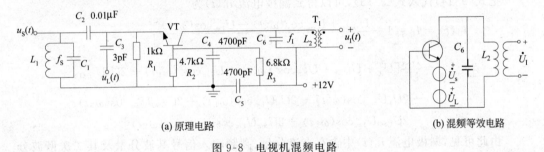

(a) 原理电路　　　　　　　　　(b) 混频等效电路

图 9-8　电视机混频电路

由此可见,如图 9-8 所示的混频电路,属于信号电压 $u_S(t)$ 由发射极注入、本振信号电压 $u_L(t)$ 也由发射极注入的组态。

9.3　场效应管混频器

9.3.1　结型场效应管混频器

晶体管混频器会产生许多谐波频率成分,因此,它对谐振频率等于中频频率的带通滤波器的矩形系数要求比较高。同时,在混频器中,晶体管是一个非线性器件,其噪声系数一般比场效应管高。在接收机中,混频器往往处于系统的前端,它对整个系统的噪声系数的影响至关重要。由于场效应管漏极电流 i_D 与栅极源间电压 u_{GS} 的关系近似为平方律特性,因此,场效应管混频器所产生的谐波频率分量比晶体管混频器的少得多。下面以结型场效应管混频器为例,说明场效应管混频器的工作原理。

结型场效应管工作在恒流区(饱和区)时,其漏极电流 i_D 与栅极源间电压 u_{GS} 的关系

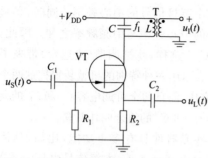

图 9-9　结型场效应管混频器的原理电路

近似为平方律特性,即

$$i_D = I_{DSS}\left(1 - \frac{u_{GS}}{U_p}\right)^2 \qquad (9\text{-}13)$$

式中:I_{DSS}——栅—源极间电压 $u_{GS}=0$ 时的漏极电流;

U_p——结型场效应管的夹断电压。

图 9-9 所示的电路是结型场效应管混频器的原理电路,所用结型场效应管属于 N 沟道结型场效应管。高频输入信号 $u_S(t)$ 从栅极注入,本振信号 $u_L(t)$ 从源极注入。电容 C 和变压器 T 原边电感 L 组成的回路调谐于中频频率 f_1。电阻 R_1 和 R_2 给结型场效应管 VT 提供一个合适的静态工作点,结型场效应管 VT 应该工作在恒流区。

设 $u_S(t)=U_{Sm}\cos(\omega_S t)$,$u_L(t)=U_{Lm}\cos(\omega_L t)$,则栅—源极之间的电压 $u_{GS}(t)$ 为

$$u_{GS}(t) = U_{GSQ} + u_S(t) - u_L(t) = U_{GSQ} + U_{Sm}\cos(\omega_S t) - U_{Lm}\cos(\omega_L t) \quad (9\text{-}14)$$

式中:U_{GSQ}——结型场效应管 VT 的栅—源极之间的静态电压。

把式(9-14)代入式(9-13),可以得到漏极电流 $i_D(t)$ 为

$$i_D(t) = I_{DSS}\left[1 - \frac{U_{GSQ} + U_{Sm}\cos(\omega_S t) - U_{Lm}\cos(\omega_L t)}{U_p}\right]^2$$

$$= \frac{I_{DSS}}{U_p^2}[U_p^2 + U_{GSQ}^2 + U_{Sm}^2\cos^2(\omega_S t) + U_{Lm}^2\cos^2(\omega_L t) - 2U_p U_{GSQ}$$

$$- 2U_p U_{Sm}\cos(\omega_S t) + 2U_p U_{Lm}\cos(\omega_L t) + 2U_{GSQ}U_{Sm}\cos(\omega_S t)$$

$$- 2U_{GSQ}U_{Lm}\cos(\omega_L t) - 2U_{Sm}U_{Lm}\cos(\omega_S t)\cos(\omega_L t)]$$

由此可见,漏极电流 $i_D(t)$ 中含有直流分量、高频输入信号基波分量及其二次谐波分量、本振信号基波分量及其二次谐波分量、由乘积项 $\cos(\omega_S t)\cos(\omega_L t)$ 产生的中频分量 $\omega_L \pm \omega_S$。如果选用差中频的带通滤波器,可获得中频电流 $i_1(t)$ 为

$$i_1(t) = -\frac{I_{DSS}U_{Sm}U_{Lm}}{U_p^2}\cos(\omega_L t - \omega_S t) = g_c U_{Sm}\cos(\omega_1 t) \qquad (9\text{-}15)$$

式中:$g_c = -\dfrac{I_{DSS}U_{Lm}}{U_p^2}$——变频跨导。

如果中频滤波器的谐振角频率为 ω_1,谐振电阻为 R_L,输出变压器 T 的电压传输系数为 1,则混频器输出电压 $u_1(t)$ 为

$$u_1(t) = g_c U_{Sm}R_L\cos(\omega_1 t) \qquad (9\text{-}16)$$

9.3.2　双栅绝缘栅场效应管混频器

在恒流区,单栅绝缘栅场效应管的漏极电流 i_D 与栅—源极间电压 u_{GS} 的关系近似为平方律特性,即

$$i_D = I_{DO}\left(1 - \frac{u_{GS}}{U_{GS(th)}}\right)^2, \quad u_{GS} > U_{GS(th)} \qquad (9\text{-}17)$$

式中：$U_{\text{GS(th)}}$——单栅绝缘栅场效应管的开启电压；

　　　I_{DO}——栅—源极间电压 u_{GS} 等于开启电压 $U_{\text{GS(th)}}$ 的 2 倍时，单栅绝缘栅场效应管的漏极电流。

　　单栅绝缘栅场效应管混频器的工作原理与结型场效应管混频器基本相同，因此，这里就不讨论了。下面介绍一种非常实用的双栅绝缘栅场效应管混频器。

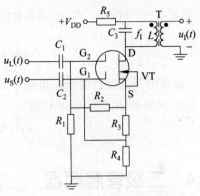

图 9-10　双栅绝缘栅场效应管
混频器原理电路

　　双栅绝缘栅场效应管混频器原理电路如图 9-10 所示。双栅绝缘栅场效应管有两个栅极，即 G_1 和 G_2，具有栅—漏极间分布电容很小、正向传输导纳模值较大的特点，很适合超高频混频器。由于受两个栅极 G_1 和 G_2 的双重控制且彼此独立，双栅绝缘栅场效应管混频器的高频输入信号 $u_{\text{S}}(t)$ 由 G_1 输入，本振信号 $u_{\text{L}}(t)$ 由 G_2 输入，互不影响。另外，直流偏置应使场效应管工作于恒流区。在恒流区，漏极电流 $i_{\text{D}}(t)$ 为

$$i_{\text{D}}(t) = g_{\text{m1}} u_{\text{S}}(t) + g_{\text{m2}} u_{\text{L}}(t) \tag{9-18}$$

式中：g_{m1}、g_{m2}——场效应管的跨导，且它们可以被表示为

$$g_{\text{m1}} = a_0 + a_1 u_{\text{S}}(t) + a_2 u_{\text{L}}(t) \tag{9-19}$$

$$g_{\text{m2}} = b_0 + b_1 u_{\text{S}}(t) + b_2 u_{\text{L}}(t) \tag{9-20}$$

式中的 a_0、a_1、a_2、b_0、b_1 和 b_2 是由直流偏置及场效应管本身的性能决定的常数。

　　把式 (9-19) 和式 (9-20) 代入式 (9-18)，可以得到漏极电流 $i_{\text{D}}(t)$ 为

$$
\begin{aligned}
i_{\text{D}}(t) =\ & a_0 u_{\text{S}}(t) + b_0 u_{\text{L}}(t) + (a_2 + b_1) u_{\text{S}}(t) u_{\text{L}}(t) \\
& + a_1 u_{\text{S}}^2(t) + b_2 u_{\text{L}}^2(t)
\end{aligned} \tag{9-21}
$$

设 $u_{\text{S}}(t) = U_{\text{Sm}} \cos(\omega_{\text{S}} t)$，$u_{\text{L}}(t) = U_{\text{Lm}} \cos(\omega_{\text{L}} t)$，则漏极电流 $i_{\text{D}}(t)$ 为

$$
\begin{aligned}
i_{\text{D}}(t) =\ & a_0 U_{\text{Sm}} \cos(\omega_{\text{S}} t) + b_0 U_{\text{Lm}} \cos(\omega_{\text{L}} t) + (a_2 + b_1) U_{\text{Sm}} \cos(\omega_{\text{S}} t) U_{\text{Lm}} \cos(\omega_{\text{L}} t) \\
& + a_1 U_{\text{Sm}}^2 \cos^2(\omega_{\text{S}} t) + b_2 U_{\text{Lm}}^2 \cos^2(\omega_{\text{L}} t) \\
=\ & a_0 U_{\text{Sm}} \cos(\omega_{\text{S}} t) + b_0 U_{\text{Lm}} \cos(\omega_{\text{L}} t) + \frac{1}{2}(a_2 + b_1) U_{\text{Sm}} U_{\text{Lm}} \cos(\omega_{\text{S}} t + \omega_{\text{L}} t) \\
& + \frac{1}{2}(a_2 + b_1) U_{\text{Sm}} U_{\text{Lm}} \cos(\omega_{\text{L}} t - \omega_{\text{S}} t) + \frac{1}{2} a_1 U_{\text{Sm}}^2 + 0.5 a_1 U_{\text{Sm}}^2 \cos(2\omega_{\text{S}} t) \\
& + \frac{1}{2} b_2 U_{\text{Lm}}^2 + 0.5 b_2 U_{\text{Lm}}^2 \cos(2\omega_{\text{L}} t) \\
=\ & \frac{1}{2} a_1 U_{\text{Sm}}^2 + b_2 U_{\text{Lm}}^2 + a_0 U_{\text{Sm}} \cos(\omega_{\text{S}} t) + b_0 U_{\text{Lm}} \cos(\omega_{\text{L}} t) \\
& + \frac{1}{2}(a_2 + b_1) U_{\text{Sm}} U_{\text{Lm}} \cos(\omega_{\text{S}} t + \omega_{\text{L}} t) + \frac{1}{2}(a_2 + b_1) U_{\text{Sm}} U_{\text{Lm}} \cos(\omega_{\text{L}} t - \omega_{\text{S}} t) \\
& + \frac{1}{2} a_1 U_{\text{Sm}}^2 \cos(2\omega_{\text{S}} t) + 0.5 b_2 U_{\text{Lm}}^2 \cos(2\omega_{\text{L}} t)
\end{aligned}
$$

　　由此可见，漏极电流 $i_{\text{D}}(t)$ 中含有直流分量、高频输入信号基波分量及其二次谐波分量、本

振信号基波分量及其二次谐波分量、由乘积项 $\cos(\omega_s t)\cos(\omega_L t)$ 产生的中频分量 $\omega_L \pm \omega_s$。

如果选用差中频的带通滤波器,则可获得中频电流 $i_1(t)$ 为

$$i_1(t) = \frac{1}{2}(a_2 + b_1)U_{Sm}U_{Lm}\cos(\omega_L t - \omega_s t) = g_c U_{Sm}\cos(\omega_1 t) \tag{9-22}$$

式中:$g_c = \frac{1}{2}(a_2 + b_1)U_{Lm}$——变频跨导。

如果中频滤波器的谐振角频率为 ω_1,谐振电阻为 R_L,输出变压器 T 的电压传输系数为 1,则混频器输出电压 $u_1(t)$ 为

$$u_1(t) = g_c U_{Sm} R_L \cos(\omega_1 t) \tag{9-23}$$

9.4 二极管混频器

晶体管混频器的主要优点是有一定的变频增益,但也存在一些缺点,主要表现在:

(1) 动态范围比较小。输入信号电压的正常工作范围约为几十毫伏,如果输入信号电压过大,会产生比较严重的非线性失真。

(2) 组合频率干扰严重。这是由混频器中的非线性元器件产生的。在所有的混频器中,晶体管混频器的组合频率干扰是最严重的。

(3) 噪声系数比较大。一般而言,与场效应管混频器和二极管混频器相比,晶体管混频器的噪声系数是最大的。

(4) 存在本地振荡辐射(也叫反辐射)的问题。在接收机中,如果天线与混频器之间没有高频小信号放大器,则幅度比较大的本地振荡信号可能通过混频器的元器件或分布参数耦合到天线,然后辐射出去,造成对其他电子设备的干扰。

场效应管混频器的主要优点是有一定的变频增益(但是,一般会小于晶体管混频器的)、组合频率干扰轻微和噪声系数比较小。其缺点主要有:

(1) 动态范围比较小。场效应管混频器中,场效应管应该工作在恒流区,否则会产生比较严重的非线性失真。

(2) 存在本地振荡辐射(也叫反辐射)的问题。这个与晶体管混频器的情形类似。

与晶体管混频器相比,二极管混频器具有电路结构简单、噪声系数低、动态范围大和组合频率少、不存在本地振荡辐射的问题等优点,广泛应用于通信设备中。但是,二极管混频器变频增益肯定小于 1。

常用的二极管混频器有二极管开关平衡混频器和二极管环形混频器两种。下面分别讨论它们的工作原理。

9.4.1 二极管开关平衡混频器

二极管开关平衡混频器的原理电路如图 9-11 所示。输入信号 $u_S(t)$ 通过变压器 T_1 耦合到混频器,变压器 T_1 副边回路调谐于输入信号的中心频率 f_S。二极管 VD_1 和

VD$_2$ 是二极管开关平衡混频器中的非线性元器件，总是工作在开关状态。变压器 T$_2$ 原边回路调谐于中频信号的中心频率 f_1。本振信号 $u_L(t)$ 在变压器 T$_1$ 副边抽头和变压器 T$_2$ 原边抽头之间接入混频器。

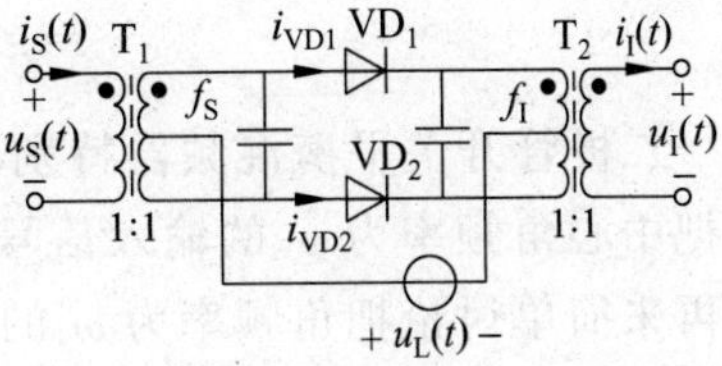

图 9-11　二极管开关平衡混频器的原理电路

当本振信号 $u_L(t)$ 足够大时，二极管工作在受其控制的开关状态。输入变压器 T$_1$ 和输出变压器 T$_2$ 都是 1：1，抽头上、下是对称的。因此通过 2 个二极管 VD$_1$ 和 VD$_2$ 的电流 $i_{VD1}(t)$ 和 $i_{VD2}(t)$ 分别为

$$i_{VD1}(t) = g_d K(\omega_L t)\left[u_L(t) + \frac{1}{2}u_S(t) - \frac{1}{2}u_1(t)\right] \tag{9-24}$$

$$i_{VD2}(t) = g_d K(\omega_L t)\left[u_L(t) - \frac{1}{2}u_S(t) + \frac{1}{2}u_1(t)\right] \tag{9-25}$$

式中：g_d——二极管导通时的等效电导（$g_d = 1/r_d$）；

$K(\omega_L t)$——频率为 ω_L 的周期开关函数，即 $K(\omega_L t) = \begin{cases} 1, & u_L(t) > 0 \\ 0, & u_L(t) \leqslant 0 \end{cases}$。

把 $K(\omega_L t)$ 展开成傅里叶级数，即

$$K(\omega_L t) = \frac{1}{2} + \frac{2}{\pi}\cos(\omega_L t) - \frac{2}{3\pi}\cos(3\omega_L t) + \cdots \tag{9-26}$$

设 $u_S(t) = U_{Sm}\cos(\omega_S t)$，$u_L(t) = U_{Lm}\cos(\omega_L t)$，$u_1(t) = U_{Im}\cos(\omega_1 t)$。在没有滤波器的条件下，根据式（9-26）和式（9-24）、式（9-25），可以得到输出中频信号电流 $i_1(t)$ 为

$$\begin{aligned} i_1(t) &= \frac{1}{2}\left[i_{VD1}(t) - i_{VD2}(t)\right] = \frac{1}{2}g_d K(\omega_L t)\left[u_S(t) - u_1(t)\right] \\ &= \frac{1}{2}g_d\left[\frac{1}{2} + \frac{2}{\pi}\cos(\omega_L t) - \frac{2}{3\pi}\cos(3\omega_L t) + \cdots\right]\left[U_{Sm}\cos(\omega_S t) - U_{Im}\cos(\omega_1 t)\right] \\ &= \frac{1}{4}g_d U_{Sm}\cos(\omega_S t) - \frac{1}{4}g_d U_{Im}\cos(\omega_1 t) + \frac{g_d U_{Sm}}{2\pi}\cos(\omega_L t + \omega_S t) \\ &\quad + \frac{g_d U_{Sm}}{2\pi}\cos(\omega_L t - \omega_S t) - \frac{g_d U_{Im}}{2\pi}\cos(\omega_L t + \omega_1 t) - \frac{g_d U_{Im}}{2\pi}\cos(\omega_L t - \omega_1 t) \\ &\quad - \frac{g_d U_{Sm}}{6\pi}\cos(3\omega_L t + \omega_S t) - \frac{g_d U_{Sm}}{6\pi}\cos(3\omega_L t - \omega_S t) + \cdots \end{aligned}$$

由此可见，中频信号电流 $i_1(t)$ 包括输入信号 $u_S(t)$ 的基波分量、中频信号分量、差中频信号分量、本振信号 $u_L(t)$ 与中频信号 $u_1(t)$ 的乘积所产生的分量、本振信号 $u_L(t)$ 的 3 次方与输入信号 $u_S(t)$ 的乘积所产生的分量等。而没有输入信号角频率 ω_S 与中频角频率 ω_1 之间的谐波组合，也没有输入信号电压 $u_S(t)$ 的高次方项。因此，输入信号电压与干扰信号之间，或干扰信号与干扰信号之间，都不会产生相互作用，从而减少了各种组合频率。

由于输出回路调谐于差中频，因此，中频信号电流 $i_1(t)$ 为

$$i_1(t) = \frac{g_d U_{Sm}}{\pi}\cos(\omega_L t - \omega_S t) - \frac{1}{4}g_d U_{Im}\cos(\omega_1 t)$$

$$=g_d\left(\frac{U_{Sm}}{2\pi}-\frac{1}{4}U_{Im}\right)\cos(\omega_I t) \tag{9-27}$$

二极管开关平衡混频器特别的电路形式,还能实现双向混频的电路。上面讨论的是把中心角频率为 ω_S 的输入信号 $u_S(t)$ 混频成角频率为 ω_I 的中频信号 $u_I(t)$ 的情形,下面再来简单讨论把角频率为 ω_I 的中频信号 $u_I(t)$ 混频成中心角频率为 ω_S 的信号 $u_S(t)$ 的情形。

在没有滤波器的条件下,如果 $u_I(t)$ 和本振信号 $u_L(t)$ 是输入信号,$u_S(t)$ 是输出信号,则电流 $i_S(t)$ 为

$$i_S(t)=\frac{1}{2}\left[i_{VD1}(t)-i_{VD2}(t)\right]=\frac{1}{2}g_d K(\omega_L t)\left[u_S(t)-u_I(t)\right]$$

$$=\frac{1}{4}g_d U_{Sm}\cos(\omega_S t)-\frac{1}{4}g_d U_{Im}\cos(\omega_I t)+\frac{g_d U_{Sm}}{2\pi}\cos(\omega_L t+\omega_S t)$$

$$+\frac{g_d U_{Sm}}{2\pi}\cos(\omega_L t-\omega_S t)-\frac{g_d U_{Im}}{2\pi}\cos(\omega_L t+\omega_I t)-\frac{g_d U_{Im}}{2\pi}\cos(\omega_L t-\omega_I t)$$

$$-\frac{g_d U_{Sm}}{6\pi}\cos(3\omega_L t+\omega_S t)-\frac{g_d U_{Sm}}{6\pi}\cos(3\omega_L t-\omega_S t)+\cdots \tag{9-28}$$

由此可见,电流 $i_S(t)$ 包括的角频率分量有:ω_S、ω_I、$\omega_L\pm\omega_S$、$\omega_L\pm\omega_I$、$3\omega_L\pm\omega_S$ 等。

如果 $i_S(t)$ 通过一个中心角频率为 ω_S 的滤波器,则该滤波器的输出电流 $i_S(t)$ 为

$$i_S(t)=\frac{1}{4}g_d U_{Sm}\cos(\omega_S t)-\frac{g_d U_{Im}}{2\pi}\cos(\omega_L t-\omega_I t)$$

$$=g_d\left(\frac{1}{4}U_{Sm}-\frac{U_{Im}}{2\pi}\right)\cos(\omega_S t) \tag{9-29}$$

所以,如果角频率为 ω_I 的信号 $u_I(t)$ 和本振信号 $u_L(t)$ 是输入信号,$u_S(t)$ 是输出信号,能实现把 $u_I(t)$ 和 $u_L(t)$ 混频成角频率为 ω_S 的信号。也就是说,二极管开关平衡混频器是一个能实现双向混频的电路。

9.4.2　二极管环形混频器

为了进一步抑制不需要的组合频率分量,可以采用二极管环形混频器,其工作原理如图 9-12 所示,该电路采用了 4 个二极管。输入信号 $u_S(t)$ 通过变压器 T_1 耦合到混频器,变压器 T_1 副边回路调谐于输入信号的中心频率 f_S。二极管 VD_1、VD_2、VD_3 和 VD_4 是二极管环形混频器中的非线性元器件,总是工作在开关状态。变压器 T_2 原边回路调谐于中频信号的中心频率 f_I。本振信号 $u_L(t)$ 在变压器 T_1 副边抽头和变压器 T_2 原边抽头之间接入混频器。

当本振信号 $u_L(t)$ 足够大时,4 个二极管工作在受其控制的开关状态。输入变压器 T_1 和输出变压器 T_2 都是 1:1,抽头上、下是对称的。

在本振信号 $u_L(t)$ 的正半周,二极管 VD_1 和 VD_2 导通,二极管 VD_3 和 VD_4 截止,此时的混频器为平衡混频器,由 9.4.1 小节的分析可以得到中频信号的输出电流 $i_I'(t)$ 为

$$i_I'(t)=\frac{1}{2}\left[i_{VD1}(t)-i_{VD2}(t)\right]=\frac{1}{2}g_d K(\omega_L t)\left[u_S(t)-u_I(t)\right] \tag{9-30}$$

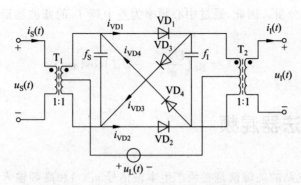

图 9-12　二极管环形混频器工作原理电路

在本振信号 $u_L(t)$ 的负半周，二极管 VD_1 和 VD_2 截止，二极管 VD_3 和 VD_4 导通，此时的混频器为另一个平衡混频器，由 9.4.1 小节的分析可以得到中频信号的输出电流 $i_I''(t)$ 为

$$i_I''(t) = \frac{1}{2}\left[i_{VD4}(t) - i_{VD3}(t)\right] = -\frac{1}{2}g_d K(\omega_L t - \pi)\left[u_S(t) + u_I(t)\right] \quad (9\text{-}31)$$

由此可见，二极管环形混频器相当于两个二极管平衡混频器的并联，在本振信号 $u_L(t)$ 的控制下，它们依次工作在本振信号 $u_L(t)$ 的半个周期。

在没有滤波器的条件下，输出回路的总电流 $i_I(t)$ 为

$$
\begin{aligned}
i_I(t) &= i_I'(t) + i_I''(t) \\
&= \frac{1}{2}g_d K(\omega_L t)\left[u_S(t) - \frac{1}{2}u_I(t)\right] - \frac{1}{2}g_d K(\omega_L t - \pi)\left[u_S(t) + u_I(t)\right] \\
&= \frac{1}{2}g_d u_S(t)\left[K(\omega_L t) - K(\omega_L t - \pi)\right] - \frac{1}{2}g_d u_I(t)\left[K(\omega_L t) + K(\omega_L t - \pi)\right] \quad (9\text{-}32)
\end{aligned}
$$

由式(9-26)可得

$$K(\omega_L t) - K(\omega_L t - \pi) = \frac{4}{\pi}\cos(\omega_L t) - \frac{4}{3\pi}\cos(3\omega_L t) + \cdots \quad (9\text{-}33)$$

$$K(\omega_L t) + K(\omega_L t - \pi) = 1 \quad (9\text{-}34)$$

设 $u_S(t) = U_{Sm}\cos(\omega_S t)$，$u_L(t) = U_{Lm}\cos(\omega_L t)$，$u_I(t) = U_{Im}\cos(\omega_I t)$。把式(9-26)、式(9-33)和式(9-34)代入式(9-32)，可得输出回路的总电流 $i_I(t)$ 为

$$
\begin{aligned}
i_I(t) &= \frac{1}{2}g_d U_{Sm}\cos(\omega_S t)\left[\frac{4}{\pi}\cos(\omega_L t) - \frac{4}{3\pi}\cos(3\omega_L t) + \cdots\right] - \frac{1}{2}g_d u_I(t) \\
&= \frac{g_d U_{Sm}}{\pi}\left[\cos(\omega_L t + \omega_S t) + \cos(\omega_L t - \omega_S t)\right] \\
&\quad - \frac{g_d U_{Sm}}{3\pi}\left[\cos(3\omega_L t + \omega_S t) + \cos(3\omega_L t - \omega_S t)\right] \\
&\quad + \frac{g_d U_{Sm}}{5\pi}\left[\cos(5\omega_L t + \omega_S t) + \cos(5\omega_L t - \omega_S t)\right] \\
&\quad - \frac{1}{2}g_d U_{Im}\cos(\omega_I t) \quad (9\text{-}35)
\end{aligned}
$$

由式(9-35)可知，与二极管平衡混频器相比，二极管环形混频器中进一步抵消了 ω_S、$\omega_L \pm$

ω_1、$3\omega_L \pm \omega_1$ 等频率分量。因此,通过中心频率为差中频 f_1 的滤波器后,输出回路的总电流 $i_1(t)$ 为

$$i_1(t) = g_d \left(\frac{U_{Sm}}{\pi} - \frac{1}{2} U_{Im} \right) \cos(\omega_1 t) \tag{9-36}$$

9.5 模拟乘法器混频

实际上,混频电路的关键就是必须产生本振信号 $u_L(t)$ 和高频输入信号 $u_S(t)$ 的乘积项。前面介绍的混频器中,既产生了它们的乘积项,又产生了别的不需要的项。模拟乘法器能直接实现本振信号 $u_L(t)$ 和高频输入信号 $u_S(t)$ 的乘积,所以必然能实现混频。

模拟乘法器在混频电路中的应用是非常广泛的,特别是用于通信的大规模集成电路中,通常都是以模拟乘法器作为混频器。图 9-13 所示的就是用模拟乘法器 MC1596 构成的混频器原理电路。本振信号 $u_L(t)$ 通过电容 C_1 耦合到模拟乘法器 MC1596 第 8 端;高频输入信号 $u_S(t)$ 通过电容 C_3 耦合到模拟乘法器 MC1596 第 1 端;中频输出信号 $u_1(t)$ 从模拟乘法器 MC1596 第 6 端引出,后面接一个由电容 C_5、C_6 和电感 L_2、L_3 组成的带通滤波器,用以提取中频信号 $u_1(t)$。在该电路中,高频输入信号 $u_S(t)$ 的载波频率为 8MHz,本振信号 $u_L(t)$ 的频率为 10MHz,中频信号 $u_1(t)$ 的中心频率为 2MHz,输出回路有半可调电容 C_6。

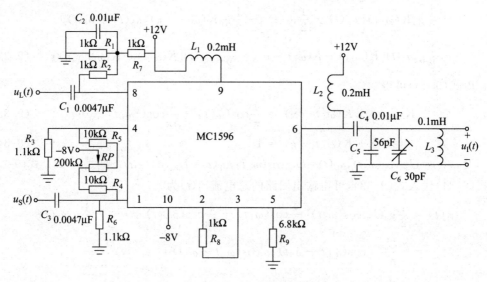

图 9-13 MC1596 构成的混频器原理电路

MC1596 可以工作在甚高频。与三极管混频器相比,它具有组合频率少,对本振信号的振幅要求不是很严格,高频输入信号与本振信号的隔离性能好,频率牵引小等优点。

9.6 混频器的干扰

混频器的非线性干扰是一个非常值得重视的问题,它有可能让邻近的电器设备不能正常工作,也有可能严重地干扰本系统的正常工作。所以,常把混频器的干扰程度作为衡量混频器的质量标准之一。在非线性干扰中,组合干扰和副波道干扰是混频器所特有的。

混频器的干扰有下列几种:高频输入信号与本振信号的组合频率干扰(也叫干扰哨声)、外来干扰信号与本振信号的组合频率干扰(也叫副波道干扰)、外来干扰信号互相之间形成的互调干扰、外来干扰信号与高频输入信号形成的交调干扰、阻塞干扰等。

9.6.1 高频输入信号与本振信号的组合频率干扰

由于混频器的非线性特性,在电路中,除了有用的中频频率分量外,还有很多无用甚至有害的谐波频率和组合频率分量,如 $2\omega_S$、$2\omega_L$、$3\omega_S$、$3\omega_L$、$2\omega_S-2\omega_L$、$3\omega_S-\omega_L$、$3\omega_S-2\omega_L$、$\cdots$。在这些无用的分量中,如果有的频率接近中频频率,它就会在顺利通过中频放大器后,与中频信号一起被后面的电路处理,最后被加到检波器上,从而对本系统产生干扰;也有可能辐射出去,干扰邻近的电器设备。检波器往往具有非线性效应,它让这些接近中频的组合频率与中频差拍检波,产生音频信号,结果就是扬声器中出现哨声,所以也叫干扰哨声。

设高频输入信号 $u_S(t)=U_{Sm}\cos(\omega_S t)$,本振信号 $u_L(t)=U_{Lm}\cos(\omega_L t)$。一般情况下,高频输入信号 $u_S(t)$ 与本振信号 $u_L(t)$ 的组合频率 f_Σ 为

$$f_\Sigma = |\pm pf_L \pm qf_S| \tag{9-37}$$

式中:p、q——非负整数,表示谐波次数。

当高频输入信号 $u_S(t)$ 与本振信号 $u_L(t)$ 的组合频率 f_Σ 满足

$$f_\Sigma = |\pm pf_L \pm qf_S| \approx f_I \tag{9-38}$$

时,就会产生高频输入信号 $u_S(t)$ 与本振信号 $u_L(t)$ 的组合频率干扰。

例如,调幅广播接收机的中频频率为 $f_I=465\text{kHz}$,当接收载波频率为 $f_S=931\text{kHz}$ 的信号时,就会产生高频输入信号与本振信号的组合频率干扰。这时,$f_L=f_S+f_I=1396\text{kHz}$,有一个组合频率 $2f_S-f_L=466\text{kHz}$ 与中频之差仅 1kHz(显然小于其通频带),该分量会通过中频放大器及后继电路,经过差拍检波后,产生干扰哨声。

由于 p、q 是非负整数,因此,式(9-38)包括以下 3 种情况。

第一种情况:$pf_L+qf_S\approx f_I$;

第二种情况:$pf_L-qf_S\approx f_I(pf_L>qf_S)$;

第三种情况:$-pf_L+qf_S\approx f_I(pf_L<qf_S)$。

对于混频器取差中频的情况,即 $f_I=f_L-f_S$,第一种情况是不可能的,因为一般的高频输入信号的中心频率 f_S 和本振信 f_L 的频率都大于中频信号的中心频率 f_I。因此,只考虑第二种情况和第三种情况,可以把它们写成另外一种形式:

$$f_\mathrm{s} \approx \left|\frac{p-1}{q-p}\right|f_1, \quad f_\mathrm{s} \approx \left|\frac{p+1}{q-p}\right|f_1$$

把它们合并写成一个式子：

$$f_\mathrm{s} \approx \left|\frac{p\pm1}{q-p}\right|f_1 \tag{9-39}$$

式(9-39)说明，当已知中频信号的中心频率 f_1 和高频输入信号的中心频率 f_s 时，可以采用枚举法试验，只要找到满足上式的非负整数 p、q，就可能产生干扰哨声。

减少产生高频输入信号与本振信号的组合频率干扰可能性的方法主要有：采用具有理想二次方特性的非线性元件做混频器、采用组合频率少的电路形式（如二极管环形混频器）和使滤波器的矩形系数尽量接近于 1 等。

9.6.2　外来干扰信号与本振信号之间的组合频率干扰

当输入回路选择性不良时，外来干扰信号 $u_\mathrm{n}(t)$ 就有可能进入混频器。由于混频器是一个非线性电路，外来干扰信号 $u_\mathrm{n}(t)$ 进入混频器后，必然与本振信号 $u_\mathrm{L}(t)$ 或其谐波产生组合频率分量，如果这些组合频率分量接近中频信号的中心频率，则这些组合频率分量能够顺利通过混频器的带通滤波器、中频放大器和检波器，从而产生干扰哨声，这种干扰就叫外来干扰与本振的组合频率干扰，也叫副波道干扰。

设外来干扰信号 $u_\mathrm{n}(t)$ 的频率为 f_n，p、q 是非负整数，如果满足

$$|pf_\mathrm{L} - qf_\mathrm{n}| \approx f_1 \quad \text{或} \quad |-pf_\mathrm{L} + qf_\mathrm{n}| \approx f_1 \tag{9-40}$$

时，就会产生外来干扰信号与本振信号的组合频率干扰。

对于混频器取差中频的情况，即 $f_1 = f_\mathrm{L} - f_\mathrm{s}$，由式(9-40)可以得到可能产生外来干扰信号与本振信号的组合频率干扰的干扰信号频率 f_n：

$$f_\mathrm{n} \approx \left|\frac{pf_\mathrm{L} \pm f_1}{q}\right| \tag{9-41}$$

实际上，当接收机调谐于某一信号，如果对应的本振信号的频率 f_s 和外部干扰信号的频率 f_n 刚好满足式(9-41)时，就会产生副波道干扰。

副波道干扰有两种特殊的情形。

1. 中频干扰

当 $p=0$，$q=1$，$f_\mathrm{n}=f_1$ 时，式(9-41)显然成立，此时的外部干扰的频率恰好等于中频，所以称其为中频干扰。当前端电路的选择性不良时，中频干扰信号就会到达混频器输入端。由于混频器的输出回路调谐于中频 f_1，混频器相当于中频干扰信号的高频小信号放大器，所以，中频干扰信号就会被混频器和中频放大器放大，最后被检波器检波，形成干扰。如果干扰信号的频带很窄或是单频信号，则会在检波器中产生差拍，形成干扰哨声；如果干扰信号也是一个调幅信号，则检波器的输出中也有干扰信号的原调制信号，干扰严重时，反而听不清有用信号了。

2. 镜像频率干扰

当 $p=1$，$q=1$，$f_\mathrm{n}=f_1+f_\mathrm{L}$ 时，式(9-41)显然也成立。此时的外部干扰的频率 f_n 恰

好等于中频 f_{I} 加振荡信号的频率 f_{L}。也就是说,干扰信号的频率 f_{n} 和高频输入信号的频率 f_{S} 以本振信号的频率 f_{L} 为中心呈对称形式,所以称其为镜像频率干扰。因此,如果外部干扰信号的(中心)频率满足

$$f_{\mathrm{n}} = f_{\mathrm{I}} + f_{\mathrm{L}} \tag{9-42}$$

时,就可能产生镜像频率干扰。

事实上,镜像频率干扰的主要原因仍然是混频器的前端电路的选择性不良。如果这个干扰信号进入了混频器,它与本振信号混频后同样会产生一个中频信号,因为干扰信号的频率 f_{n} 减去本振信号的频率 f_{L} 恰好等于中频 f_{I}。

9.6.3　互调干扰

互调干扰是指两个或两个以上的外部干扰信号进入混频器,产生一个频率很接近高频输入信号 $u_{\mathrm{S}}(t)$ 中心频率 f_{S} 的组合频率分量,该分量和正常的高频输入信号 $u_{\mathrm{S}}(t)$ 一起经过混频器,能够顺利通过后继电路,最后在检波器差拍检波,形成干扰哨声。

设干扰信号 $u_{\mathrm{n1}}(t)=U_{\mathrm{n1m}}\cos(\omega_{\mathrm{n1}}t)$,$u_{\mathrm{n2}}(t)=U_{\mathrm{n2m}}\cos(\omega_{\mathrm{n2}}t)$,$p$、$q$ 是非负整数。如果它们满足

$$|\pm pf_{\mathrm{n1}} \pm qf_{\mathrm{n2}}| \approx f_{\mathrm{S}} \tag{9-43}$$

则可能产生互调干扰。比如,$[u_{\mathrm{n1}}(t)+u_{\mathrm{n2}}(t)]^2$ 中的乘积项 $u_{\mathrm{n1}}(t)u_{\mathrm{n2}}(t)$ 产生的频率分量满足式(9-24),就会产生二阶互调干扰;$[u_{\mathrm{n1}}(t)+u_{\mathrm{n2}}(t)]^3$ 中的乘积项 $u_{\mathrm{n1}}^2(t)u_{\mathrm{n2}}(t)$ 或 $u_{\mathrm{n1}}(t)u_{\mathrm{n2}}^2(t)$ 产生的频率分量满足式(9-24),就会产生三阶互调干扰。其余的以此类推。

如果接收机的前端电路选择性不良,让干扰信号与有用信号同时输入接收机,而且这两种信号都是已调波,就会出现交叉调制(简称交调)干扰现象。比如,当接收机调谐在某有用信号的频率上时,也能收到干扰电台的调制信号;当接收机没有调谐在该有用信号的频率上时,就不能收到干扰电台的调制信号。换句话说,好像干扰信号的调制信号转移到有用信号上了。交叉调制现象可能在高放级或混频级发生。

交叉调制是由放大器或混频器的非线性所产生的。设三极管的集电极电流 $i_{\mathrm{C}}(t)$ 在其静态工作点展开的泰勒级数为

$$i_{\mathrm{C}}(t) = a_0 + a_1 u_{\mathrm{BE}}(t) + a_2 u_{\mathrm{BE}}^2(t) + a_3 u_{\mathrm{BE}}^3(t) + a_4 u_{\mathrm{BE}}^4(t) + a_5 u_{\mathrm{BE}}^5(t) + \cdots$$

设有用信号 $u_{\mathrm{S}}(t)=U_{\mathrm{Sm}}[1+m_{\mathrm{S}}\cos(\Omega_{\mathrm{S}}t)]\cos(\omega_{\mathrm{S}}t)=U'_{\mathrm{Sm}}\cos(\omega_{\mathrm{S}}t)$,干扰信号 $u_{\mathrm{n}}(t)=U_{\mathrm{nm}}[1+m_{\mathrm{n}}\cos(\Omega_{\mathrm{n}}t)]\cos(\omega_{\mathrm{n}}t)$,本振信号 $u_{\mathrm{L}}(t)=U_{\mathrm{Lm}}\cos(\omega_{\mathrm{L}}t)$,则发射结两端的电压 $u_{\mathrm{BE}}(t)$ 为 $u_{\mathrm{BE}}(t)=u_{\mathrm{S}}(t)+u_{\mathrm{n}}(t)+u_{\mathrm{L}}(t)$。集电极电流 $i_{\mathrm{C}}(t)$ 中的 $a_4 u_{\mathrm{BE}}^4(t)$ 乘积项 $12a_4 u_{\mathrm{S}}(t)u_{\mathrm{n}}^2(t)u_{\mathrm{L}}(t)$ 中的 $3a_4 U'^2_{\mathrm{nm}}U'_{\mathrm{Sm}}U_{\mathrm{Lm}}\cos(\omega_{\mathrm{L}}t-\omega_{\mathrm{S}}t)=3a_4 U'^2_{\mathrm{nm}}U'_{\mathrm{Sm}}U_{\mathrm{Lm}}\cos(\omega_{\mathrm{I}}t)$ 项就是交调产物。进一步分析,可得

$$3a_4 U'^2_{\mathrm{nm}}U'_{\mathrm{Sm}}U_{\mathrm{Lm}}\cos(\omega_{\mathrm{I}}t)$$
$$=3a_4 U_{\mathrm{nm}}^2[1+m_{\mathrm{n}}\cos(\Omega_{\mathrm{n}}t)]^2 U_{\mathrm{Sm}}[1+m_{\mathrm{S}}\cos(\Omega_{\mathrm{S}}t)]U_{\mathrm{Lm}}\cos(\omega_{\mathrm{I}}t)$$
$$=3a_4 U_{\mathrm{nm}}^2 U_{\mathrm{Sm}}U_{\mathrm{Lm}}[1+2m_{\mathrm{n}}\cos(\Omega_{\mathrm{n}}t)+m_{\mathrm{n}}^2\cos^2(\Omega_{\mathrm{n}}t)][1+m_{\mathrm{S}}\cos(\Omega_{\mathrm{S}}t)]\cos(\omega_{\mathrm{I}}t)$$

可以看出,如果有用信号消失,即 $U_{\mathrm{Sm}}=0$,则上式的结果为零。所以,交调干扰与有用信号并存,而且通过有用信号起作用。混频器的交调干扰是四次方项产生的,其中本振信号占一阶,故常称为三阶交调。除了四次方项以外,更高的偶次方项也可能产生交

调干扰,但幅值较小,可不考虑。

9.6.4　阻塞干扰

当一个强干扰信号进入接收机输入端后,会使前端电路的放大器或混频器处于严重的非线性区域,甚至完全破坏晶体管的正常工作状态,使输出信噪比大大下降。这种现象称为阻塞干扰。

下面主要讨论两种情况引起的阻塞干扰。

1. 强干扰作用使晶体管工作在饱和区所引起的阻塞干扰

当晶体管输入端接收到一定强度的干扰信号时,晶体管的发射结便对它进行检波(类似于自给偏置),检波电流与基极静态工作电流一致,使基极电流和发射极电流都增加。如果晶体管原来的静态工作点电流取值比较小,则强干扰引起基极电流和发射极电流的增加还会提高电路的增益。这就是接收机在一定强度的干扰信号作用下,输出信号的幅度还可能有所增加的原因。如果使用晶体管的这种特性得当,可在一定程度上能够提高晶体管接收机抗阻塞干扰的能力。当干扰信号强到一定程度时,可能使晶体管进入饱和区。此时,晶体管的放大能力降低,非线性失真严重,输出信噪比显著恶化,即形成了阻塞干扰。

2. 强干扰破坏了晶体管的正常工作状态所引起的阻塞干扰

对于共发射极电路,当发射结接收到一个强干扰时,可能引起晶体管的集电结正向偏置,表现为集电极电流绝对值大于发射极电流的绝对值,基极电流方向与正常情况的相反。此时,晶体管没有任何放大能力,产生了严重的阻塞干扰。

本章小结

本章首先介绍了变频电路的基本概念、组成和主要技术指标。然后重点讨论了晶体管混频电路和场效应管混频器的工作原理。接着讨论了二极管平衡混频器、二极管环形混频器和模拟乘法器混频器的电路组成及其工作原理。最后介绍了混频器的干扰分类和每种干扰产生的机理。

通过本章的学习,读者可以掌握晶体管混频电路、场效应管混频器、二极管平衡混频器、二极管环形混频器和模拟乘法器混频器的分析方法,了解混频器的干扰分类和每种干扰产生的机理。

思考题与习题

9.1　变频的基本原理是什么?为什么一定要有非线性元件才能产生变频作用?变频与检波有何相同点与不同点?

9.2　晶体管混频器的转移特性以及静态偏压 V_Q、本振电压 $u_L(t)$ 如题 9.2 图所示,试问哪种情况能实现混频？哪种不能？

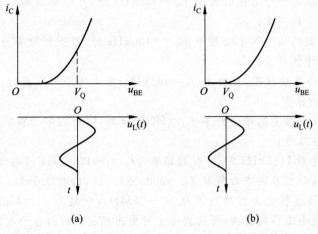

题 9.2 图

9.3 试分别写出下列信号的变频器输入及输出中频信号的一般表示式。

(1)AM；(2)DSB；(3)SSB；(4)FM；(5)PM。

9.4 设某非线性器件的伏安特性为 $i = a_0 + a_1 u(t) + a_2 u^2(t) + a_3 u^3(t) + a_4 u^4(t)$，如果 $u(t) = U_{Sm}[1 + m_a \cos(\Omega t)]\cos(\omega_s t) + U_{Lm}\cos(\omega_L t)$，并且 $U_{Lm} \gg U_{Sm}$，试求这个器件的时变跨导 $g(t)$、变频跨导 $g_c(t)$ 以及中频电流的幅值 I_{Im}。

9.5 设某非线性器件的转移特性为 $i = a_0 + a_1 u(t) + a_2 u^2(t) + a_3 u^3(t)$。若 $u(t) = U_{Lm}\cos(\omega_L t) + U_{Sm}\cos(\omega_s t)$，且本振信号的振幅 U_{Lm} 远大于输入高频信号源的振幅 U_{Sm}，试求其变频跨导 g_c。

9.6 乘积型混频器的方框图如题 9.6 图所示，乘法器的系数为 $K_M = 0.2\text{mA/V}^2$，若本振电压为 $u_L(t) = 2\cos(2\pi \times 10^6 t)$，设带通滤波器在信号频带内的电压增益为 1，高频输入信号为 $u_S(t) = 0.02[1 + 0.8\sin(4\pi \times 10^3 t)]\cos(1.07\pi \times 10^6 t)$，$R_L = 1\text{k}\Omega$。

(1) 试求乘积型混频器的变频跨导 g_c；

(2) 为了保证信号传输，带通滤波器的中心频率(中频取差频)和带宽应分别为多少？

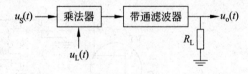

题 9.6 图

9.7 已知乘积型混频器的伏安特性为 $i = a_0 + a_1 u(t) + a_2 u^2(t)$，问：是否可能产生中频干扰和镜频干扰？是否可能产生交叉调制和互相调制？

9.8 某超外差接收机的中频为 $f_I = 465\text{kHz}$，且 $f_L > f_s$。当接收 $f_s = 931\text{kHz}$ 的信号时，除听到正常的声音外，还同时听到音调为 1kHz 的干扰声，当调节接收机的调谐旋钮时，干扰音调也发生变化。试分析判断这是哪种干扰。

9.9 有一个超外差接收机的中频为 $f_I = 465\text{kHz}$，且 $f_L > f_s$。试分析说明下列两种情况是哪种干扰?

(1) 当接收到的信号的中心频率 $f_{S1}=550\text{kHz}$ 时,可听到频率为 $f_{n1}=1480\text{kHz}$ 的强电台干扰声音;

(2) 当接收到的信号的中心频率 $f_{S2}=1400\text{kHz}$ 时,可听到频率为 $f_{n2}=700\text{kHz}$ 的强电台干扰声音。

9.10 有一个超外差接收机,中频为 $f_1=465\text{kHz}$,当出现下列现象时,指出是什么干扰及其形成的原因。

(1) 当调谐到信号的中心频率 $f_{S1}=580\text{kHz}$ 时,可听到中心频率为 $f_{n1}=1510\text{kHz}$ 的电台播音;

(2) 当调谐到 1165kHz 时,可听到频率为 $f_{n2}=1047.5\text{kHz}$ 的电台播音;

(3) 当调谐到信号的中心频率 $f_{S2}=930.5\text{kHz}$ 时,约有 0.5kHz 的哨叫声。

9.11 某超外差接收机的工作频段为 $0.55\sim25\text{MHz}$,中频为 $f_1=455\text{kHz}$,且 $f_L>f_S$。试问:在这个工作频段内,哪些频率上可能出现较大的组合干扰(五阶以下)?

9.12 什么是混频器的交调干扰和互调干扰?怎样减小它们的影响?

9.13 如题 9.13 图所示为一个场效应管混频器,其中,输入信号电压为 $u_S(t)=U_{Sm}\cos(\omega_S t)$,本振信号电压为 $u_L(t)=U_{Lm}\cos(\omega_L t)$,场效应管的转移特性曲线为

$$i_D = I_{DSS}\left(1-\frac{u_{GS}}{U_p}\right)^2$$

式中:i_D——结型场效应管漏极电流;

u_{GS}——栅极 G 与源极 S 之间的电压;

I_{DSS}——栅极 G 与源极 S 之间的电压 u_{GS} 等于 0 时的漏极电流;

U_p——夹断电压。

设直流偏置电压为 U_{GS0}。试证明:

(1) 该电路能够实现混频;

(2) 变频跨导 $g_c=\dfrac{I_{DSS}}{U_p^2}U_{Lm}$;

(3) 当 $U_{Lm}=|U_p-U_{GS0}|$ 时,$g_c=\dfrac{1}{2}g_0$。g_0 表示静态工作点上的跨导。

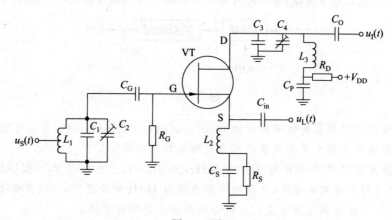

题 9.13 图

CHAPTER 10 ———————————————— 第 10 章

反馈控制电路

10.1 概述

在电子电路中,为了改善系统的性能,广泛地采用了具有自动调节作用的控制电路。如控制输出信号电平,使其基本保持不变的自动增益控制(Automatic Gain Control, AGC)电路;控制信号频率,避免接收电路频率漂移的自动频率控制(Automatic Frequency Control, AFC)电路;对信号相位进行控制,能够用于多种用途的自动相位控制电路——锁相环路(Phase Locked Loop,PLL)。在具有自动调节作用的控制电路中,反馈控制电路是最经典,也是应用最广泛的电路结构。这种反馈控制系统具有以下特点:第一,反馈必须是负反馈,即反馈的作用必须是减小或消除误差;第二,反馈控制系统是以误差进行控制的,只要有误差产生,就会产生控制作用;第三,这种系统对外部干扰和内部参数变化的影响具有抑制作用;第四,这种系统对减小系统的非线性失真有好处。

在电路系统中,由于存在电源波动、环境条件(温度、压力、湿度、信号传输媒介等)的变化、电子元器件的参数变化、负载的变化等因素,使用反馈控制对减少这些因素的影响是十分有利的。

反馈控制系统的调节作用通过其动态性能来衡量。动态性能主要包括:

(1) 稳定性。随着时间的推移,通过系统作用,误差必须减小到一定的程度,否则就失去了调节的意义。

(2) 快速性。当出现误差后,应能在尽可能短的时间内使误差减小到一定的程度,这样系统才能对快速变化进行跟踪和调节。

(3) 准确性。当时间达到一定程度后,剩余的误差尽量小,以满足工程上的要求。

在分析反馈控制系统的性能时,都是围绕这 3 个方面来进行的。

10.2 自动增益控制(AGC)电路

自动增益控制电路是一种反馈控制电路,是接收机的重要辅助电路,它的基本功能是稳定电路的输出电平。在这个控制电路中,要比较和调节的量为电压或电流,受控对象为放大器。

接收机工作时,它的输出信号电平随外来信号场强的变化而变化。当外来信号场强比较大时,接收机输出信号电压也大;反之,接收机输出信号电压就小。一般而言,接收机接收到的信号强度变化可能非常剧烈,可以从微伏数量级到伏特级,即动态范围很大。而许多电路对输入信号动态范围的要求是有限制的,比如混频器、检波器、电压放大器等。如果输入信号的动态范围过大,就有可能使晶体管、场效应管等器件过载,轻则使电路不能正常工作,重则损坏电路中的元器件。因此,在接收机中,为了保证诸如混频器、中频放大器、检波器等电路的输入电压比较平稳,往往采用自动增益控制电路。自动增益控制电路的基本要求就是当接收信号微弱时,提高接收机的增益;当接收信号太强时,降低接收机的增益。

自动增益控制电路的作用是,即使输入信号的电压波动很大,接收机输出信号电压几乎不变。为了实现自动增益控制,必须有一个检测电路来测量外来信号的强弱,然后检测电路输出一个对应的电压或电流去控制接收机有关电路的增益(一般是接收机的前端电路)。

10.2.1　AGC 电路的作用及组成

对于无线接收机而言,输出电压主要取决于所接收信号的强弱及接收机本身的电压增益。当外来信号较强时,接收机输出电压或功率较大;当外来信号较弱时,接收机输出电压或功率较小。由于各种原因,接收信号的起伏变化较大。也就是说,接收机所接收的信号有时会相差几十分贝。

为了保证接收机输出电压相对稳定,当所接收的信号比较弱时,要求接收机的电压增益提高;相反,当接收机信号较强时,要求接收机的电压增益相应减小。为了实现这种要求,必须采用增益控制电路。

增益控制电路一般可分为手动及自动两种方式。手动增益控制电路,是根据需要,靠人工调节增益,如收音机中的"音量控制"等。手动增益控制电路一般只适用于输入信号电压基本上与时间无关的情况。当输入信号电压与时间有关时,由于信号电压变化是快速的,人工调节无法跟踪,则必须采用自动增益控制电路进行调节。为了实现自动增益控制,在电路中必须有一个随输入信号的强弱而改变的电压,称为 AGC 电压。AGC 电压可正可负,利用这个电压去控制接收机的某些级的增益,达到自动增益控制的目的。

因此,带有自动增益控制电路的一种接收机的组成方框图如图 10-1 所示。检波器输出信号既是后继电路的输入信号,又是 AGC 检波电路的输入信号。AGC 检波电路的输出信号称为 AGC 信号,是一个缓慢变化的低频信号,反映了接收机天线感应信号的强弱。被放大的 AGC 信号直接控制中频放大器的增益,经过一定的延迟后,如果还有没有达到输出电压的幅度要求,再去控制高频放大器的增益。实际上,这里有个控制策略的问题,也就是说,当控制中频放大器的增益能够满足系统要求时,就不用控制高频放大器增益了;当仅仅控制中频放大器的增益还不能够满足系统要求时,再去控制高频放大器增益,这样,系统的增益控制的动态范围就很大。自动增益控制电路能够让检波器的输入信号电压比较平稳,从而让接收机的性能保持稳定的状态。

图 10-1　具有 AGC 电路的接收机方框图

从以上分析可以看出,AGC 电路有两个作用:一是产生 AGC 电压;二是利用 AGC 电压去控制某些放大器的增益。下面介绍 AGC 电压的产生及实现 AGC 的方法。

接收机的 AGC 电压 U_{AGC} 大都是利用它的检波器输出信号产生的。按照 U_{AGC} 产生的方法不同而有不同的电路形式,基本电路形式有平均值式 AGC 电路和延迟式 AGC 电路。在某些场合采用峰值式 AGC 电路及键控式 AGC 电路等形式的 AGC 电路。下面仅介绍平均值式 AGC 电路和延迟式 AGC 电路的工作原理。

10.2.2　平均值式 AGC 电路

平均值式 AGC 电路是利用检波器输出电压信号中的平均值(直流分量)作为 AGC 电压的。图 10-2 所示为典型的平均值式 AGC 电路,常用于超外差式收音机中。在该图中,VD、C_1、R_1 组成包络检波器。检波器的输出电压中包含直流成分和音频信号。检波器的输出电压的一路信号送往低频放大器;另一路送往由 R_2、C_3 组成的低通滤波器,经低通滤波器后输出直流电压 U_{AGC},由于 U_{AGC} 为检波器输出电压中的平均值,所以称之为平均值式 AGC 电路。低通滤波器的时间常数

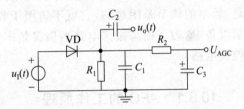

图 10-2　平均值式 AGC 电路原理

$\tau = R_2 C_3$ 要正确选择。若 τ 太大,则控制电压 U_{AGC} 跟不上外来信号电平的变化,接收机的电压增益得不到及时地调整,从而使 AGC 电路失去应有的控制作用;反之,如果时间常数 τ 选择过小,则 U_{AGC} 将随外来信号的包络变化,这样会使放大器产生额外的反馈作用,从而使调幅波受到反调制。

10.2.3　延迟式 AGC 电路

平均值式 AGC 电路的主要缺点是,一旦有外来信号,AGC 电路立刻起作用,接收机的增益就因受控制而减小,这对提高接收机的灵敏度是不利的,这一点对微弱信号的接收尤其不利。为了克服这个缺点,可采用延迟式 AGC 电路。

延迟式 AGC 电路原理图如图 10-3 所示。在该图中,由二极管 VD_1、C_1、R_1 组成包络检波器;由二极管 VD_2、C_3、R_3 和直流电源 V_D 组成 AGC 检波器。在 AGC 检波器中加有固定偏压 V_D,称为延迟电平。只有当检波器输出电压超过 V_D 时,二极管 VD_2 才导通,即

AGC 检波器才开始工作,所以称为延迟式 AGC 电路。当检波器输出电压没有超过 V_D 时,二极管 VD_2 截止,AGC 电压 U_{AGC} 等于零,即没有 AGC 作用。

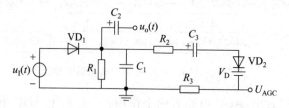

图 10-3　延迟式 AGC 电路原理

10.3　自动频率控制(AFC)电路

自动频率控制电路是一种能自动调节振荡器的频率,使振荡器频率稳定在某一预期的标准频率附近的反馈控制电路。

不同的振荡电路,振荡频率的稳定度也不同。在通信系统中,振荡电路的振荡频率稳定度越高越好,但是,也必须兼顾其他方面的要求,比如频率的调节范围、输出波形等。比如说,石英晶体振荡电路的振荡频率稳定度可以达到 $10^{-5} \sim 10^{-11}$ 量级,但是,频率的调节是困难的,它就不适用于收音机或电视机这样的通信设备。因此,在通信设备中,为了提高振荡电路的振荡频率稳定度,需要一种闭环控制电路,即自动频率控制电路。

10.3.1　AFC 的工作原理

图 10-4 所示为 AFC 的工作原理方框图。其中,标准频率源的振荡频率为 f_S。压控振荡器(VCO)的振荡频率为 f_o。在频率比较器中,将标准频率源的振荡频率 f_S 与压控振荡器的振荡频率 f_o 进行比较,输出一个与 $(f_S - f_o)$ 成正比的误差电压 $u_e(t)$。误差电压 $u_e(t)$ 作为 VCO 的控制电压,使 VCO 的输出振荡频率 f_o 趋向标准频率源的振荡频率 f_S。当 $f_o = f_S$ 时,频率比较器无输出,即 $u_e(t) = 0$,压控振荡器不受影响,振荡频率 f_o 不变。当 $f_o \neq f_S$ 时,频率比较器有输出电压,即 $u_e(t) \neq 0$,压控振荡器在 $u_e(t)$ 作用下使其输出频率 f_o 趋向 f_S。经过多次循环,最后 f_o 与 f_S 的误差减小到某一最小值 Δf,Δf 称为剩余频差。这时,压控振荡器的振荡频率将稳定在 $f_o \pm \Delta f$ 范围内。

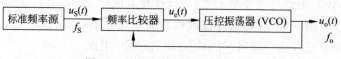

图 10-4　AFC 的工作原理方框图

由于误差电压 $u_e(t)$ 是由频率比较器产生的,自动频率控制过程正是利用误差电压

$u_e(t)$ 的反馈作用来控制 VCO，使 f_o 与 f_s 的剩余频差 Δf 最小，最终稳定在 $f_o \pm \Delta f$ 范围内。如果剩余频差 $\Delta f = 0$，即 $f_o = f_s$，则 $u_e(t) = 0$，自动频率控制过程的作用就不存在了。所以说，f_o 与 f_s 不能完全相等，必须有剩余频差存在，这是 AFC 电路的一个重要特点。

10.3.2　AFC 的应用

1. 采用 AFC 的调频器

图 10-5 所示为采用 AFC 电路的调频电路工作原理方框图。采用 AFC 电路的目的在于稳定调频电路的载波频率，即稳定调频信号输出电压 $u_{FM}(t)$ 的中心频率。图中，调频电路就是压控振荡器，它是由变容二极管和电感 L 组成的 LC 振荡器。由于石英晶体振荡器无法满足调频波频偏的要求，因而只能采用 LC 振荡器，但是 LC 振荡器的频率稳定度差，因此用稳定度很高的石英晶体振荡器对调频电路的中心频率进行控制，从而得到中心频率稳定度高，又有足够的频偏的调频信号 $u_{FM}(t)$。

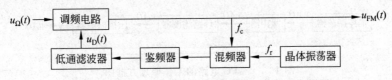

图 10-5　采用 AFC 电路的调频电路工作原理方框图

设石英晶体振荡器输出信号的频率为 f_r，调频信号的中心频率为 f_c。将鉴频器的中心频率调整在 $f_r - f_c$ 上，当调频振荡器的中心频率发生漂移时，混频器的输出频差随之变化，这时鉴频器的输出电压也随之变化。经过低通滤波器，将得到一个反映调频波中心频率漂移程度的缓慢变化的电压 $u_D(t)$。$u_D(t)$ 加到调频电路上，调节调频电路的中心频率，使其漂移减小，从而提高调频信号的中心频率 f_c 的稳定度。

2. 采用 AFC 的调幅接收机

图 10-6 所示为采用 AFC 电路的调幅接收机组成方框图。图中的调幅接收机比普通调幅接收机增加了鉴频器、低通滤波器和直流放大器，同时采用压控振荡器作为本机振荡器。设鉴频器的中心频率为 f_I，鉴频器可将偏离于中频的频率误差信号变换成误差电压信号，该电压信号通过低通滤波器和直流放大器加到压控振荡器上，使压控振荡器上的振荡频率发生变化，从而导致偏离中频的频率误差减小。这样，接收机的输入调幅信号的载波频率和压控振荡器频率之差接近于中频。因此，采用 AFC 电路后，将有利于提高接收机的接收性能。

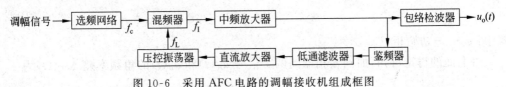

图 10-6　采用 AFC 电路的调幅接收机组成框图

10.4 锁相环路(PLL)

锁相环路广泛应用在频率合成器、数字通信系统的载波同步电路和位同步电路、窄带跟踪接收机、调频信号与调相信号的解调、模拟通信系统的载波恢复电路、卫星通信、微波通信、移动通信、光纤通信等领域。锁相环路还大量应用在其他领域,比如自动控制、遥感遥测、无线电定位系统等。

10.4.1 锁相环路的基本工作原理

锁相环路是一种自动相位控制(Automatic Phase Control,APC)电路,它能使系统输出信号的相位随输入给定信号的相位变化而变化。图 10-7 所示的是锁相环路的工作原理方框图,它主要由电压控制振荡器(VCO)、鉴相器和环路滤波器组成。

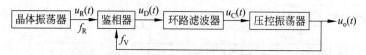

图 10-7　APC 电路的工作原理方框图

在该图中,石英晶体振荡器输出电压信号 $u_R(t)$ 的频率为 f_R,压控振荡器的输出电压信号 $u_o(t)$ 的频率为 f_V,鉴频器的输出电压信号为 $u_D(t)$,环路滤波器的输出低频电压信号为 $u_C(t)$。

通常,锁相环路的输入电压信号 $u_R(t)$ 是晶体振荡器输出的稳定度较高的标准频率信号。当压控振荡器的频率 f_V 由于某种原因发生变化时,必然相应地产生相位变化。变化的相位在鉴相器中与晶体振荡器输出信号的稳定参考相位(对应于频率 f_R)相比较,使鉴相器输出一个与两个输入信号的相位误差成某种函数关系的误差电压 $u_D(t)$,经过低通滤波器后,取出其中缓慢变化的低频电压分量 $u_C(t)$。用 $u_C(t)$ 来控制压控振荡器中的可控电抗元件(例如变容二极管),可控电抗元件参数的变化将使 VCO 的输出信号 $u_o(t)$ 的相位随着石英晶体振荡器输出电压信号 $u_R(t)$ 的相位变化,最后稳定到一定范围内。这样,VCO 的输出频率稳定度将由参考晶体振荡器所决定。这时,称环路处于锁定状态。

根据电路分析的知识,信号的瞬时角频率 $\omega(t)$ 与瞬时相位 $\varphi(t)$ 的关系是

$$\omega(t) = \frac{d\varphi(t)}{dt} \tag{10-1}$$

$$\varphi(t) = \int_0^t \omega(\tau)d\tau + \varphi_0 \tag{10-2}$$

式中: φ_0 ——初始相位。

由上面的讨论可知,加到鉴相器的两个信号 $u_R(t)$ 和 $u_o(t)$ 的角频率差 $\Delta\omega_D(t)$ 为

$$\Delta\omega_D(t) = \omega_R(t) - \omega_V(t) = \frac{d\varphi_D(t)}{dt} \tag{10-3}$$

式中：$\omega_R(t)$——石英晶体振荡器输出电压信号 $u_R(t)$ 的瞬时角频率；

$\omega_V(t)$——压控振荡器的输出电压信号 $u_o(t)$ 的瞬时角频率；

$\Delta\omega_D(t)$——信号 $u_R(t)$ 与信号 $u_o(t)$ 之间的角频率差；

$\varphi_D(t)$——信号 $u_R(t)$ 与信号 $u_o(t)$ 之间的相位差。

由式(10-2)和式(10-3)可以得到加到鉴相器的两个信号 $u_R(t)$ 和 $u_o(t)$ 的瞬时相位差 $\varphi_D(t)$ 为

$$\varphi_D(t) = \varphi_R(t) - \varphi_V(t) = \int_0^t \Delta\omega_D(\tau)\mathrm{d}\tau + \varphi_0 \qquad (10\text{-}4)$$

从式(10-3)和式(10-4)可得到关于锁相环路的重要概念。当两个振荡信号 $u_R(t)$ 和 $u_o(t)$ 的角频率相等，即 $\Delta\omega_D(t) = 0$ 时，由式(10-4)可以知道，它们之间的相位差 $\varphi_D(t) = \varphi_0$ 保持不变；反之，当两个振荡信号 $u_R(t)$ 和 $u_o(t)$ 的相位差 $\varphi_D(t)$ 是恒定值，即 $\varphi_D(t) = C$(任何常数)时，由式(10-3)可以知道，它们之间的角频率差 $\Delta\omega_D(t) = 0$，即它们的角频率必然相等。

在闭环条件下，如果由于某种原因使 VCO 的角频率 ω_V 发生变化，设变动量为 $\Delta\omega$，那么，由式(10-4)可知，两个信号 $u_R(t)$ 和 $u_o(t)$ 之间的相位不再是恒定值，而是会发生变化的，鉴相器的输出电压 $u_D(t)$ 也跟着发生相应的变化，这个变化的电压使 VCO 的频率不断变化，直到信号 $u_R(t)$ 和 $u_o(t)$ 的瞬时相位差 $\varphi_D(t)$ 为一个很小的值为止，此时，$\omega_V = \omega_R$，这就是锁相环路的基本原理。

由以上的简略介绍可见，锁相环路与自动频率控制电路的工作过程十分相似，二者都是利用误差信号来控制被控振荡器的频率。但二者之间有着根本的差别。在自动频率控制电路中，采用的是鉴频器，它所输出的误差电压与两个相比较的信号的频率差成比例，达到稳定状态时，两个频率不能完全相等，仍有剩余频差存在。在锁相环路中，采用的是鉴相器，它所输出的误差电压与两个相比较的信号的相位差成比例，当达到最后的锁定状态时，被锁定的频率等于标准频率，只有剩余相位差存在。这表明，锁相环路是通过相位来控制频率的，可以实现无误差的频率跟踪，这是它优于自动频率控制电路之处。

10.4.2　锁相环路的数学模型及性能分析

从图 10-7 所示的锁相环路可以看到，它主要由压控振荡器(VCO)、鉴相器和环路滤波器组成。现在，对各个组成部分进行工作原理分析，然后讨论各部分的功能和数学模型。

1. 鉴相器

鉴相器是锁相环路的关键模块。在锁相环路中，从功能来看，鉴相器的基本模型是一个加法器(实际为减法器)，其作用是检测出环路输入信号 $u_R(t)$ 和压控振荡器输出信号 $u_o(t)$ 之间的瞬时相位差 $\varphi_D(t)$，其输出电压为 $u_D(t)$。由于实际的鉴相电路不可能实现理想相减，故鉴相器输出电压信号 $u_D(t)$ 与瞬时相位差 $\varphi_D(t)$ 成某种函数关系。

由于 ω_R 为环路输入信号 $u_R(t)$ 的初始角频率，ω_o 为压控振荡器输出信号 $u_o(t)$ 的初始角频率，因此，可以将信号 $u_R(t)$ 和 $u_o(t)$ 分别表示为

$$u_R(t) = U_{Rm}\sin[\omega_R t + \varphi_{R0}(t)] \tag{10-5}$$

$$u_o(t) = U_{om}\cos[\omega_o t + \varphi_V(t)] \tag{10-6}$$

式中：$\varphi_{R0}(t)$——环路输入信号 $u_R(t)$ 的起始相角；

$\varphi_V(t)$——压控振荡器输出信号 $u_o(t)$ 的起始相角。

为了分析方便，以压控振荡器的固有相位 $\omega_o t$ 为参考，令

$$\varphi_R(t) = [\omega_R t + \varphi_{R0}(t)] - \omega_o t = (\omega_R - \omega_o)t + \varphi_{R0}(t) = \Delta\omega_o t + \varphi_{R0}(t) \tag{10-7}$$

式中：$\Delta\omega_o = \omega_R - \omega_o$——环路的固有频差(初始频差)。

把式(10-7)代入式(10-5)，可以得到信号 $u_R(t)$ 以压控振荡器的固有相位 $\omega_o t$ 为参考的另一种表达形式：

$$u_R(t) = U_{Rm}\sin[\omega_o t + \varphi_R(t)] \tag{10-8}$$

式(10-6)和式(10-8)都是以角频率 ω_o 作为参考而得到时域表达式，这对于锁相环的分析就方便多了。式(10-8)中的 $\varphi_R(t)$ 就是以相位 $\omega_o t$ 作为参考的信号 $u_R(t)$ 的初始相位。

鉴相器有各种实现电路，比如正弦波相位检波器、脉冲取样保持相位比较器和乘积型鉴相器等。在集成电路中经常使用的模拟乘法器实现的乘积型鉴相器，如图 10-8 所示。现在，以乘积型鉴相器为例，讨论鉴相器的工作原理及其数学模型。

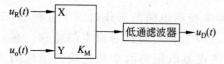

图 10-8　乘积型鉴相器的工作原理方框图

在图 10-8 中，两个振荡信号 $u_R(t)$ 和 $u_o(t)$ 分别输入到乘法器的两个输入端，乘法器的输出信号通过低通滤波器后，得到鉴相器的输出电压信号 $u_D(t)$。根据信号与系统的知识，鉴相器的输出电压信号 $u_D(t)$ 可表示为

$$
\begin{aligned}
u_D(t) &= h_{LPF}(t) * [K_M u_R(t) u_o(t)]\\
&= h_{LPF}(t) * \{K_M U_{Rm}\sin[\omega_o t + \varphi_R(t)]U_{om}\cos[\omega_o t + \varphi_V(t)]\}\\
&= h_{LPF}(t) * \frac{1}{2}K_M U_{Rm}U_{om}\{\sin[\omega_o t - \omega_o t + \varphi_R(t) - \varphi_V(t)]\\
&\quad + \sin[\omega_o t + \omega_o t + \varphi_R(t) + \varphi_V(t)]\}\\
&= K_d\sin[\varphi_R(t) - \varphi_V(t)]\\
&= K_d\sin\varphi_D(t)
\end{aligned}
\tag{10-9}
$$

式中：h_{LPF}——低通滤波器的单位冲击响应；

$*$——卷积运算符号；

K_M——乘法器的增益系数；

K_d——低通滤波器在通频带内的电压传输系数与 $\frac{1}{2}K_M U_{Rm}U_{om}$ 的乘积；

$\varphi_D(t) = \varphi_V(t) - \varphi_R(t)$——振荡信号 $u_R(t)$ 和 $u_o(t)$ 的初始相位差，也是瞬时相位差。

根据式(10-9)，可以得到鉴相器的鉴相特性曲线，如图 10-9(a)所示；其数学模型如图 10-9(b)所示。

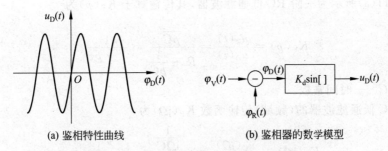

(a) 鉴相特性曲线　　　　　　(b) 鉴相器的数学模型

图 10-9　鉴相器的特性曲线及其数学模型

由图 10-9(a)可见,鉴相器的鉴相特性曲线是一个正弦曲线,并且当信号 $u_R(t)$ 和 $u_o(t)$ 的瞬时相位差 $\varphi_D(t)$ 满足

$$-\frac{\pi}{6}\text{rad} < \varphi_D(t) < \frac{\pi}{6}\text{rad}$$

时,$u_D(t) \approx K_d\varphi_D(t)$,即鉴相器的输出电压信号 $u_D(t)$ 与瞬时相位差 $\varphi_D(t)$ 近似呈线性关系。此时,可以认为鉴相器是一个线性元件。

从上面导出的鉴相器数学模型可以看出锁相环路的一个重要特点,即对所处理的信号而言,环路中含有非线性单元,导致系统特性是非线性的。这一点,无论是对系统的工作特性,还是对分析系统的方法,都会产生重大的影响。

2. 环路滤波器

环路滤波器具有低通特性,它的主要作用是滤除鉴相器输出电压中的无用组合频率分量及其他干扰分量,它对环路参数调整起着决定性的作用,并能够提高环路的稳定性。环路滤波器是一个线性电路,在时域分析中,可用一个传输算子 $K_F(p)$ 来表示,其中 $p(=d/dt)$ 是微分算子;在频域分析中可用传递函数 $K_F(s)$ 表示,其中 $s=\sigma+j\Omega$ 是复频率;若将 $s=j\Omega$ 代入 $K_F(s)$,就得到它的频域响应 $K_F(j\Omega)$。环路滤波器的数学模型如图 10-10 所示。

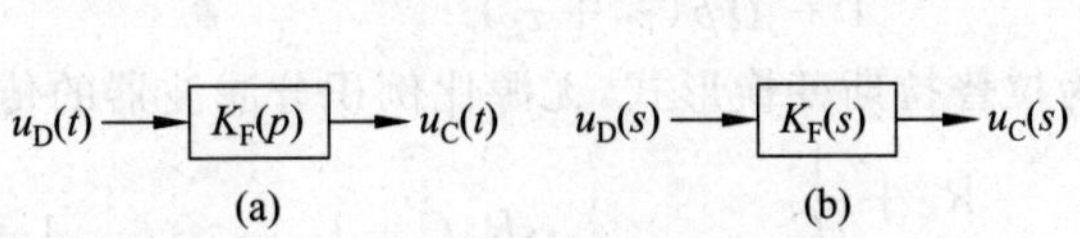

$$u_D(t) \longrightarrow \boxed{K_F(p)} \longrightarrow u_C(t) \qquad u_D(s) \longrightarrow \boxed{K_F(s)} \longrightarrow u_C(s)$$
$$\text{(a)} \qquad\qquad\qquad\qquad \text{(b)}$$

图 10-10　环路滤波器的数学模型

常用的环路滤波器主要有一阶 RC 低通滤波器、无源比例积分滤波器和有源比例积分滤波器,它们的原理电路如图 10-11 所示。

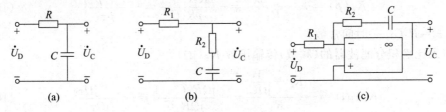

图 10-11　常见的环路滤波器的原理电路

图 10-11(a)所示为一阶 RC 低通滤波器,其传输算子 $K_F(p)$ 为

$$K_F(p) = \frac{u_C(t)}{u_D(t)} = \frac{\dfrac{1}{pC}}{R + \dfrac{1}{pC}} = \frac{1}{1 + p\tau} \tag{10-10}$$

式中:$\tau = RC$——时间常数。

一阶 RC 低通滤波器的(频域)传输函数 $K_F(j\Omega)$ 为

$$K_F(j\Omega) = \frac{u_C(j\Omega)}{u_D(j\Omega)} = \frac{\dfrac{1}{j\Omega C}}{R + \dfrac{1}{j\Omega C}} = \frac{1}{1 + j\Omega\tau} \tag{10-11}$$

把式(10-11)改为拉普拉斯变换形式,一阶 RC 低通滤波器的传递函数 $K_F(s)$ 为

$$K_F(s) = \frac{u_C(s)}{u_D(s)} = \frac{\dfrac{1}{sC}}{R + \dfrac{1}{sC}} = \frac{1}{1 + s\tau} \tag{10-12}$$

对于图 10-11(b)所示的无源比例积分滤波器,它的传输算子 $K_F(p)$ 为

$$K_F(p) = \frac{R_2 + \dfrac{1}{pC}}{R_1 + R_2 + \dfrac{1}{pC}} = \frac{pR_2C + 1}{pR_1C + pR_2C + 1} = \frac{1 + p\tau_2}{1 + p(\tau_1 + \tau_2)} \tag{10-13}$$

式中:$\tau_1 = R_1C$——时间常数;

$\tau_2 = R_2C$——时间常数。

无源比例积分滤波器的(频域)传输函数 $K_F(j\Omega)$ 为

$$K_F(j\Omega) = \frac{R_2 + \dfrac{1}{j\Omega C}}{R_1 + R_2 + \dfrac{1}{j\Omega C}} = \frac{j\Omega R_2C + 1}{j\Omega R_1C + j\Omega R_2C + 1}$$

$$= \frac{1 + j\Omega\tau_2}{1 + j\Omega p(\tau_1 + \tau_2)} \tag{10-14}$$

把式(10-14)改为拉普拉斯变换形式,无源比例积分滤波器的传递函数 $K_F(s)$ 为

$$K_F(s) = \frac{R_2 + \dfrac{1}{sC}}{R_1 + R_2 + \dfrac{1}{sC}} = \frac{sR_2C + 1}{sR_1C + sR_2C + 1} = \frac{1 + s\tau_2}{1 + s(\tau_1 + \tau_2)} \tag{10-15}$$

对于图 10-11(c)所示的有源比例积分滤波器,它的传输算子 $K_F(p)$ 为

$$K_F(p) = -\frac{R_2 + \dfrac{1}{pC}}{R_1} = -\frac{pR_2C + 1}{pR_1C} = -\frac{1 + p\tau_2}{p\tau_1} \tag{10-16}$$

式中:$\tau_2 = R_2C$——时间常数。

有源比例积分滤波器的(频域)传输函数 $K_F(j\Omega)$ 为

$$K_F(j\Omega) = -\frac{R_2 + \dfrac{1}{j\Omega C}}{R_1} = -\frac{j\Omega R_2C + 1}{j\Omega R_1C} = -\frac{1 + j\Omega\tau_2}{j\Omega\tau_1} \tag{10-17}$$

把式(10-17)改为拉普拉斯变换形式,有源比例积分滤波器的传递函数 $K_F(s)$ 为

$$K_F(s) = -\frac{R_2 + \dfrac{1}{sC}}{R_1} = -\frac{sR_2C + 1}{sR_1C} = -\frac{1 + s\tau_2}{s\tau_1} \qquad (10\text{-}18)$$

无论是哪一种环路滤波器,如果已知它的传输算子 $K_F(p)$,或传输函数(频域) $K_F(\mathrm{j}\Omega)$,或传递函数 $K_F(s)$,环路滤波器的输出信号 $u_D(t)$ 与输入信号 $u_C(t)$ 的关系表达式就确定了。比如,如果已知它的传输算子 $K_F(p)$,那么,输出信号 $u_C(t)$ 与输入信号 $u_D(t)$ 的关系表达式为

$$u_C(t) = K_F(p)u_D(t) \qquad (10\text{-}19)$$

$u_D(t) \longrightarrow \boxed{K_F(p)} \longrightarrow u_C(t)$

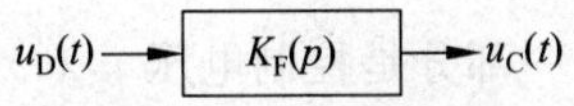

图 10-12　环路滤波器的数学模型图

根据式(10-19)可以得到环路滤波器的数学模型如图 10-12 所示。

3. 压控振荡器(VCO)

压控振荡器(Voltage Controlled Oscillator, VCO)是一个电压—频率变换装置。在振荡电路中,采用压控元件作为选频网络的整体或一部分,通过改变压控元件的工作电压,来控制振荡电路输出信号的频率。这种振荡器就叫作压控振荡器。一般采用变容二极管作为压控元件。外加电压控制变容二极管的反向偏置电压,从而控制变容二极管的结电容 C_j,最后引起压控振荡器输出信号的频率受外加电压的控制。

在环路中作为被控振荡器,它的振荡频率应随输入控制电压 $u_C(t)$ 线性地变化,可用线性方程来表示,即

$$\omega_V(t) = \omega_o + K_V u_C(t) \qquad (10\text{-}20)$$

式中:$\omega_V(t)$——压控振荡器的瞬时角频率;

ω_o——控制电压 $u_C(t) = 0$ 时,压控振荡器的角频率,或叫作压控振荡器的初始角频率;

K_V——控制灵敏度,也可以称为增益系数,单位是 $\mathrm{rad/(s \cdot V)}$。

实际应用中的压控振荡器的控制特性只有有限的线性控制范围,超出这个范围,控制灵敏度将会下降。图 10-13(a)所示为一条实际压控振荡器的控制特性曲线,或叫作压控振荡器特性曲线。

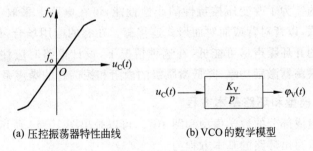

(a) 压控振荡器特性曲线　　　(b) VCO 的数学模型

图 10-13　VCO 的特性曲线及其数学模型

由图 10-13(a)可见,在以 ω_o 为中心的一个区域内,压控振荡器的瞬时角频率 $\omega_V(t)$ 随控制电压 $u_C(t)$ 的变化呈线性关系,故在环路分析中仍用式(10-20)作为压控振荡器的控制特性。压控振荡器的输出电压 $u_o(t)$ 反馈到鉴相器上,对鉴相器输出误差电压 $u_D(t)$ 起作用的不是其频率,而是其相位。

由式(10-20)可以得到压控振荡器的瞬时相位 $\varphi_o(t)$ 为

$$\varphi_o(t) = \int_0^t \omega_V(\tau)\,\mathrm{d}\tau = \omega_o t + K_V \int_0^t u_C(\tau)\,\mathrm{d}\tau \qquad (10\text{-}21)$$

由式(10-20)可见,压控振荡器的瞬时相位 $\varphi_o(t)$ 包括两部分,一部分是没有控制电压 $u_C(t)$ 时,压控振荡器的角频率 ω_o 引起的相移 $\omega_o t$,也叫作压控振荡器的固有瞬时相位;另一部分是控制电压 $u_C(t)$ 引起的额外的相移,大小为 $K_V \int_0^t u_C(\tau)\,\mathrm{d}\tau$,它就是式(10-6)中的初始相位 $\varphi_V(t)$。对于锁相环来说,压控振荡器的瞬时相位 $\varphi_o(t)$ 中的第二部分 $\varphi_V(t)$ 才是至关重要的,它体现了外加电压 $u_C(t)$ 对压控振荡器的控制能力。因此,现在重点讨论它。

把控制电压 $u_C(t)$ 引起的额外的相移 $\varphi_V(t)$ 表示为

$$\varphi_V(t) = K_V \int_0^t u_C(\tau)\,\mathrm{d}\tau \qquad (10\text{-}22)$$

把式(10-22)改写为算子形式,为

$$\varphi_V(t) = \frac{K_V}{p} u_C(t) \qquad (10\text{-}23)$$

根据式(10-23),可以得到压控振荡器的数学模型,如图 10-13(b)所示。从压控振荡器的数学模型上看,压控振荡器具有一个积分因子 $1/p$,这是由相位与角频率之间的积分关系形成的,这个积分作用是压控振荡器所固有的。正因为如此,通常称压控振荡器是锁相环路中的固有积分环节。这个积分作用在环路中起着相当重要的作用。

如上所述,压控振荡器应是一个具有线性控制特性的调频振荡器。对它的基本要求是频率稳定度好(包括长期稳定度和短期稳定度)、控制灵敏度 K_V 高、控制特性的线性度好、线性区域宽等,这些要求之间往往是矛盾的,设计中要折中考虑。

压控振荡器电路的形式很多,常用的有 LC 压控振荡器、晶振压控振荡器、负阻压控振荡器和 RC 压控振荡器等,其中前两种振荡器的频率控制都是用变容二极管来实现的。由于变容二极管结电容与控制电压之间具有非线性的关系,因而压控振荡器的控制特性肯定也是非线性的。为了改变压控特性的线性性能,可在电路上采取一些措施,如与线性电容串联或并联,以背对背或面对面形式连接等。在有的应用场合,如频率合成器等,要求压控振荡器的开环噪声尽可能低,在这种情况下,设计电路时应注意提高有载品质因数和适当增加振荡器激励功率,降低激励级的内阻和振荡管的噪声系数等。

4. 环路相位模型和环路基本方程

根据上述各组成部分的数学模型和图 10-7,可以画出图 10-14 所示的锁相环相位模型。由该模型可以写出环路的基本方程为

$$\varphi_D(t) = \varphi_R(t) - \varphi_V(t) = \varphi_R(t) - K_d K_V K_F(p) \frac{1}{p} \sin\varphi_D(t) \qquad (10\text{-}24)$$

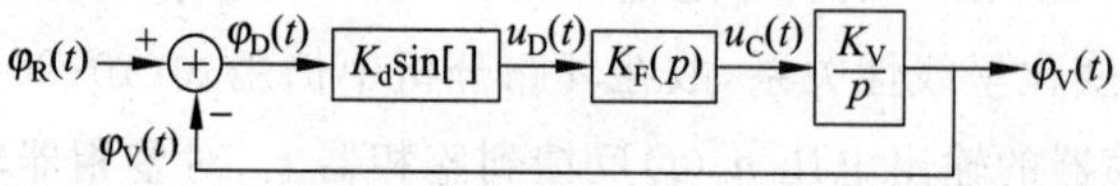

图 10-14   锁相环相位模型

把式(10-24)写成另外一种形式:

$$p\varphi_D(t) + K_d K_V K_F(p)\sin\varphi_D(t) = p\varphi_R(t) \tag{10-25}$$

其中

$$p\varphi_D(t) = \frac{\mathrm{d}\varphi_D(t)}{\mathrm{d}t} = \Delta\omega_D(t) = \omega_R(t) - \omega_V(t) \tag{10-26}$$

为瞬时频差,表示任何时刻,VCO 输出信号的角频率与环路输入信号角频率的瞬时频率差值。

由式(10-8)可以得到与信号 $u_R(t)$ 的以压控振荡器的固有相位 $\omega_o t$ 为参考的初始相位 $\varphi_R(t)$ 对应的角频率:

$$p\varphi_R(t) = \frac{\mathrm{d}\varphi_R(t)}{\mathrm{d}t} = \Delta\omega_R(t) = \omega_R(t) - \omega_o \tag{10-27}$$

式中:$\omega_R(t)$——信号 $u_R(t)$ 的瞬时角频率。

式(10-27)表示的角频率就是信号 $u_R(t)$ 的固有角频差,表示环路输入信号 $u_R(t)$ 的瞬时角频率 $\omega_R(t)$ 与参考角频率(VCO 固有频率)ω_o 的差值。

把式(10-27)和式(10-26)代入式(10-25),并根据图 10-14 的物理意义,可得

$$K_d K_V K_F(p)\sin\varphi_D(t) = K_V u_C(t) = \omega_V(t) - \omega_o \tag{10-28}$$

式(10-28)表示的是环路的控制角频率差,它实际上是 VCO 在控制电压作用下,输出瞬时角频率 $\omega_V(t)$ 与参考角频率 ω_o 的差值。

根据以上分析,式(10-24)和式(10-25)的环路基本方程表明了如下关系。

瞬时频差+控制频差=固有频差

如果固有频差不变,环路闭合以后,由于环路的自动调整作用,如果控制频差不断增大,则瞬时频差不断减小,最终达到控制频差等于固有频差,在瞬时频差为零的情况下环路锁定,此时,相位误差 $\varphi_D(t)$ 为一常数,并由它导致 VCO 的控制电压为一个稳定值。

当环路闭合,经过足够长时间后环路锁定,相位误差 $\varphi_D(t)$ 趋于一个固定值 $\varphi_{D\infty}$,将其称为剩余相位误差或稳态误差,此时误差电压 $\varphi_D(t)$ 和控制电压 $u_C(t)$ 均为直流信号。设环路滤波器的直流响应为 $K_F(0)$,有

$$K_d K_V K_F(0)\sin\varphi_{D\infty} = K_{To}\sin\varphi_{D\infty} = \Delta\omega_j \tag{10-29}$$

式中:$K_{To} = K_d K_V K_F(0)$——环路直流增益;

$\Delta\omega_j$——稳态控制角频率差。

由式(10-29)可得剩余相位误差或稳态误差 $\varphi_{D\infty}$ 为

$$\varphi_{D\infty} = \arcsin\frac{\Delta\omega_j}{K_{To}} \tag{10-30}$$

从式(10-30)可知,环路直流增益 K_{To} 越大,剩余相位误差 $\varphi_{D\infty}$ 越小;稳态控制角频率差 $\Delta\omega_j$ 越大,剩余相位误差 $\varphi_{D\infty}$ 也越大。若 $\Delta\omega_j > K_{To}$,则式(10-30)无解,环路无法锁定。维持环路锁定所允许的最大固有频差称为同步带,用 $\Delta\omega_H$ 表示,可得 $\Delta\omega_H = \pm K_{To}$,当然,同步带也和 VCO 的受控范围有关,它由这两者中的较小者决定。

环路基本方程是非线性微分方程,其阶数与环路滤波器有关。求解环路方程就可以得到完整的环路工作情况描述,但除了一阶环路外,二阶以上环路是很难得到闭式解的,通常采用图解法或计算机数值分析法求近似解。当瞬时相差较小时,也可以用线性模型

来描述,从而求得其某些特性。

5. 捕捉与跟踪

当锁相环路刚工作时,其起始一般处于失锁状态。通过自身的调节,锁相环路由起始的失锁状态进入锁定状态的过程称为捕捉过程。当环路锁定后,若由于某种原因引起输入信号的角频率 $\omega_R(t)$ 或 VCO 的振荡角频率 $\omega_V(t)$ 发生变化,只要这种变化不是很大,环路通过自身的调节,可使 VCO 的振荡角频率 $\omega_V(t)$ 跟踪输入信号的角频率 $\omega_R(t)$ 的变化,从而维持 $\omega_V(t)=\omega_R(t)$ 的锁定状态,这个过程称为跟踪过程(或同步过程)。可见,捕捉与跟踪是锁相环路的两种不同的自动调节过程,下面分别简单地加以讨论。

1) 捕捉过程与捕捉带

在捕捉过程中,环路能够由失锁状态进入锁定状态所允许的最大固有角频差 $|\Delta\omega_R|$ 称为捕捉带或捕捉范围,用 $\Delta\omega_p$ 表示。捕捉过程所需要的时间称为捕捉时间。

当环路未加输入信号 $u_R(t)$ 时,VCO 上没有控制电压,其振荡频率为 ω_o。若将频率 ω_R 恒定的输入信号加到环路上去,则存在瞬时频差(起始频差)$\Delta\omega_R = \omega_R - \omega_o$,因而在接入信号 $u_R(t)$ 的瞬间,加到鉴相器的两个信号的瞬时相位差为

$$\varphi_D(t) = \int_0^t \Delta\omega_R(\tau)\mathrm{d}\tau$$

相应的,鉴相器输出的误差电压为

$$u_D(t) = K_d\sin\varphi_D(t)$$

显然,$u_D(t)$ 是频率为 $\Delta\omega_R$ 的差拍电压。下面分 3 种情况进行讨论。

(1) 起始频差 $\Delta\omega_R$ 比较小

此时,VCO 的固有振荡频率 ω_o 与输入信号频率 ω_R 相差比较小。由于鉴相器输出的误差电压 $u_D(t)$ 的频谱在环路滤波器(LF)的通频带内,则误差电压 $u_D(t)$ 通过环路滤波器时,衰减很小,使得控制电压信号 $u_c(t)$ 比较大,故控制能力比较强。控制电压信号 $u_c(t)$ 加到 VCO 上,使其振荡频率 $\omega_V(t)$ 在 ω_o 的基础上近似按正弦规律变化。很快地,VCO 的振荡频率 $\omega_V(t)$ 就变化到等于输入信号频率 ω_R,此时环路趋于锁定,且输入电压信号 $u_R(t)$ 与 VCO 输出电压信号 $u_o(t)$ 之间的相位差 $\varphi_D(t)$ 等于稳态相位差 $\varphi_{D\infty}$,鉴相器(PD)输出一个与稳态相位差 $\varphi_{D\infty}$ 对应的直流电压,以维持环路的锁定状态。

(2) 起始频差 $\Delta\omega_R$ 很大

此时,VCO 的固有振荡角频率 ω_o 与输入信号角频率 ω_R 相差很大,起始频差 $\Delta\omega_R$ 远大于环路滤波器的通频带。这时,鉴相器输出的误差电压 $u_D(t)$ 通过环路滤波器时,衰减很大,使得控制电压信号 $u_c(t)$ 非常小,几乎没有控制能力。VCO 上的控制电压 $u_c(t)\approx 0$,它的振荡频率仍为 ω_o,环路处于失锁状态。

(3) 起始频差 $\Delta\omega_R$ 比较大

此时,VCO 的固有振荡角角频率 ω_o 与输入信号角频率 ω_R 相差比较大,起始频差 $\Delta\omega_R$ 超出环路滤波器的通频带,但仍小于捕捉带 $\Delta\omega_p$。这时,鉴相器输出的误差电压信号 $\varphi_D(t)$ 通过环路滤波器后受到比较大的衰减,致使加到 VCO 上的控制电压 $u_c(t)$ 很小,VCO 的振荡角频率 $\omega_V(t)$ 在 ω_o 的基础上变化幅度也很小,使得 VCO 的振荡角频率 $\omega_V(t)$ 不能立即变化到输入电压信号 $u_R(t)$ 的角频率 ω_R。但是,通过多次反馈和控制,

VCO 的振荡角频率 $\omega_V(t)$ 逐步逼近输入电压信号 $u_R(t)$ 的角频率 ω_R，直到 $\omega_V(t)=\omega_R$，此时环路才会锁定。显然，在这种情况下，捕捉时间较长。

综上所述，并不是任何情况下环路都能锁定。如果 VCO 的固有振荡角频率 ω_o 与输入信号角频率 ω_R 相差太大，则环路失锁。只有当 ω_o 与输入电压信号 $u_R(t)$ 的角频率 ω_R 相差不太大的时候，环路才能锁定。显然，环路的捕捉带 $\Delta\omega_P$ 不但取决于 K_d 和 K_V，还取决于环路滤波器的频率特性。K_d 和 K_V 越大，环路滤波器的通频带越宽，则即使 $\Delta\omega_P$ 较大，环路滤波器仍有一定的控制电压 $u_C(t)$ 输出，环路仍能锁定。此外，捕捉带还与 VCO 的频率控制范围有关，只有当 VCO 的频率控制范围大于捕捉带时，它对 $\Delta\omega_P$ 的影响才可忽略，否则 $\Delta\omega_P$ 将减小，而 K_d 和 K_V 越大，固有频差 $\Delta\omega_R$ 越小，环路滤波器的通频带越宽，则环路锁定越快，捕捉时间越短。

2）跟踪过程与同步带

在跟踪过程中，能够维持环路锁定所允许的最大固有频差 $|\Delta\omega_R|$ 称为同步带或跟踪带，用 $\Delta\omega_H$ 表示。

由于环路锁定后，VCO 的振荡角频率 $\omega_V(t)$ 或输入电压信号 $u_R(t)$ 的角频率 $\omega_R(t)$ 的变化同样引起鉴相器的两个输入信号相位差的变化，因此跟踪的基本原理与捕捉的基本原理是类似的。但是，在环路锁定的情况下，缓慢地增大固有频差 $|\Delta\omega_R|$（例如，改变输入电压信号 $u_R(t)$ 的角频率 $\omega_R(t)$），鉴相器输出的误差电压 $u_D(t)$ 将是一个缓慢变化的电压，环路滤波器对它的衰减很小，加到 VCO 的控制电压 $u_C(t)$ 几乎等于 $u_D(t)$，则在跟踪过程中，环路的控制能力增强。由于在捕捉过程中，固有频差 $|\Delta\omega_R|$ 较大时，鉴相器输出的误差电压 $u_D(t)$ 将受到环路滤波器的较大衰减，则此时环路的控制能力较差。因此，由于环路滤波器的存在，使锁相环路的捕捉带小于同步带。如果 K_d 和 K_V 越大，环路滤波器的直流增益越大（或通频带越宽），则环路的同步带 $\Delta\omega_H$ 也越大。同样地，同步带还与 VCO 的频率控制范围有关，只有当 VCO 的频率控制范围大于同步带时，它对 $\Delta\omega_H$ 的影响才可忽略，否则，$\Delta\omega_H$ 将减小。

6. 锁相环路的基本特性

锁相环路之所以获得广泛的应用，是因为它具有下述基本特性。

1）锁定特性

在没有干扰的情况下，环路一经锁定，其输出信号（即 VCO 振荡信号）的频率等于输入信号频率，二者没有剩余频差，只有不大的剩余相差。因此，如果输入信号是一个频率稳定度很高的基准信号，则 VCO 输出的将是一个高频率稳定度且输出功率较大的信号。

2）跟踪特性

锁相环路在锁定时，其输出信号角频率 $\omega_V(t)$ 能在一定范围内跟踪输入信号角频率 $\omega_R(t)$ 的变化，最终使 $\omega_V(t)=\omega_R$。跟踪特性又可分为载波跟踪特性和调制跟踪特性。载波跟踪特性又称窄带跟踪特性，它指锁相环路可以实现对输入信号载波频率变化的跟踪，此时，环路滤波器是窄带滤波器。调制跟踪特性又称宽带跟踪特性，它指锁相环路可以跟踪输入宽带调频信号的瞬时频率（或相位）的变化，此时，环路滤波器是宽带滤波器。

3) 窄带滤波特性

由于环路锁定时,鉴相器输出的误差电压 $u_D(t)$ 是一个能顺利通过环路滤波器的直流信号,如果此时输入信号中混有干扰成分,则干扰信号在鉴相器输出端产生差拍干扰电压,其差拍频率等于干扰频率与环路锁定时的 VCO 振荡频率之差。显然,差拍干扰电压中,只有小部分差拍频率低的成分能够通过环路滤波器,而大部分将被滤除。于是,VCO 输出信号中的干扰成分会大大减少,它被看作经过环路提纯了的输出信号。换句话说,环路只让输入信号频率附近的频率成分通过,离信号频率稍远的频率成分则被滤除掉。因此,环路相当于一个高频窄带滤波器,这个滤波器的通带可以做得很窄,例如在几百兆赫的中心频率上实现几赫兹的窄带滤波。这是其他滤波器难以达到的。

10.4.3　集成锁相环路

随着半导体集成技术的发展,自 20 世纪 60 年代末第一个单片集成锁相环问世以来,集成锁相环的发展极为迅速,其产品种类繁多,工艺日新月异。集成锁相环由于性能优良,价格便宜,使用方便,因而获得广泛的应用。集成锁相环往往不含环路滤波器,这是因为环路滤波器的构成简单,并且其特性在很大程度上决定了锁相环路的性能。因此,通过外接不同 RC 元件构成的环路滤波器,可以使锁相环路具有不同的性能,以应用于不同的场合。

集成锁相环按其内部电路结构可分为模拟锁相环和数字锁相环两大类,按其用途又可分为通用型锁相环和专用型锁相环两种。通用型锁相环是一种具有各种用途的锁相环,其内部电路主要由 PD 和 VCO 两部分组成,有时还附加放大器和其他辅助电路,也有用单独的集成 PD 和集成 VCO 连接成满足某种需要的锁相环路。专用型锁相环是一种专为某种功能设计的锁相环,譬如,用于调频接收机中的调频立体声解码电路,用于彩色电视接收机中的色差信号解调电路等。下面介绍几种常用的集成锁相环。

1. NE/SE564

NE/SE564 是一个多功能的锁相环集成电路,最高工作频率为 50MHz,其中有 VCO、限幅器、相位比较器等,其内部电路组成如图 10-15 所示,16 脚 DIP 或 SO 封装。NE/SE564 的引脚名称如表 10-1 所示。

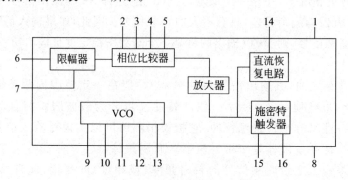

图 10-15　NE/SE564 的内部电路组成

表 10-1　NE/SE564 的引脚名称

引脚号	名　　称	引脚号	名　　称	引脚号	名　　称	引脚号	名　　称
1	$+V_{CC}$	5	环路滤波	9	VCO 输出	13	频率设置
2	环路增益控制	6	高频输入	10	$+V_{CC}$	14	模拟输出
3	高频输入	7	滤波	11	VCO 输出	15	触发电平设置
4	环路滤波	8	地	12	频率设置	16	TTL 输出

　　输入信号从 NE/SE564 的 6 引脚输入,通过内部的限幅电路后,输入内部鉴相器。鉴相器的另一个输入信号来自内部的压控振荡器。鉴相器输出的相位误差电压信号经过内部放大器从 14 引脚输出,锁相环往往通过 14 引脚外接环路滤波器。13 引脚用于压控振荡器输入控制电压。

　　NE/SE564 的主要特征是:①可以用 5V 的单电源供电;②输入和输出都与 TTL 电平兼容;③能可靠工作在 50MHz;④可以在外部进行环路增益控制;⑤能抑制载波反馈;⑥可以作为一个调制器(FM)。

　　NE/SE564 主要应用于高速调制解调器、FSK 接收器和调制器、频率合成、信号发生器、卫星通信系统和 TV 系统等。

2. CC4046

　　CC4046 是一种数字锁相环,它是 CMOS、低功耗电路,最高工作频率约 1.2MHz。CC4046 的电源电压为 5~15V,功耗极低,其振荡输出电平可与 TTL 或 CMOS 数字电路的电平兼容。图 10-16 所示为 CC4046 的内部电路组成框图,它主要由线性压控振荡器、源极跟随器、稳压器及两个相位比较器组成。

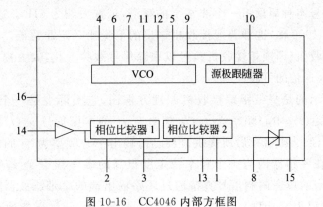

图 10-16　CC4046 内部方框图

　　CC4046 的引脚名称如表 10-2 所示。

　　CC4046 的主要特征是:低功耗,VCO 的振荡频率为 10kHz。$V_{DD}=5V$ 时,功耗仅 $70\mu W$(典型值);$V_{DD}=10V$ 时,工作频率可达 1.2MHz;宽电源输入,电源电压可为 5~15V;频率稳定度高;等等。

表 10-2   CC4046 的引脚名称

引脚号	名　　称	引脚号	名　　称	引脚号	名　　称	引脚号	名　　称
1	相位比较器 2 输出	5	使能端	9	VCO 输入	13	相位比较器 2 输出
2	相位比较器 1 输出	6	VCO 外接电容端	10	解调输出	14	相位比较器输入
3	信号输入	7	VCO 外接电容端	11	VCO 外接电阻	15	内部稳压输入端
4	VCO 输出	8	地	12	VCO 外接电阻	16	$+V_{DD}$

CC4046 主要应用于 FM 的调制与解调、频率合成、倍频、分频、数据同步、电压—频率转换、语音编码、FSK 调制与解调等。

10.4.4   锁相环路的应用

锁相环路具有以下优点：①锁定时无剩余频差；②良好的窄带滤波特性；③良好的跟踪特性；④易于集成化。所以它在通信、电视、广播、空间技术、仪器仪表和频率合成等方面均获得广泛的应用，下面举一些例子加以说明。

1. 锁相接收机

从人造卫星、宇宙飞船上的低功率(毫瓦至瓦数量级)发射机发射到地面的信号是很微弱的，同时，由于飞行器运动产生多普勒频移和发射机振荡器的自身频率漂移，使接收机收到的信号会有明显的频率误差。例如，频率为 108MHz 时，多普勒频移可能在 ± 3kHz 范围内。如果用普通的接收机，则其带宽至少应为 6kHz 才能保证收到信号。但飞行器发射的信号本身却只占一个非常窄的频谱，带宽大约为 6Hz。这样，接收机的带宽比信号带宽大 1000 倍，这种普通接收机输出的信噪比必定非常低。使用锁相环路构成的窄带跟踪接收机(即锁相接收机)，可以跟踪信号载频变化，大大提高接收机的信噪比，大幅度地提高通信的可靠性。

图 10-17 所示的是窄带跟踪接收机原理方框图，它实际上是一个窄带跟踪环路。输入调频信号 $u_{FM}(t)$(中心频率为 f_S)与频率为 f_L 的本振信号 $u_L(t)$ 相混频。本振信号 $u_L(t)$ 由 VCO 经 N 次倍频后所提供。混频后，输出中心频率为 f_1 的中频信号 $u_1(t)$，经过中频放大，在鉴相器内与一个频率稳定度很高的参考频率 f_o 进行相位比较。经鉴相后，解调出来的单音调制信号直接通过环路输出端的窄带滤波器输出。由于环路滤波器的窄带选得很窄，因此，鉴相器输出中的调制信号分量不能通过环路。但以参考频率 f_o 为基准的已调中频信号 $u_1(t)$ 的载频 f_1 发生漂移时，它所对应的鉴相器直流输出控制电压却能够进入环路，控制 VCO 的振荡频率，使混频后的中频已调信号 $u_1(t)$ 的载频漂移减小到零。显然，在锁定状态下，必有 $f_1 = f_o$。因此，窄带跟踪环路的作用，就是使载频有漂移的已调信号频谱经混频后，能准确地落在中频频带的中央，这就实现了窄带跟踪。

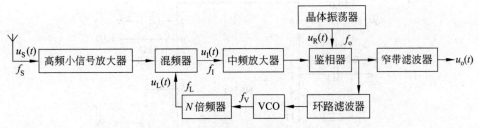

图 10-17　窄带跟踪接收机原理方框图

2. 锁相调频与解调

用锁相环路组成的调频电路,可以得到中心频率稳定度很高的调频信号。图 10-18 所示为锁相调频电路的原理方框图,其中环路滤波器的通频带较窄(窄带滤波器),而调制信号 $u_\Omega(t)$ 通过加法器加到 VCO 上,从而实现频率调制。这样,虽然鉴相器输出的误差电压 $u_D(t)$ 包含调制信号的分量,但该分量将被滤波器所滤除,环路滤波器输出的控制电压只反映了 VCO 信号的中心频率不稳定所引起的分量,故锁相环路只起稳定 VCO 输出信号 $u_o(t)$ 的中心频率作用。因此,加到 VCO 的控制信号 $u_c(t)$ 和调制信号 $u_\Omega(t)$ 中,前者将稳定 $u_o(t)$ 的中心频率,后者将实现频率调制。显然,当环路锁定时,$u_o(t)$ 的中心频率将锁定在晶振频率上,VCO 输出信号 $u_o(t)$ 将是一个中心频率稳定度很高的调频信号,这就克服了直接调频电路的中心频率稳定度不高的缺点。

图 10-18　锁相调频电路的原理方框图

用锁相环路也可以实现调频波的解调,图 10-19 所示为锁相鉴频电路的组成框图,其中环路滤波器的通频带足够宽(大于调制信号的最高频率),使鉴相器输出的调制信号电压能顺利地通过。前面已指出,锁相环路具有调制跟踪特性。当输入为调频波 $u_{FM}(t)$ 时,只要环路的捕捉带大于 $u_{FM}(t)$ 的最大频偏,VCO 就能精确地跟踪输入信号 $u_{FM}(t)$ 的瞬时频率的变化。既然 VCO 振荡信号与输入信号 $u_{FM}(t)$ 的瞬时频率变化规律相同,则

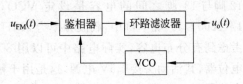

图 10-19　锁相鉴频电路的原理方框图

VCO 的控制电压 $u_o(t)$ 就与发送端的调制信号成正比,或者说,环路滤波器输出的控制电压 $u_o(t)$ 就是调频波的解调信号。

图 10-20 和图 10-21 分别给出了锁相环用于调频和鉴频的应用电路原理,其中的锁相环集成电路是 NE564。

在图 10-20 中,调制信号 $u_\Omega(t)$ 从 6 脚耦合进去,载波信号 $u_c(t)$ 由 NE564 内部的 VCO 产生,调频信号 $u_o(t)$ 从 9 脚输出。电流源 I_2 是调整锁相环捕捉带的,约为 $100\mu A$。

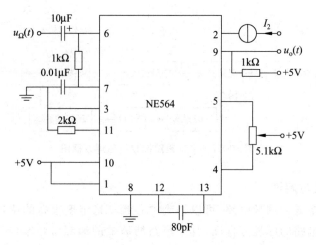

图 10-20　锁相环用于调频的应用电路原理

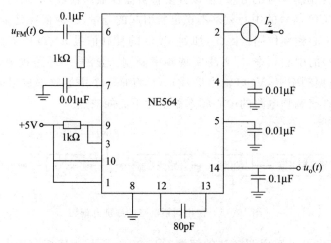

图 10-21　锁相环用于鉴频的应用电路原理

12 脚与 13 脚之间的电容是设定 VCO(载波)频率 f_o 的,这个电容的估算公式为 $1/(2200f_o)$。在本例中,载波频率为 5MHz,估算 12 脚与 13 脚之间的电容大约是 90pF,考虑到有分布电容,实际电路中可以用 80pF 的电容。4 脚和 5 脚之间接有一个 5.1kΩ 电位器,其活动头接+5V 电源,这是用于精密调整 VCO(载波)频率 f_o 的,应该使用精密电位器。

在图 10-21 中,调频信号 $u_{FM}(t)$ 从 6 脚耦合进去,由 NE564 内部的 VCO 产生的正弦波信号非常接近于输入调频信号的载波信号,解调信号从 14 脚输出。电流源 I_2、12 脚与 13 脚之间的电容的功能与图 10-19 所示的一样。在本例中,载波频率也为 5MHz。7 脚外接的电容是为 NE564 内部的偏置电路滤波的,4 脚和 5 脚外接的电容是环路滤波电容。

3. 频率合成

频率合成技术是利用一个或若干个高稳定度和高准确度的晶体振荡器,产生出一系列等间隔的、与晶体振荡器具有相同稳定度和准确度的频率信号,它在现代通信系统和其他电子系统中得到了广泛的应用。早期,频率合成器都是采用直接合成法,它是利用混频、倍频、分频和带通滤波器等电路,直接由一个或多个晶体振荡器产生一系列等间隔的频率信号。直接合成法的缺点是电路复杂、体积大、成本高和调试比较烦琐,且产生的信号频率数目又不能太多。目前,它几乎已被间接合成法所取代。间接合成法又称为锁相环路法,它是利用锁相环路的频率无误差跟踪特性,由 VCO 产生大量与某一晶体振荡器(作为环路的输入信号)具有相同稳定度和准确度的频率信号。近年来,人们又提出了直接数字合成法,它是利用计算机和数/模变换器,直接由一个晶体振荡器产生一系列频率的信号。

频率合成器的使用场合不同,对它的技术指标的要求也不完全一样。大体说来,频率合成器的主要技术指标有下列几种。

(1) 工作频率范围:指由最高和最低输出频率确定的频率范围。

(2) 频率间隔:指两个相邻频率之间的最小间隔,又称分辨率。

(3) 频率转换时间:指频率转换后,达到稳定输出所需要的时间。

(4) 频率稳定度和准确度:其概念见前面有关章节内容,不再重复。

(5) 频谱纯度:表示输出信号接近正弦波的程度。

在采用锁相环的间接频率合成器中,锁相倍频和锁相混频是两个基本的组成电路(它们本身就是最简单的频率合成器)。下面先介绍这两种电路,再介绍一般频率合成器的电路。

1) 锁相倍频电路

锁相倍频电路的原理方框图如图 10-22 所示,它是在基本锁相环路的反馈支路中插入一个分频器构成的。当环路锁定时,鉴相器的两个输入信号 $u_i(t)$ 和 $u_o'(t)$ 的频率相等,即 $f_o' = f_i$,f_o' 是 VCO 输出电压 $u_o(t)$ 经 N 次分频后的频率,则 $f_o' = f_o/N$,故 $f_o = Nf_i$。式中,N 为分频器的分频比,这表明,锁相倍频电路的输出频率为输入频率的 N 倍。一般情况下,输入信号 $u_i(t)$ 是由晶体振荡器产生的,故 f_i 具有很高的稳定度和准确度。如果电路采用可编程分频器,只要改变分频器的分频比 N,就可得到一系列频率间隔为 f_i 的标准频率信号输出。

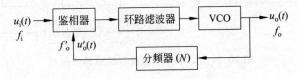

图 10-22　锁相倍频电路的原理方框图

2) 锁相混频电路

锁相混频电路是一种频率变换电路,如图 10-23 所示,它是在基本锁相环路的反馈支路中插入混频器和中频放大器而构成的。由于加到混频器的信号是频率为 f_L 的本振信号 $u_1(t)$ 和频率为 f_o 的 VCO 输出的信号 $u_o(t)$,而混频器的输出信号的频率(中频)f_i' 采用差中频,故 $f_i' = f_1 - f_o$,该信号经中频放大器后,与输入信号 $u_2(t)$ 同时加到鉴相器上。当环路锁定时,$f_2 = f_i' = f_1 - f_o$,故 $f_o = f_1 - f_2$,即该电路实现了 $u_1(t)$ 和 $u_2(t)$ 这两个信号的混频作用。

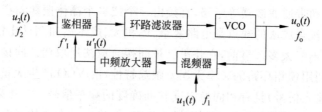

图 10-23　锁相混频电路的原理方框图

如果用普通混频器对 $u_1(t)$ 和 $u_2(t)$ 进行混频,则混频器的输出信号中既含有所需的差频分量(f_1-f_2),又含有无用的和频分量(f_1+f_2)。当 $f_1 \gg f_2$ 时,由于差频与和频两个分量靠得太近,混频器的输出滤波器很难做到在取出差频分量的同时又抑制和频分量,特别是当 f_1 和 f_2 在一定范围内变化时,上述要求更难实现。而在锁相混频电路中,当 $f_1 \gg f_2$ 时,输入混频器的信号频率 f_1 和 f_o 都很大,则差频(f_1-f_o)分量与和频(f_1+f_o)相差很大,因此混频器的输出滤波器很容易取出差频分量,而抑制和频分量。考虑到锁相环路的频率跟踪作用,显然,锁相混频电路特别适用于 $f_1 \gg f_2$ 时,且 f_2 和 f_1 可能在一定范围内变化的场合。

3) 简单频率合成器

图 10-24 所示为一个简单频率合成器的原理,它是在图 10-22 所示的锁相倍频电路的基础上,在输入信号与鉴相器之间插入固定分频器(M)而构成的。由图可见,当环路锁定时,$f_o/N = f_i/M$,于是 $f_o = (N/M)f_i$。该式表明,当改变可编程分频器的分频比为 N 时,该电路可得到一系列频率间隔为 f_i/M 的标准信号,即频率间隔减小了。但是,由于鉴相器的输入信号频率降为 f_i/M,则环路滤波器的带宽也要相应地减小,频率转换时间变长(因为捕捉时间变长)。因此,图 10-24 所示的简单频率合成器存在着减小频率间隔和缩短频率转换时间的矛盾。要解决此矛盾可采取多种措施,其中比较有效的一种措施是采用多环的方案。

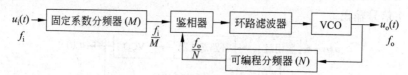

图 10-24　简单频率合成器的原理方框图

4) NE564 实现的倍频器

图 10-25 给出了锁相环用于倍频的应用电路原理,其中的锁相环集成电路是 NE564。输入信号 $u_i(t)$ 从 6 脚耦合进入,从 9 脚输出。在 9 脚和 3 脚之间串联了一个分频比为 N 的分频器,此分频器可以是固定分频比,也可以是可编程分频比。电容 C_o 的设置大小与图 10-20 和图 10-21 所示的一样。$10k\Omega$ 的电位器用于调整 NE564 内部的偏置电路的静态工作点。此电路的输出信号的频率是输入信号的频率的 N 倍,而且频率稳定度、精确度以及频谱纯度都很高。

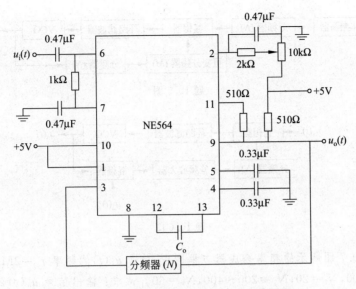

图 10-25　锁相环用于倍频的应用电路原理

本章小结

　　本章首先介绍了反馈控制电路的组成、自动振幅控制电路的功能及工作原理、自动频率控制电路的功能及工作原理。然后重点讨论了锁相环电路的基本工作原理、组成、相位模型和基本方程。接着讨论了锁相环的特点以及捕获和锁定的基本概念。最后介绍几种锁相环的典型应用电路。

　　通过本章的学习,读者可以了解自动振幅控制电路、自动频率控制电路的工作原理,掌握锁相环电路的滤波特性、跟踪特性以及各种锁相环的应用电路。

思考题与习题

10.1　锁相环路稳频与自动频率控制电路在工作原理上有何区别?为什么说锁相环路可以相当于一个窄带跟踪滤波器?

10.2　锁相调频电路与一般的调频电路有什么区别?

10.3　锁相接收机与普通接收机相比,有哪些优点?

10.4　锁相分频、锁相倍频与普通分频器、倍频器相比,其主要优点是什么?

10.5　在题 10.5 图所示的锁相环路中,晶体振荡器的振荡频率为 $80\,\mathrm{kHz}$,固定分频器的分频比为 $N=8$,可变分频器的分频比 $M=660\sim980$。试求压控振荡器输出信号的频率范围及相邻两个频率的间隔。

10.6　在题 10.6 图所示频率合成器方框图中,信号 $u_1(t)$ 的频率 $f_1=10^6\,\mathrm{Hz}$,信号 $u_2(t)$ 的频率 $f_2=10^7\,\mathrm{Hz}$,$N=8$。求输出信号 $u_o(t)$ 的频率 $f_o(f_2>f_o)$。

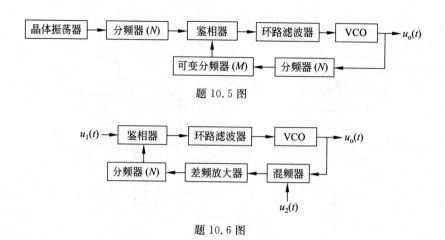

题 10.5 图

题 10.6 图

10.7   在题 10.7 图所示的频率合成器方框图中,信号 $u_1(t)$ 的频率 $f_1 = 2\text{MHz}$,分频系数 $N_1 = 200, N_2 = 20, N_3 = 200 \sim 400, N_4 = 60$。试求:输出信号 $u_o(t)$ 的频率范围和频率最小间隔。

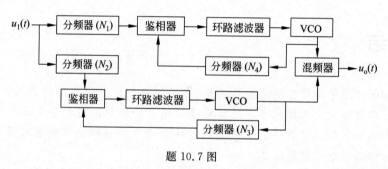

题 10.7 图

10.8   题 10.8 图所示为三环频率合成器。其中,信号 $u_1(t)$ 的频率 $f_1 = 120\text{kHz}$,分频系数 $N_1 = 200 \sim 400, N_2 = 300 \sim 600$。试求:输出信号 $u_o(t)$ 的频率范围和频率最小间隔。

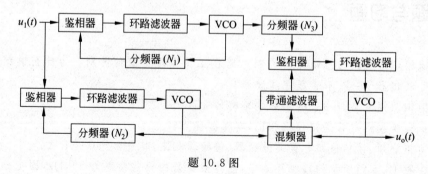

题 10.8 图

10.9   自动增益控制有哪些方法?各有什么特点?

10.10   试画出锁相环用于调频和鉴频的原理方框图。

参考文献

[1] 张肃文. 高频电子线路[M]. 北京：高等教育出版社，1986.

[2] 阳昌汉. 高频电子线路[M]. 哈尔滨：哈尔滨工业大学出版社，2001.

[3] Carson S. High-frequency Amplifiers[M]. New York：John Wiley & Sons Inc. ，1976.

[4] 胡见唐，谭博文. 固态高频电路[M]. 北京：国防科技大学出版社，1986.

[5] 清华大学通信教研组. 高频电路（上、下册）[M]. 北京：电子工业出版社，2000.

[6] 雪威，等. 3D STUDIO MAX 3.0 教程[M]. 北京：希望电子出版社，1999.

[7] 晶辰工作室. 最流行图像格式实用参考手册[M]. 北京：人民邮电出版社，1980.

[8] 沈伟慈. 高频电路[M]. 西安：西安电子科技大学出版社，2000.

[9] 于洪珍. 通信电子线路[M]. 北京：电子工业出版社，2002.

[10] 谢源清. 模拟电子线路[M]. 成都：电子科技大学出版社，1994.

[11] 张凤言. 电子电路基础[M]. 2 版. 北京：高等教育出版社，1995.

[12] 周子文. 模拟乘法器及其应用[M]. 北京：高等教育出版社，1983.

[13] Theodore S Rappapot. Wireless Communications Principles and Practice [M]. New Jersey：Prentice Hall Inc. ，1996.

[14] Peebles P Z. Communication System Principles[M]. New Jersey：Addison-Wesley Publishing Company，1976.

[15] 樊昌信，詹道庸，徐炳祥，等. 通信原理[M]. 4 版. 北京：国防工业出版社，1995.

[16] Joseph J Carr. Secrets of Circuit Design[M]. 3rd ed. New York：The McGraw-Hill Inc. ，2001.

[17] http://www.datasheetarchive.com.

余弦脉冲分解系数表

$\theta/(°)$	$\cos\theta$	α_0	α_1	α_2	g_1	$\theta/(°)$	$\cos\theta$	α_0	α_1	α_2	g_1
0	1.000	0.000	0.000	0.000	2.00	26	0.899	0.097	0.188	0.177	1.95
1	1.000	0.004	0.007	0.007	2.00	27	0.891	0.100	0.195	0.182	1.95
2	0.999	0.007	0.015	0.015	2.00	28	0.883	0.104	0.202	0.188	1.94
3	0.999	0.011	0.022	0.022	2.00	29	0.875	0.107	0.209	0.193	1.94
4	0.998	0.014	0.030	0.030	2.00	30	0.866	0.111	0.215	0.198	1.94
5	0.996	0.018	0.037	0.037	2.00	31	0.875	0.115	0.222	0.203	1.93
6	0.994	0.022	0.044	0.044	2.00	32	0.848	0.118	0.229	0.208	1.93
7	0.993	0.025	0.052	0.052	2.00	33	0.839	0.122	0.235	0.213	1.93
8	0.990	0.029	0.059	0.059	2.00	34	0.829	0.125	0.241	0.217	1.93
9	0.988	0.032	0.066	0.066	2.00	35	0.819	0.129	0.248	0.221	1.92
10	0.985	0.036	0.073	0.073	2.00	36	0.809	0.133	0.255	0.226	1.92
11	0.982	0.040	0.080	0.080	2.00	37	0.799	0.136	0.261	0.230	1.92
12	0.978	0.044	0.088	0.087	2.00	38	0.788	0.140	0.268	0.234	1.91
13	0.974	0.047	0.095	0.094	2.00	39	0.777	0.143	0.274	0.237	1.91
14	0.970	0.051	0.102	0.101	2.00	40	0.766	0.147	0.280	0.241	1.90
15	0.966	0.055	0.110	0.108	2.00	41	0.755	0.151	0.286	0.244	1.90
16	0.961	0.059	0.117	0.115	1.98	42	0.743	0.154	0.292	0.248	1.90
17	0.956	0.063	0.124	0.121	1.98	43	0.731	0.158	0.298	0.251	1.89
18	0.951	0.066	0.131	0.128	1.98	44	0.719	0.162	0.304	0.253	1.88
19	0.945	0.070	0.138	0.134	1.97	45	0.707	0.165	0.311	0.256	1.88
20	0.940	0.074	0.146	0.141	1.97	46	0.695	0.169	0.316	0.259	1.87
21	0.934	0.078	0.153	0.147	1.97	47	0.682	0.172	0.322	0.261	1.87
22	0.927	0.082	0.160	0.153	1.97	48	0.669	0.176	0.327	0.263	1.86
23	0.920	0.085	0.167	0.159	1.97	49	0.656	0.179	0.333	0.265	1.85
24	0.914	0.089	0.174	0.165	1.96	50	0.643	0.183	0.339	0.267	1.85
25	0.906	0.093	0.181	0.171	1.95	51	0.629	0.187	0.344	0.269	1.84

$\theta/(°)$	$\cos\theta$	α_0	α_1	α_2	g_1	$\theta/(°)$	$\cos\theta$	α_0	α_1	α_2	g_1
52	0.616	0.190	0.350	0.270	1.84	85	0.087	0.302	0.487	0.230	1.61
53	0.602	0.194	0.355	0.271	1.83	86	0.070	0.305	0.490	0.226	1.61
54	0.588	0.197	0.360	0.272	1.82	87	0.052	0.308	0.493	0.223	1.60
55	0.574	0.201	0.366	0.273	1.82	88	0.035	0.312	0.496	0.219	1.59
56	0.559	0.204	0.371	0.274	1.81	89	0.017	0.315	0.498	0.216	1.58
57	0.545	0.208	0.376	0.275	1.81	90	0.000	0.319	0.500	0.212	1.57
58	0.530	0.211	0.381	0.275	1.80	91	−0.017	0.322	0.502	0.208	1.56
59	0.515	0.215	0.386	0.275	1.80	92	−0.035	0.325	0.504	0.205	1.55
60	0.500	0.218	0.391	0.276	1.80	93	−0.052	0.328	0.506	0.201	1.54
61	0.485	0.222	0.396	0.276	1.78	94	−0.070	0.331	0.508	0.197	1.53
62	0.469	0.225	0.400	0.275	1.78	95	−0.087	0.334	0.510	0.193	1.53
63	0.454	0.229	0.405	0.275	1.77	96	−0.105	0.337	0.512	0.189	1.52
64	0.438	0.232	0.410	0.274	1.77	97	−0.122	0.340	0.514	0.185	1.51
65	0.423	0.236	0.414	0.274	1.76	98	−0.139	0.343	0.516	0.181	1.50
66	0.407	0.239	0.419	0.273	1.75	99	−0.156	0.347	0.518	0.177	1.49
67	0.391	0.243	0.423	0.272	1.74	100	−0.174	0.350	0.520	0.172	1.49
68	0.375	0.246	0.427	0.270	1.74	101	−0.191	0.353	0.521	0.168	1.48
69	0.358	0.249	0.432	0.269	1.74	102	−0.208	0.355	0.522	0.164	1.47
70	0.342	0.253	0.436	0.267	1.73	103	−0.225	0.358	0.524	0.160	1.46
71	0.326	0.256	0.440	0.266	1.72	104	−0.242	0.361	0.525	0.156	1.45
72	0.309	0.259	0.444	0.264	1.71	105	−0.259	0.364	0.526	0.152	1.45
73	0.292	0.263	0.448	0.262	1.70	106	−0.276	0.366	0.527	0.147	1.44
74	0.276	0.266	0.452	0.260	1.70	107	−0.292	0.369	0.528	0.143	1.43
75	0.259	0.269	0.455	0.258	1.69	108	−0.309	0.373	0.529	0.139	1.42
76	0.242	0.273	0.459	0.256	1.68	109	−0.326	0.376	0.530	0.135	1.41
77	0.225	0.276	0.463	0.253	1.68	110	−0.342	0.379	0.531	0.131	1.40
78	0.208	0.279	0.466	0.251	1.67	111	−0.358	0.382	0.532	0.127	1.39
79	0.191	0.283	0.469	0.248	1.66	112	−0.375	0.384	0.532	0.123	1.38
80	0.174	0.286	0.472	0.245	1.65	113	−0.391	0.387	0.533	0.119	1.38
81	0.156	0.289	0.475	0.242	1.64	114	−0.407	0.390	0.534	0.115	1.37
82	0.139	0.293	0.478	0.239	1.63	115	−0.423	0.392	0.534	0.111	1.36
83	0.122	0.296	0.481	0.236	1.62	116	−0.438	0.395	0.535	0.117	1.35
84	0.105	0.299	0.484	0.233	1.61	117	−0.454	0.398	0.535	0.103	1.34

$\theta/(°)$	$\cos\theta$	α_0	α_1	α_2	g_1	$\theta/(°)$	$\cos\theta$	α_0	α_1	α_2	g_1
118	−0.469	0.401	0.535	0.099	1.33	150	−0.866	0.472	0.520	0.014	1.10
119	−0.485	0.404	0.536	0.096	1.33	151	−0.875	0.474	0.519	0.013	1.09
120	−0.500	0.406	0.536	0.092	1.32	152	−0.883	0.475	0.517	0.012	1.09
121	−0.515	0.408	0.536	0.088	1.31	153	−0.891	0.477	0.517	0.010	1.08
122	−0.530	0.411	0.536	0.084	1.30	154	−0.899	0.479	0.516	0.009	1.08
123	−0.545	0.413	0.536	0.081	1.30	155	−0.906	0.480	0.515	0.008	1.07
124	−0.559	0.416	0.536	0.078	1.29	156	−0.914	0.481	0.514	0.007	1.07
125	−0.574	0.419	0.536	0.074	1.28	157	−0.920	0.483	0.513	0.007	1.07
126	−0.588	0.422	0.536	0.071	1.27	158	−0.927	0.485	0.512	0.006	1.06
127	−0.602	0.424	0.535	0.068	1.26	159	−0.934	0.486	0.511	0.005	1.05
128	−0.616	0.426	0.535	0.064	1.25	160	−0.940	0.487	0.510	0.004	1.05
129	−0.629	0.428	0.535	0.061	1.25	161	−0.946	0.488	0.509	0.004	1.04
130	−0.643	0.431	0.534	0.058	1.24	162	−0.951	0.489	0.509	0.003	1.04
131	−0.656	0.433	0.534	0.055	1.23	163	−0.956	0.490	0.508	0.003	1.04
132	−0.669	0.436	0.533	0.052	1.22	164	−0.961	0.491	0.507	0.002	1.03
133	−0.682	0.438	0.533	0.049	1.22	165	−0.966	0.492	0.506	0.002	1.03
134	−0.695	0.440	0.532	0.047	1.21	166	−0.970	0.493	0.506	0.002	1.03
135	−0.707	0.443	0.532	0.044	1.20	167	−0.974	0.494	0.505	0.001	1.02
136	−0.719	0.445	0.531	0.041	1.19	168	−0.978	0.495	0.504	0.001	1.02
137	−0.731	0.447	0.530	0.039	1.19	169	−0.982	0.496	0.503	0.001	1.01
138	−0.743	0.449	0.530	0.037	1.18	170	−0.985	0.496	0.502	0.001	1.01
139	−0.755	0.451	0.529	0.034	1.17	171	−0.988	0.497	0.502	0.000	1.01
140	−0.766	0.453	0.528	0.032	1.17	172	−0.990	0.498	0.501	0.000	1.01
141	−0.777	0.455	0.527	0.030	1.16	173	−0.993	0.498	0.501	0.000	1.01
142	−0.788	0.457	0.527	0.028	1.15	174	−0.994	0.499	0.501	0.000	1.00
143	−0.799	0.459	0.526	0.026	1.15	175	−0.996	0.499	0.500	0.000	1.00
144	−0.809	0.461	0.526	0.024	1.14	176	−0.998	0.499	0.500	0.000	1.00
145	−0.819	0.463	0.525	0.022	1.13	177	−0.999	0.500	0.500	0.000	1.00
146	−0.829	0.465	0.524	0.020	1.13	178	−0.999	0.500	0.500	0.000	1.00
147	−0.839	0.467	0.523	0.019	1.12	179	−1.000	0.500	0.500	0.000	1.00
148	−0.848	0.468	0.522	0.017	1.12	180	−1.000	0.500	0.500	0.000	1.00
149	−0.857	0.470	0.521	0.015	1.11						